U0264629

产品创意草图

善本出版有限公司 编著

華中科技大學出版社
http://www.hustp.com
中国·武汉

图书在版编目（CIP）数据

产品创意草图 / 善本出版有限公司编著 . - 武汉 ：华中科技大学出版社，2018.6

ISBN 978-7-5680-3819-5

Ⅰ．①产… Ⅱ．①善… Ⅲ．①产品设计 Ⅳ．① TB472

中国版本图书馆 CIP 数据核字（2018）第 094719 号

产品创意草图
Chanpin Chuangyi Caotu

善本出版有限公司 编著

出版发行：华中科技大学出版社（中国 · 武汉） 电话：（027）81321913
武汉市东湖新技术开发区华工科技园 邮编：430223

策划编辑：段园园 林诗健 执行编辑：林秋枚 装帧设计：何伟健 责任监印：陈 挺
责任编辑：熊 纯 冼巧梅 设计指导：林诗健 责任校对：冼巧梅

印 刷：佛山市华禹彩印有限公司
开 本：889mm × 1194mm 1/16
印 张：15
字 数：120 千字
版 次：2018 年 6 月第 1 版 第 1 次印刷
定 价：268.00 元

投稿热线：13710226636 duanyy@hustp.com
本书若有印装质量问题，请向出版社营销中心调换
全国免费服务热线：400-6679-118 竭诚为您服务

目　录
Contents

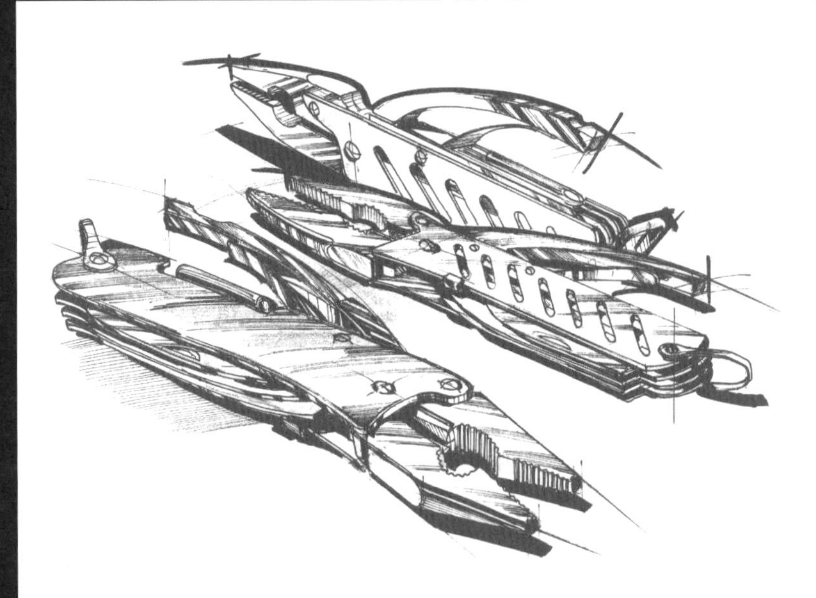

Chapter 1

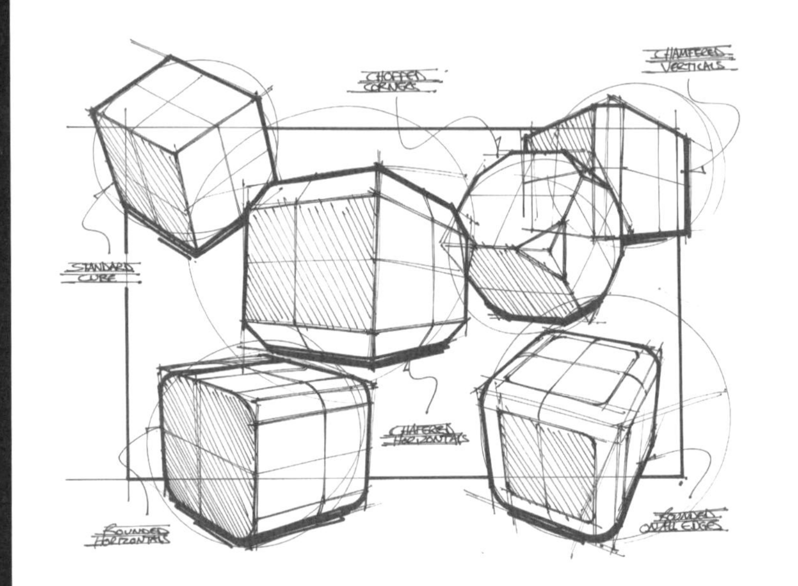

Chapter 2

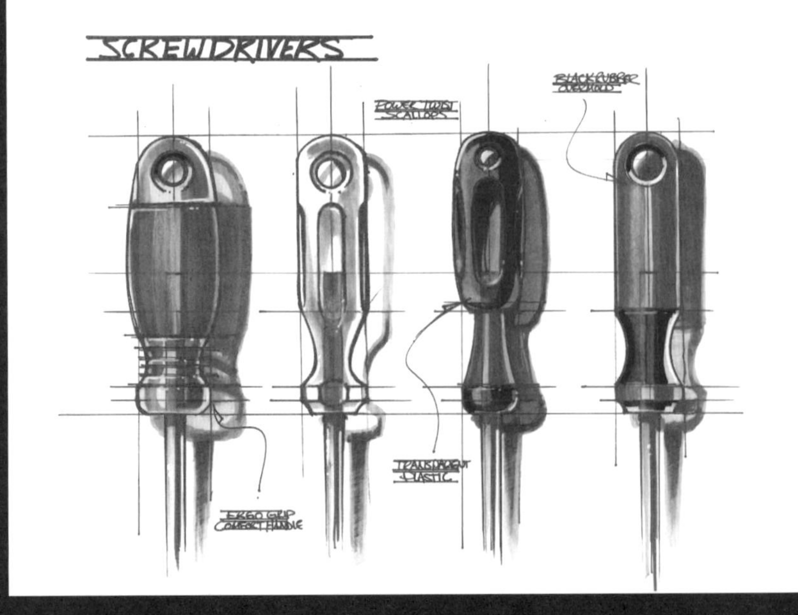

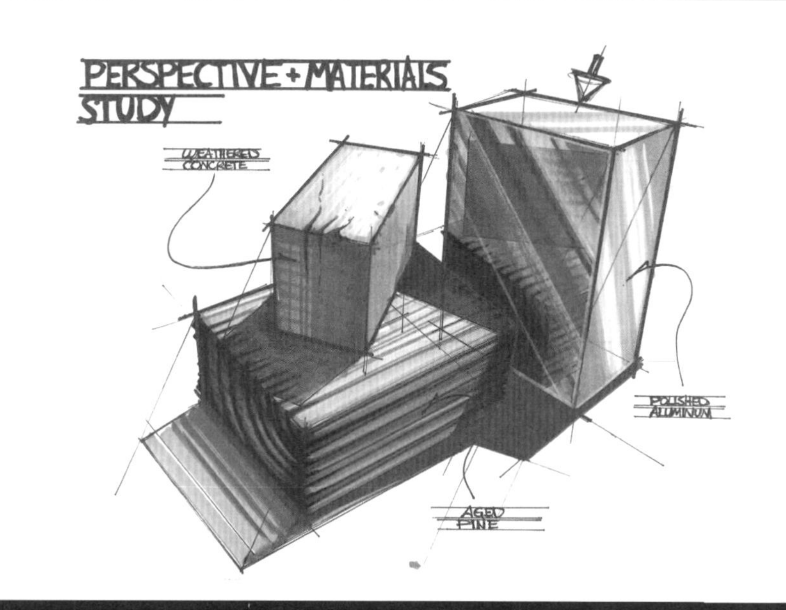

Chapter 3

产品草图上色工具与技法

Chapter 4

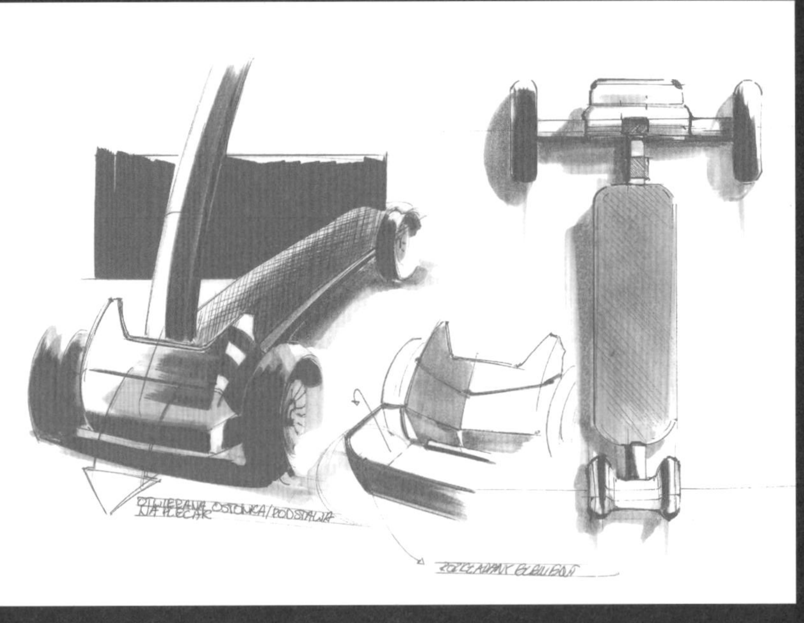

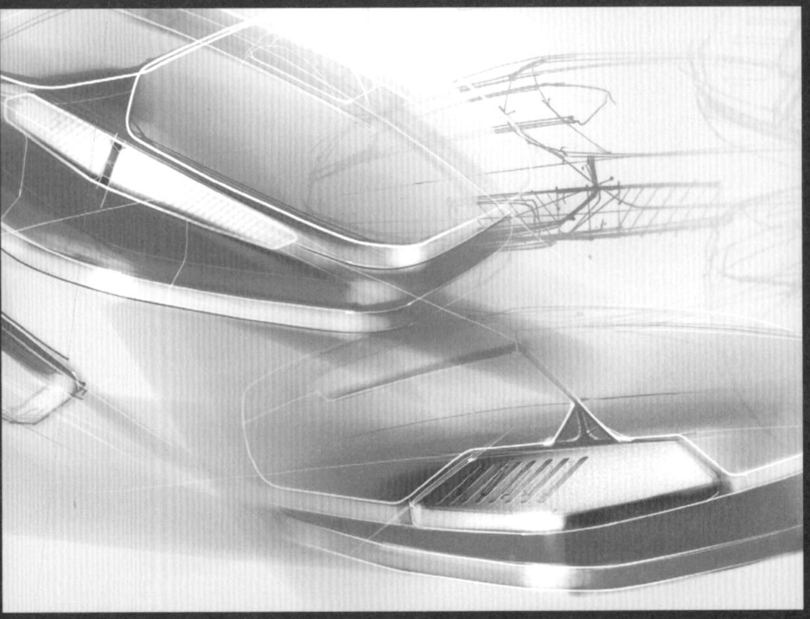

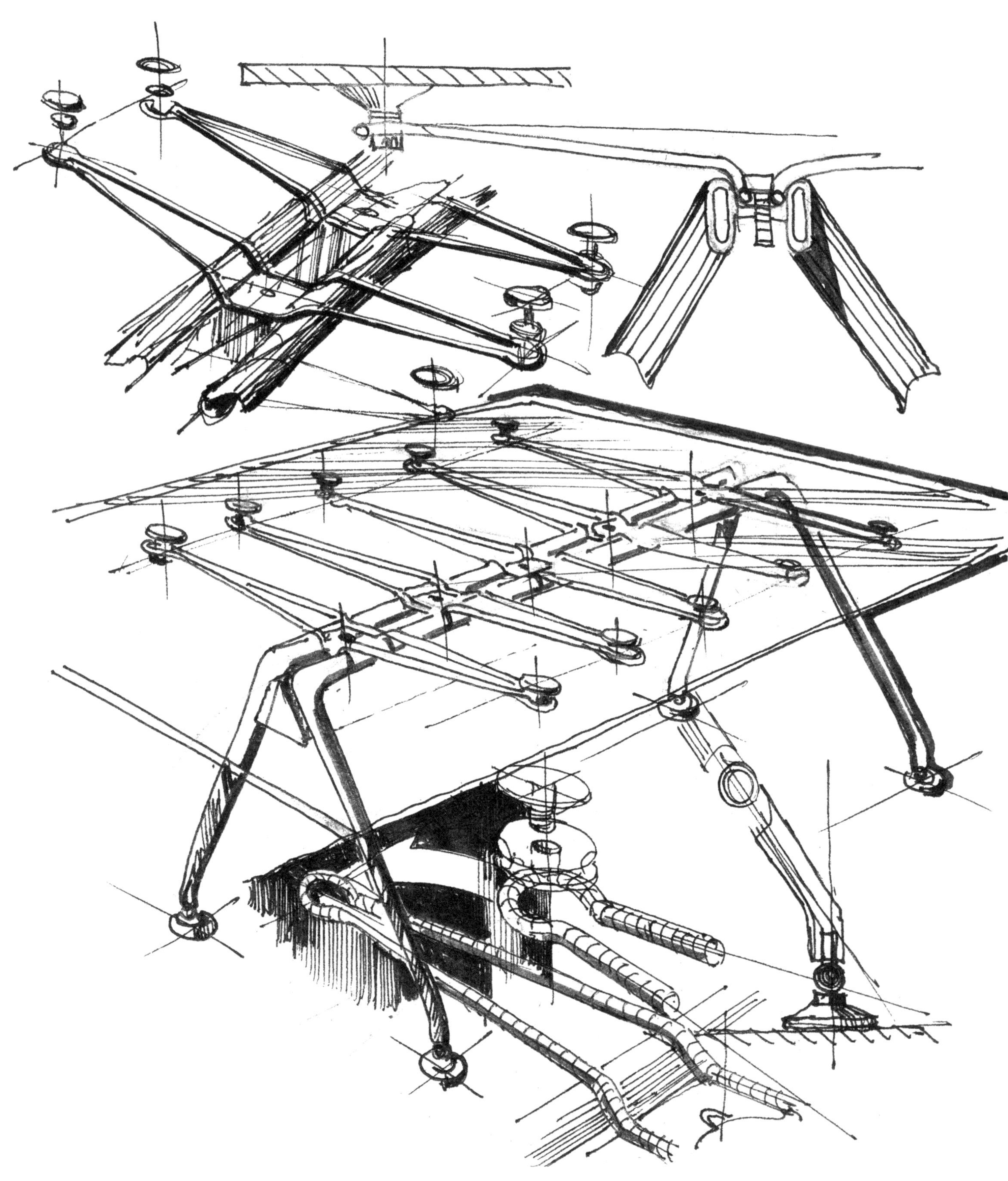

前　言

Hakan Gürsu
工业设计师
METU 大学工业设计专业教授
Designnobis 设计公司创始人兼 CEO

/// 草图是一种工具

绘制草图是一种用于视觉思考与交流的多功能工具，也是产品设计师的一项基本技能。设计草图不同于艺术绘画，它的最终目的不是创作一个多么漂亮的草图或艺术作品，而是探索和交流可能产生良好产品的想法。会绘制草图本身并不能使你成为一名优秀的设计师，但它可以通过多种多样的方式协助你展示设计过程。

作为一种工具，草图对于新想法的收集、呈现以及探索可能的设计方案来说相当实用。快速绘制草图有助于设计师在短时间内萌生大量的想法，因此设计师在这个过程中应尽可能消除平庸的设计概念，从中确定一个最佳的设计想法。在三维空间中绘制复杂的几何图形有助于提高设计师塑造产品造型的技能，在视觉上帮助设计师完成引人注目的良好设计。总而言之，作为一种思考的工具，草图可放大设计师的创造力，激发设计师发散思维，提高观察能力，从而帮助设计师设计出更好的产品。

/// 在产品设计领域，为什么草图仍具深远意义？

可以说数字化工具的出现给设计师带来了不少方便，我们完全可以从中选择一些合适的软件，来完成从二维的草图到三维CAD的建模和渲染。然而，对于产品的设计和开发的初始阶段，草图仍然是在纸上展示想法最快的方式，它让新的想法可以及时共享、呈现和讨论。如果你可以快速绘制草图，可将在这期间出现的多个设计概念进行绘制，然后挑选其中一个尝试在电脑CAD软件上建模。尤其对于复杂的产品造型设计，如交通产品，在探索设计方向和展现主要设计的概念上，草图无疑是最节省时间的一种方式。

如今，在设计中计算机的使用如此广泛，不免导致许多电脑效果图、产品演示等看起来非常相似。因为问题在于使用CAD软件处理的草图效果仍然缺乏设计师的个人风格和草图的真实感，这也就是近几年来设计师对于草图的兴趣越来越浓厚的原因。学生想要提高自己的绘图技巧，而设计工作室和公司也喜欢设计师具备良好的素描能力。因此，绘制草图的技巧可让年轻的设计师具备一个职业发展的良好竞争优势。

/// 练习草图技能从哪里入手？

草图是一门可以学习和发展的技能，就像学习一门新的语言或演奏一种新乐器一样。它像其他任何技能一样，需要反复的练习才能掌握。相反，通常人们对获取技能比较感兴趣，但并不愿意花费时间和精力练习。简单的说，任何事情都没有捷径可走。如果你想学习草图，要有耐心，每天都要保持练习。经过一段时间后，你会发现自己的草图作品有所进步，这将激励你继续练习。

草图中包含了物体的展现、逼真的情景以及精准的方式，这样才能让人轻松地理解信息。从基本原理学习开始，如在学习光线、明暗和上色技法之前首先需要掌握透视图的绘制，提高线条的质量和灵活使用程度，最重要的是观察周围的世界，了解事物现在模样和成为现在模样背后的原因，最终，你将会发现看与观察的不同。

/// 如何提升个人独特的草图风格？

正如你翻遍这本书所发现的那样，这里不存在单一的方法来绘制草图。每个优秀的设计师都有不同的风格，因此使他们的作品与众不同。随着时间的推移，对于设计师来说发展自己的风格是很重要的。草图的风格特点是多种多样的，透视、构图、媒介、工具、光影、色彩等元素的组合方式，最终定义你的审美和风格，当然你也会很自然地受其他设计师以及他们风格的启发和影响。但是不要仅仅复制一幅图画，而是要理解设计师的思维方式或绘制草图的方法，通过这种方式，你可以学习到新的绘图技法并将这些不同的技法组合在一起创造自己的专属草图风格。

/// 本书将带给你怎样的启示？

《产品创意草图》这本书收集众多设计师的草图，并呈现不同的绘图方法与风格。通过学习产品草图，能够使用所展示的工具和技法重新绘制草图。此外，您将对草图绘制有更深的了解，知道在产品设计中如何使用草图工具。这是一本实用的草图参考书，从基础的透视知识视角展示产品详细的草图和效果图，将激发你绘制草图的无限可能。

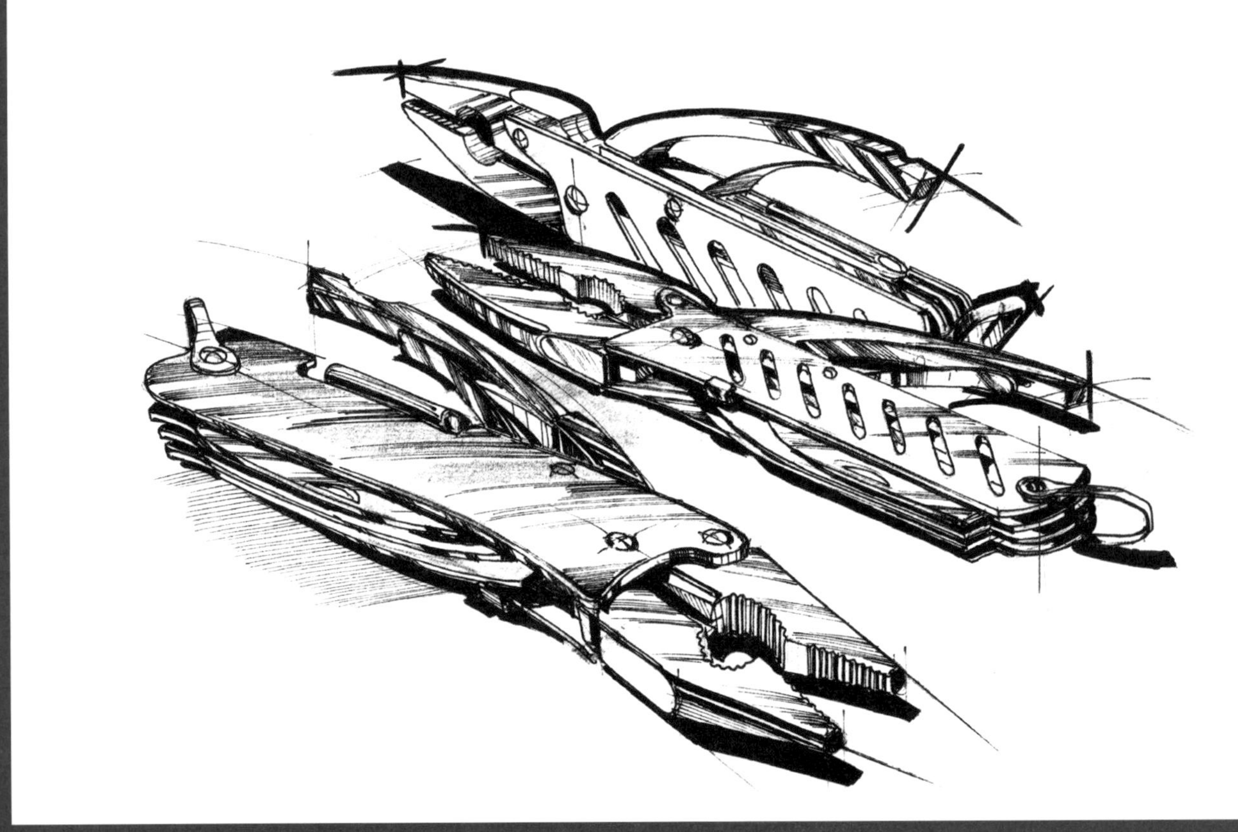

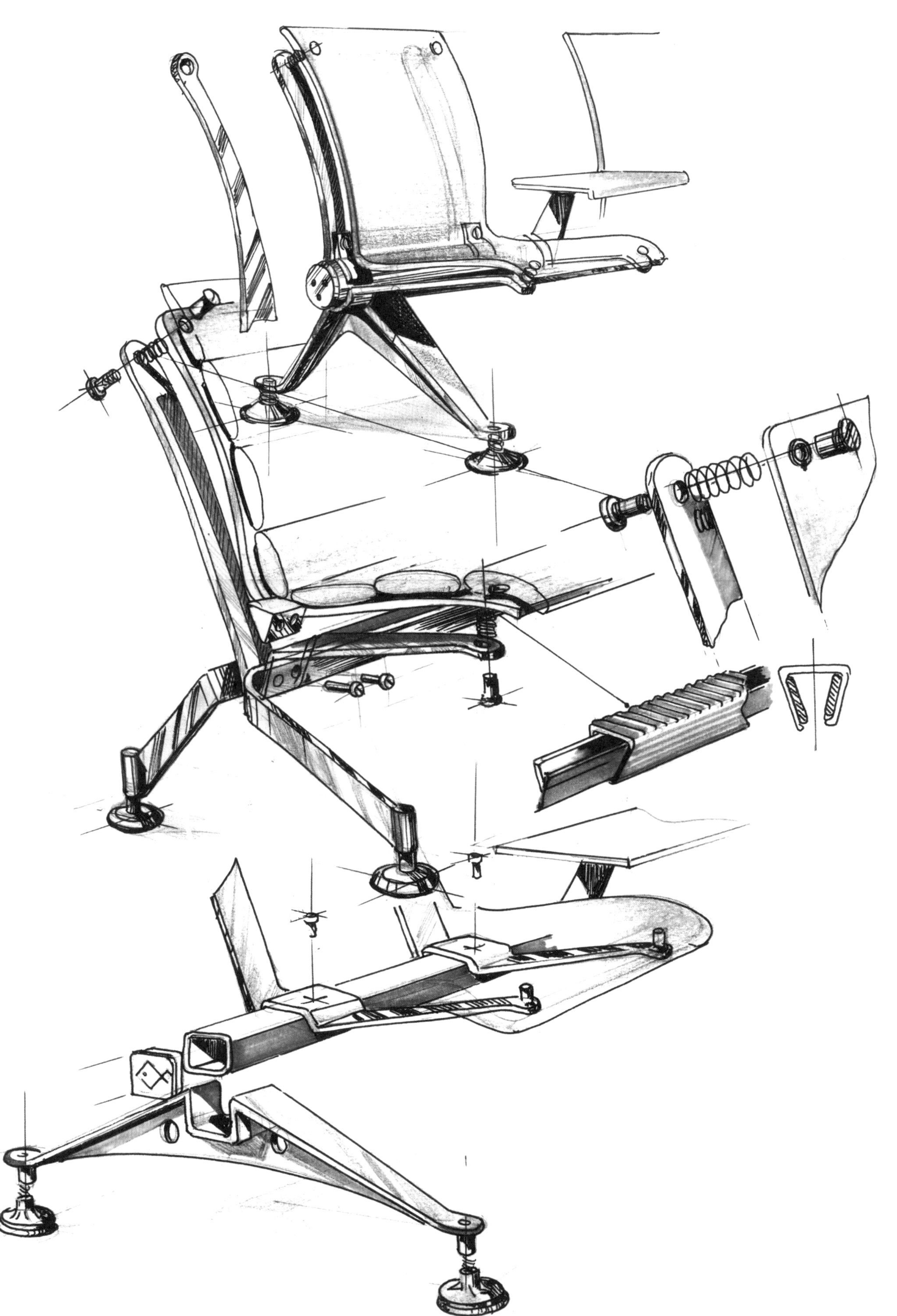

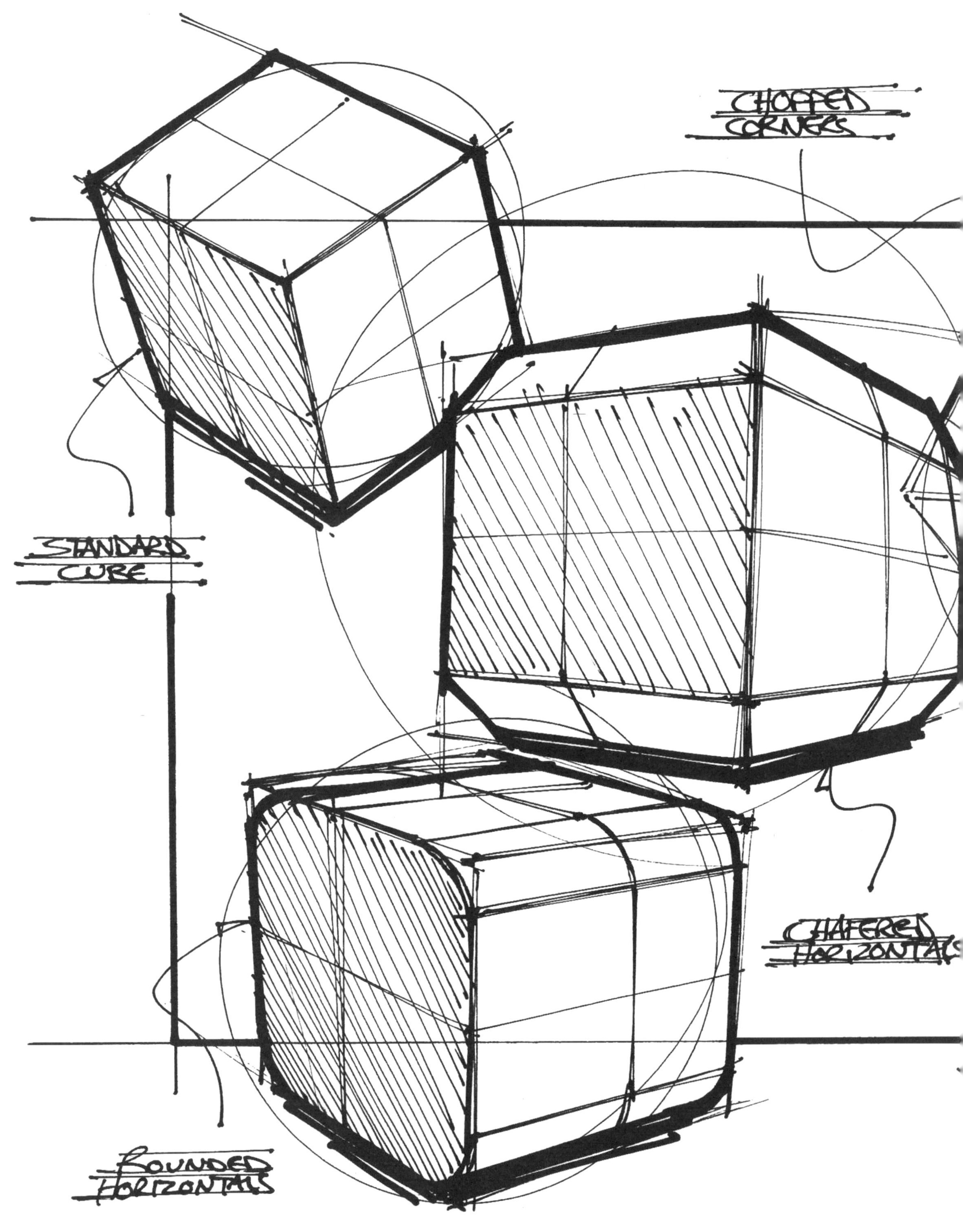
CHOPPED CORNERS
STANDARD CUBE
CHAFERED HORIZONTALS
ROUNDED HORIZONTALS

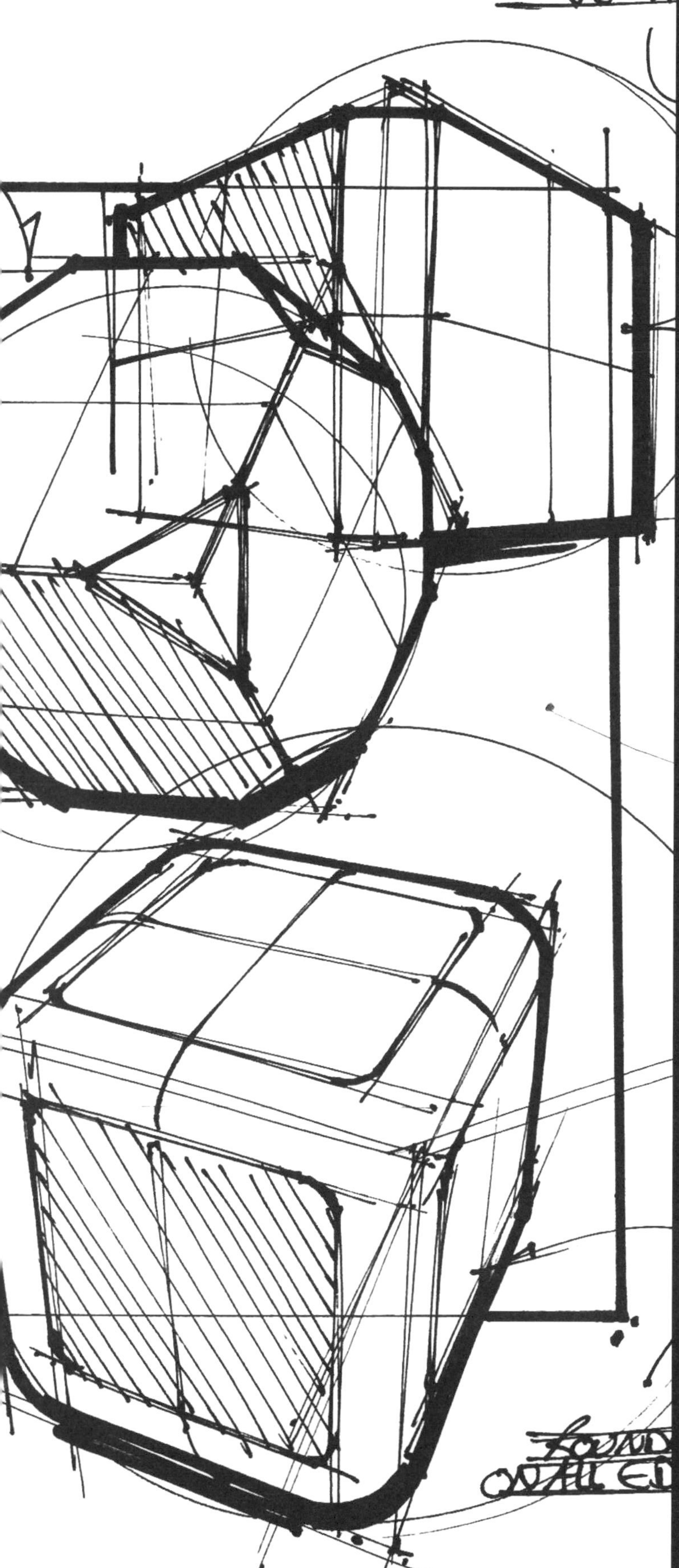

Chapter 1

透视

· 透视名词

· 一点透视

· 两点透视

· 三点透视

· 散点透视

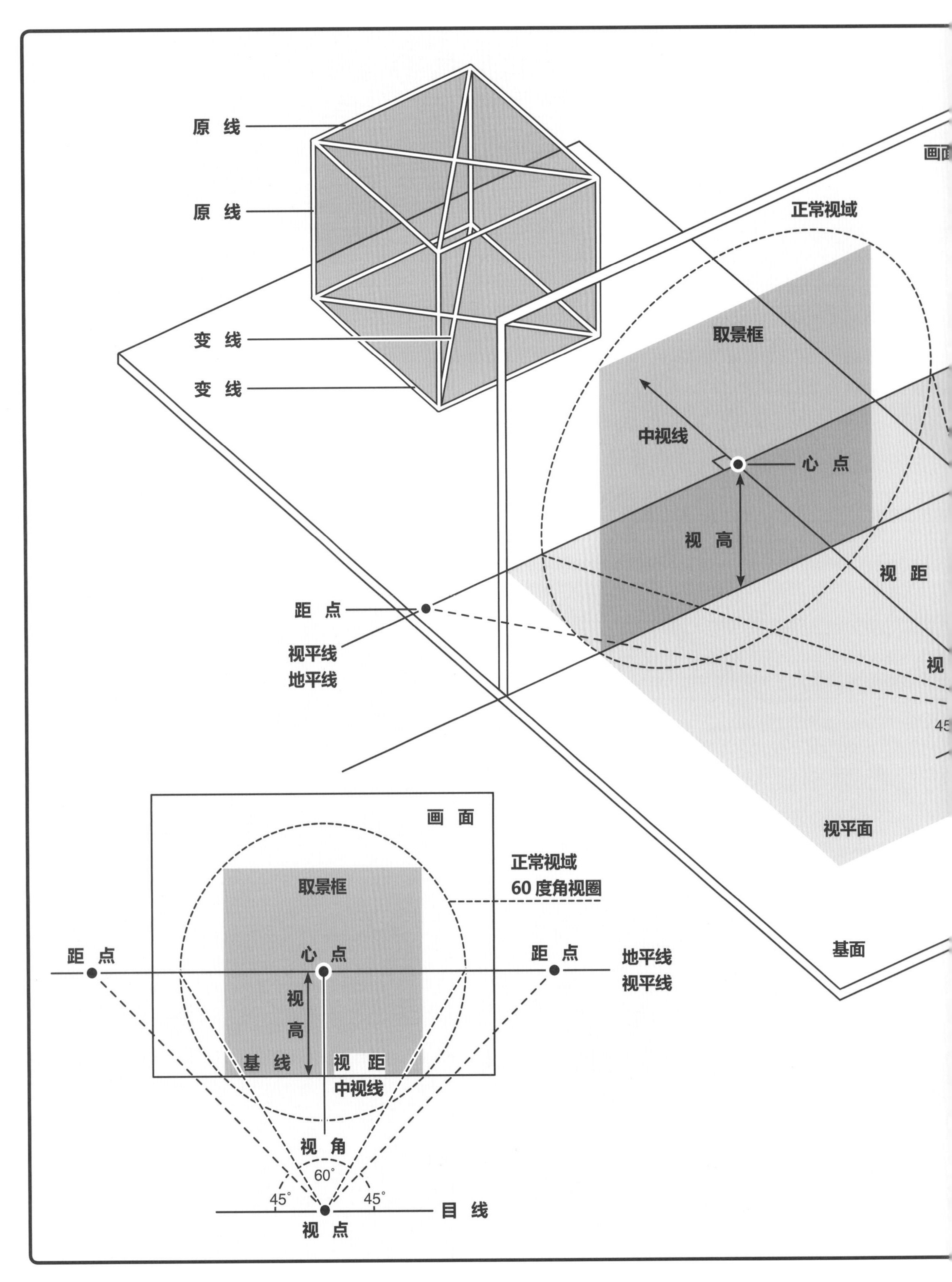
原 线
原 线
变 线
变 线
画面
正常视域
取景框
中视线
心 点
视 高
视 距
距 点
视平线
地平线
视
45
视平面
基面
画 面
正常视域
60 度角视圈
取景框
距 点
心 点
距 点
地平线
视平线
视
高
基 线
视 距
中视线
视 角
60°
45°
45°
目 线
视 点

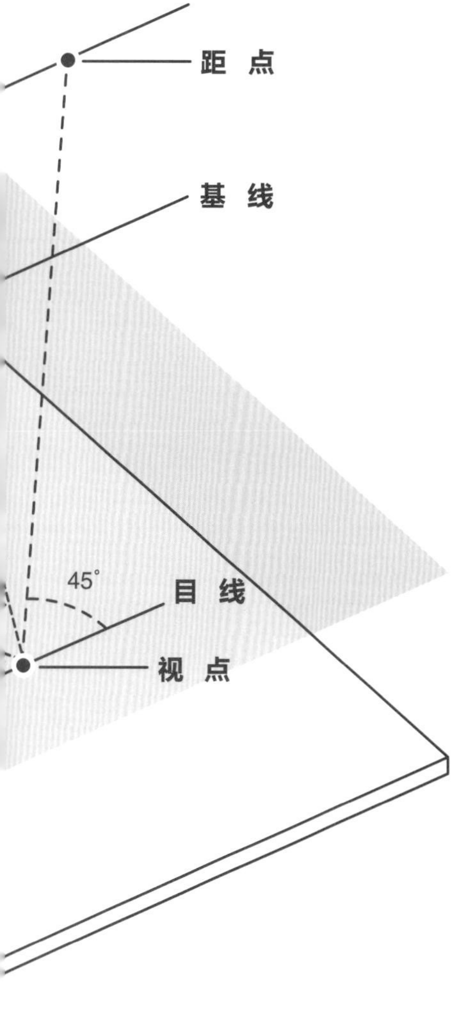

透视名词

· **视　点**　观者眼睛所在的位置，以一点表示。

· **目　线**　过视点平行于视平线的横线，是寻求视平线上灭点的角度参照线。

· **中视线**　视点引向景物任何一点的直线为视线，其中引向正前方的视线为中视线。平视的中视线平行于地平面，俯、仰视的中视线倾斜或垂直于地平面。

· **视　角**　视线与取景框等的垂直方向所成的角度。即观察物体时，从物体两端（上、下或左、右）引出的光线与视点处所成的夹角。

· **画　面**　画者与被画物之间置一透明平面，被画物上各关键点聚向视点的视线，将物体图像映现在透明平面上，该平面称作画面。画面平行于画者颜面，垂直于中视线；平视的画面垂直于地平面，俯、仰视的画面倾斜或平行于地平面。

· **正常视域**　观者看到景物或物体时的空间范围，又称为视野或视圈。它是由视点引出的视角约60°的圆锥形空间；圆锥与画面交割的圆圈称60°视圈，是画面上的正常视域范围。

· **取景框**　画面中央取景入画的范围称取景框；一般为矩形，位于60°视圈内。

· **基　线**　画面与地平面（或桌、台面）的交线，即取景框的底边。

· **基　面**　物件的放置平面，一般指地平面。

· **视　高**　观者眼睛的高低程度，即从视平线到基面（地面）的垂直距离。

· **视　距**　视点至画面（心点）的垂直距离。

· **视平面**　视点、目线和中视线所在的平面为视平面；平视的视平面平行于地面，斜俯、仰视的视平面倾斜于地面，正俯、仰视的视平面垂直于地面。

· **视平线**　视平面与画面垂直相交的线为视平线；也是中视线交画面于心点，过心点所引的横线。不论平视或俯、仰视，视平线总是通过视圈中央的心点，横贯取景框。

· **地平线**　地平面尽头所见天地交界的水平线为地平线，它映现于画面的高度并与视点等高。在画面上，平视的地平线与视平线重合；倾斜、仰视的地平线分别在视平线上、下方；正俯、仰视的画面上只有视平线，没有地平线。

· **心　点**　画者中视线与画面垂直相交点为心点，位于正常视域和视平线的中央；是与画面成直角的变线的灭点。

· **距　点**　距点有两个，分别位于心点左右视平线上，离心点远近与视距相等；它们是与画面成45°的平变线的灭点。

· **原　线**　与画面平行的直线为原线。映在画面上的透视方向保持原来状态（垂直、水平或倾斜）；相互平行的原线在画面上仍保持平行，没有灭点。

· **变　线**　变线无限远伸，在画面上最终消失在灭点上；相互平行的变线，向同一个灭点汇聚并消失；与视平面平行的变线，灭点在视平线的上、下，有升点和降点。

一点透视

《尼科洛·达·托伦蒂诺在圣罗马诺之战中》描绘的是佛罗伦萨市与邻邦进行区域性战争的一个场面，显示了典型的国际哥特式的气氛，大量使用了数学元素，充满文艺复兴时期的特点。乌切洛以圣罗马诺战役为题材，表现透视在创造复杂空间时所能达到的程度。画中骑兵交战时前后的距离，地上丢盔落枪的位置，倒在地上的战士的透视缩短形象，背景与近景之间的透视距离都被画家作为透视的研究对象。

定 义

一点透视即为单一消失点的透视，又称为平行透视。当观看者正好面对构图物体的正面时，常常采用一点透视绘图法。在这种绘图方法中，场景中的水平线和竖直线在图中仍然是水平线和竖直线，离观看者较远的线，将会有一个倾角指向所谓的〝消失点〞，它常用于室内空间设计。

原 则

绘制一个平行于水平线的物体时，所绘制的线条应该遵循以下三条原则：

① 垂直于水平线的线条代表高度；

② 平行于水平线的线条代表宽度；

③ 与灭点相连的线条表示进深。

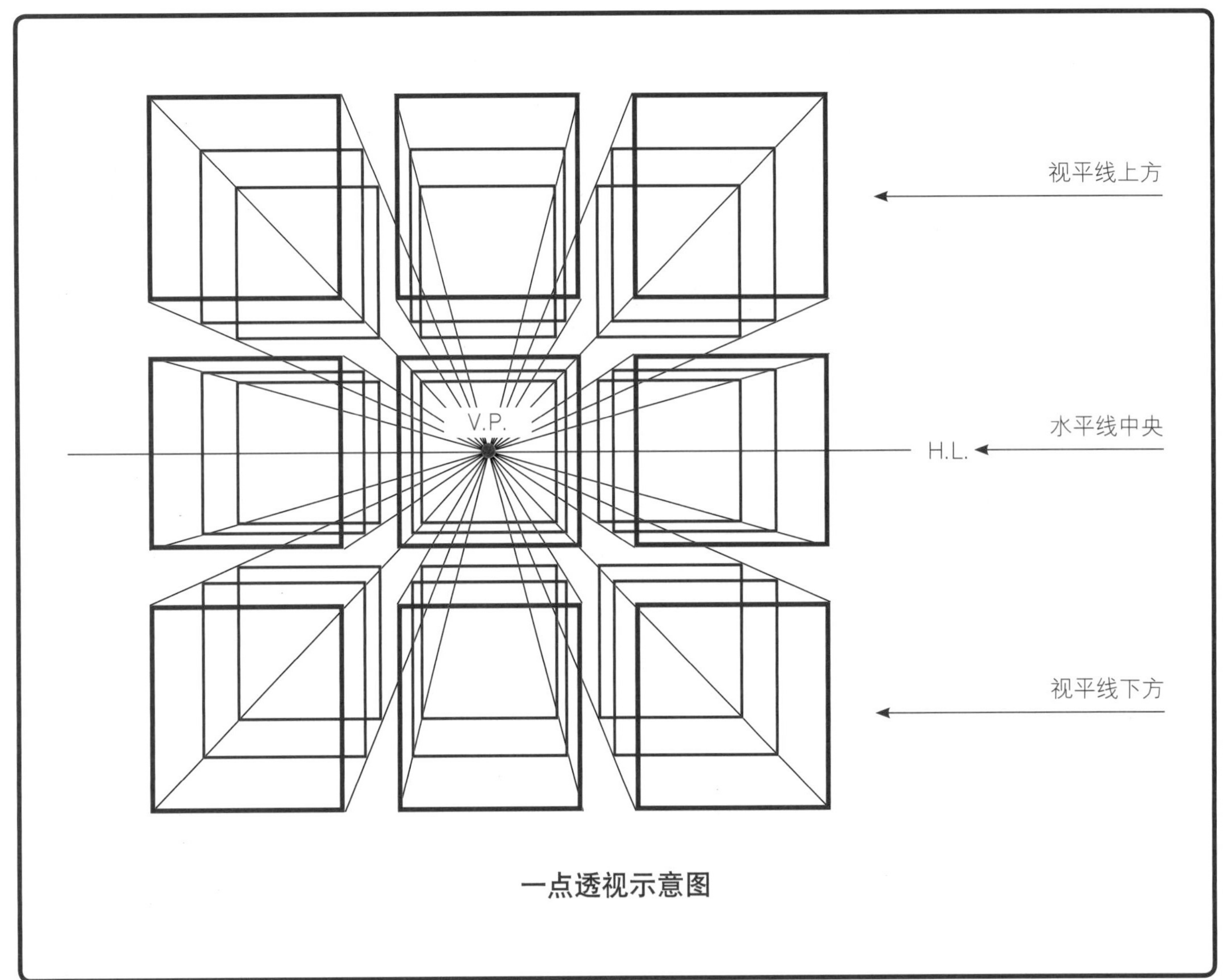

一点透视示意图

名词解释

- **视平线以下：**物体在水平线以下或是向下看一个物体。
- **视平线以上：**物体在水平线以上或是向上看一个物体。
- **灭　点（V.P.）：**一点透视中只有一个唯一的灭点，这个灭点是基于物体或室内空间的位置而存在的。一点透视中唯一的灭点是为了创造进深而拉出的线所交会的地方。因此，物体上所有从前到后的线都聚集到灭点。如图，灭点位于水平线（H.L.）或视平线（E.L.）上。
- **水平视图：**物体在水平线上或水平线前方，因此，物体的局部会略微浮于水平线上或水平线下。

基本造型画法　① 立方体

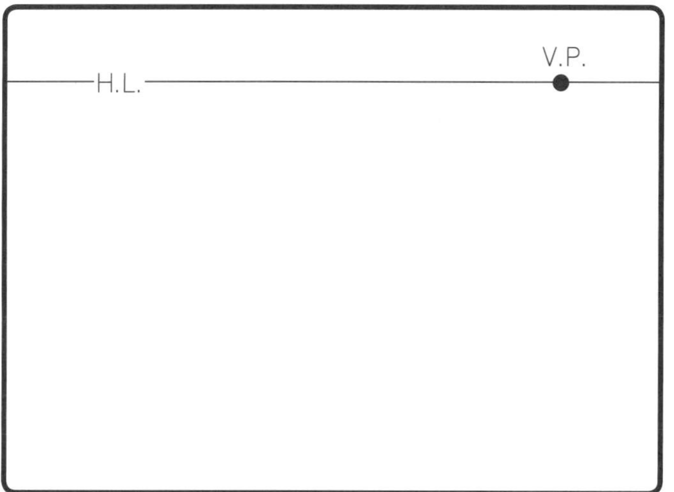

Step 1. 画一条横跨画纸的水平线，即为水平线（H.L.），并在水平线上设置一个灭点（V.P.）。

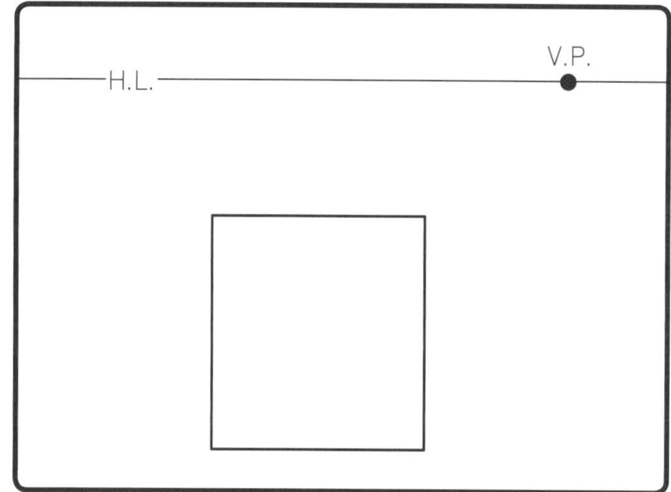

Step 2. 画出立方体的方形正立面。顶边和底边的线条平行于水平线，同时垂直线条垂直于水平线。

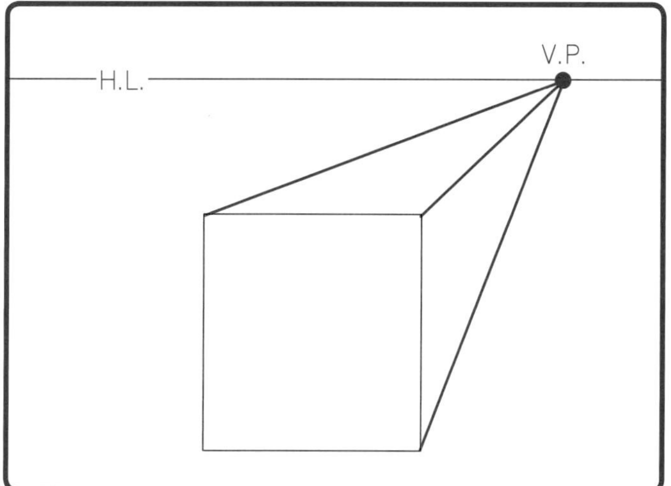

Step 3. 从立方形正立面的三个外角端点向灭点拉线。

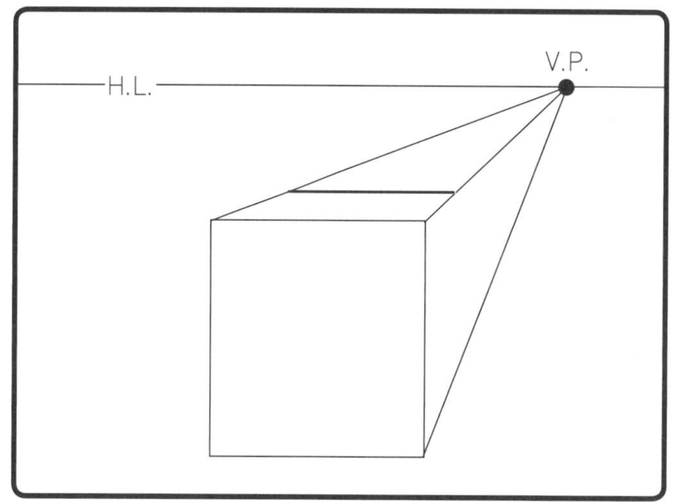

Step 4. 确定立方体的进深，在交会于灭点的两条线之间作一条平行线。

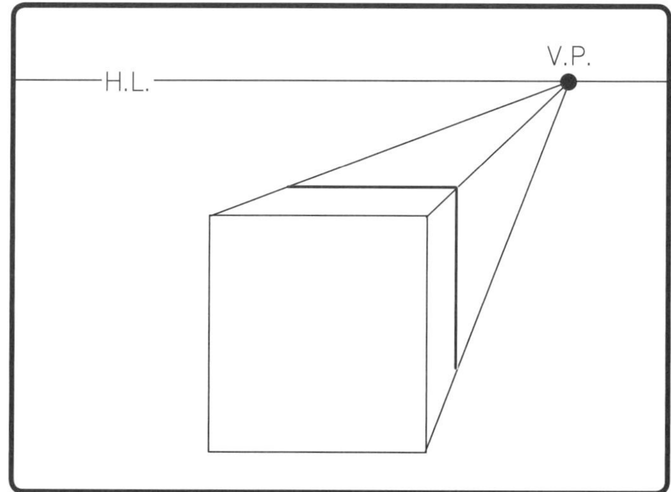

Step 5. 从 Step 4 形成的交叉点向下作垂直线，进一步画出全部立方体。

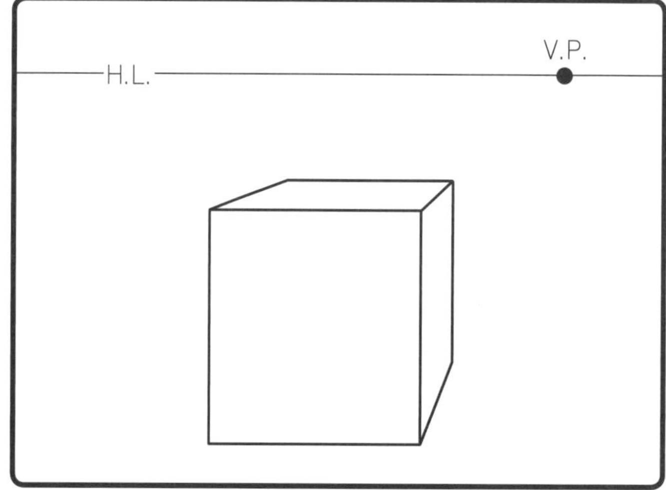

Step 6. 擦除辅助线，完成立方体的绘制。

② 透明立方体

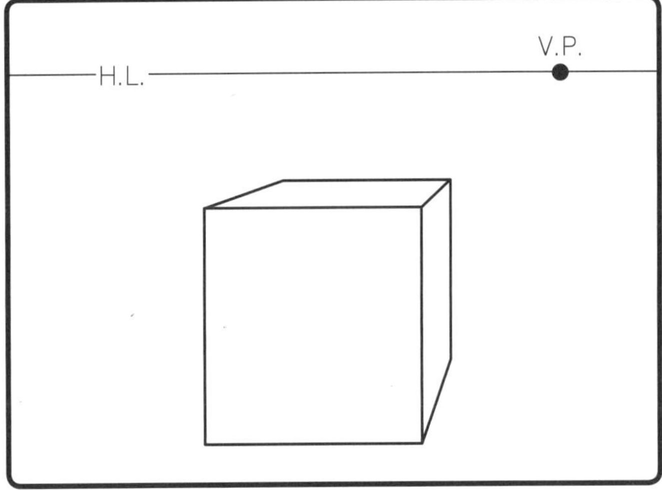

Step 1. 画出一个实体立方体。

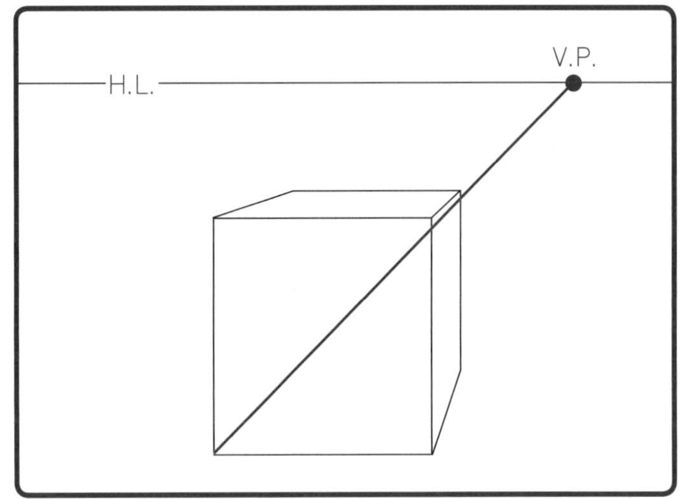

Step 2. 从左下角向灭点拉出一条线。

---

③ 不同水平线上的立方体

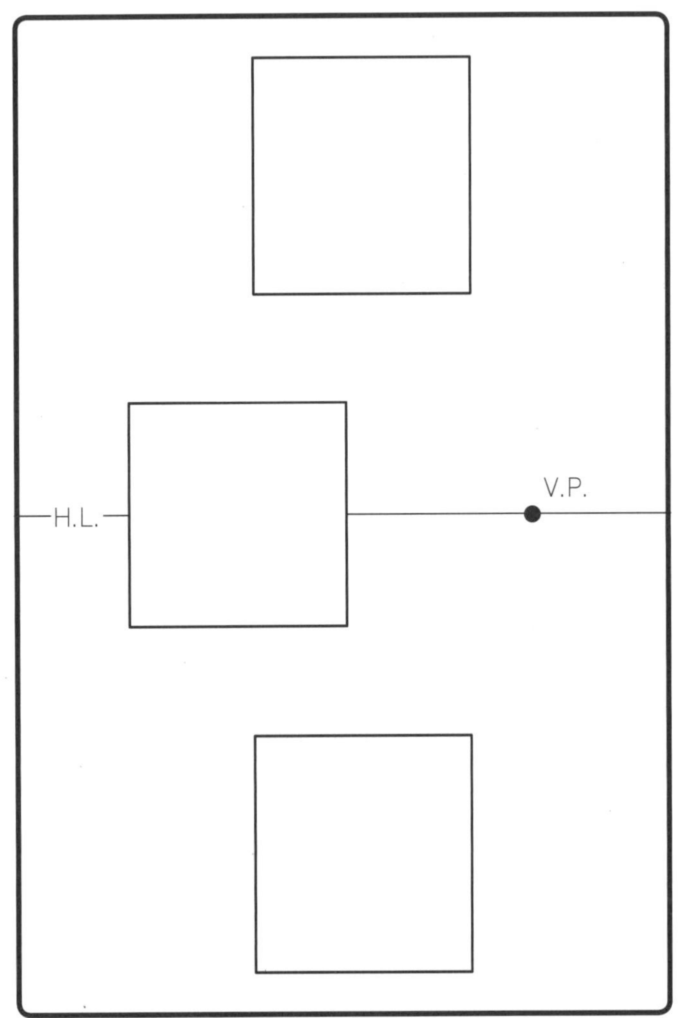

Step 1. 绘制一条水平线并在线上标出灭点，然后在水平线的上方、下方以及正中间各画出一个方形。

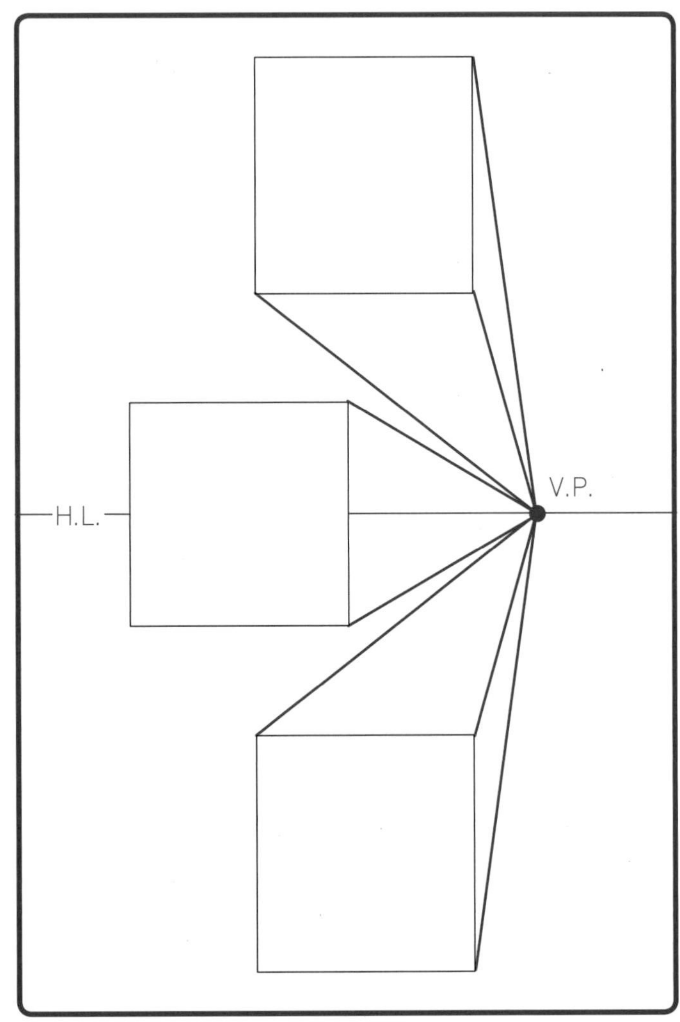

Step 2. 从方形的外边角分别向灭点拉线。

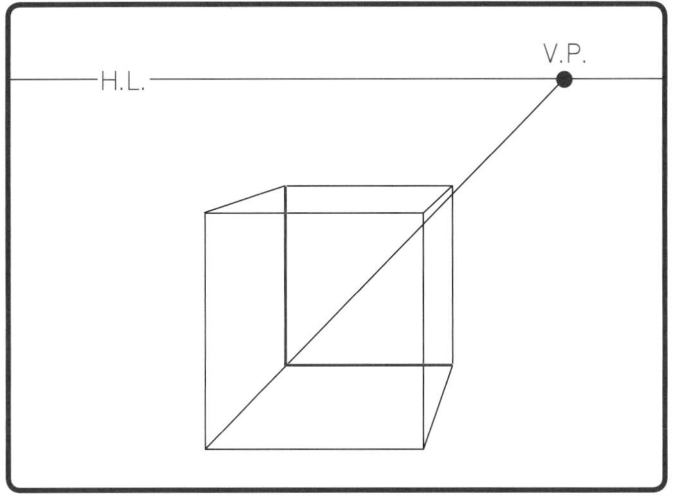

Step 3. 从立方体的后角出发作一条水平线，与Step 2拉出的线相交。之后，从这个相交点向上引出线条与立方体的上角相连。

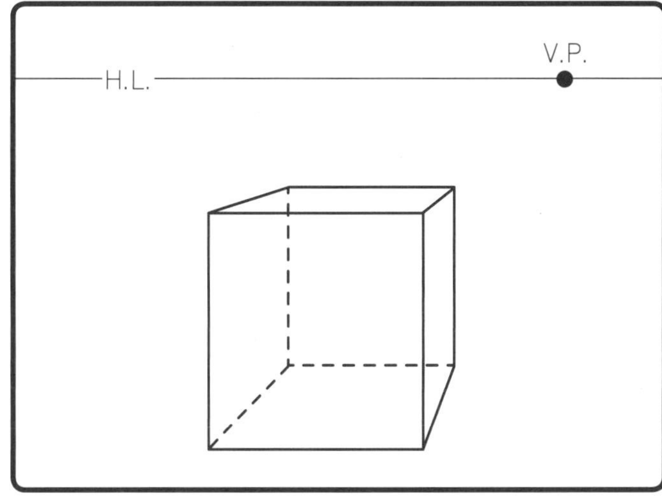

Step 4. 分别完成水平线上和水平线下的立方体。

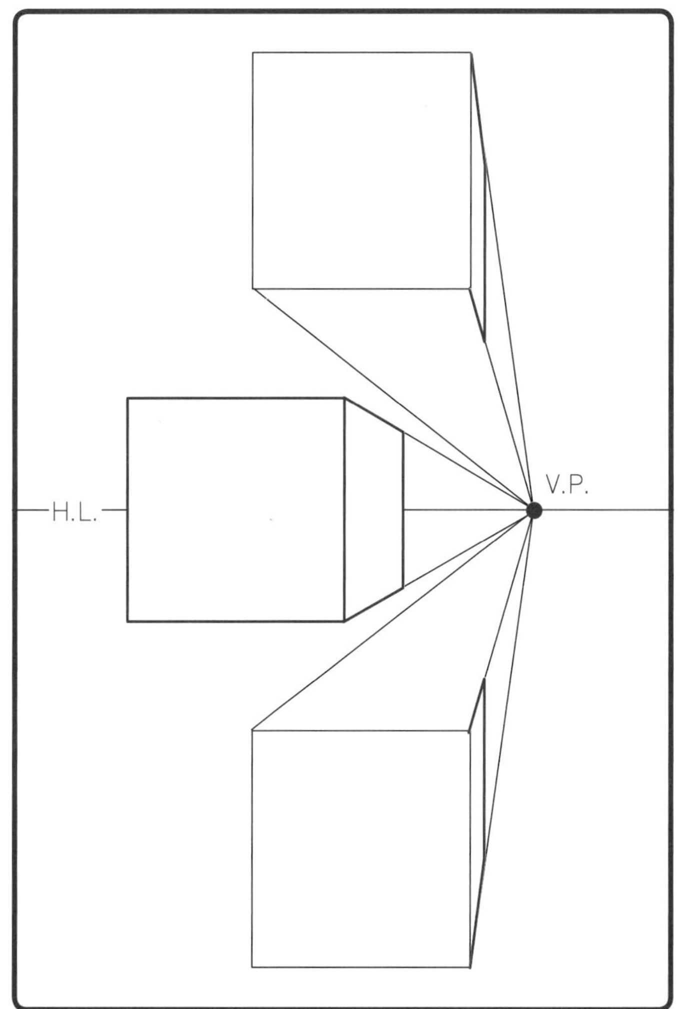

Step 3. 分别向水平线作垂直线以形成各个立方体的后边线，完成在水平线上的立方体。

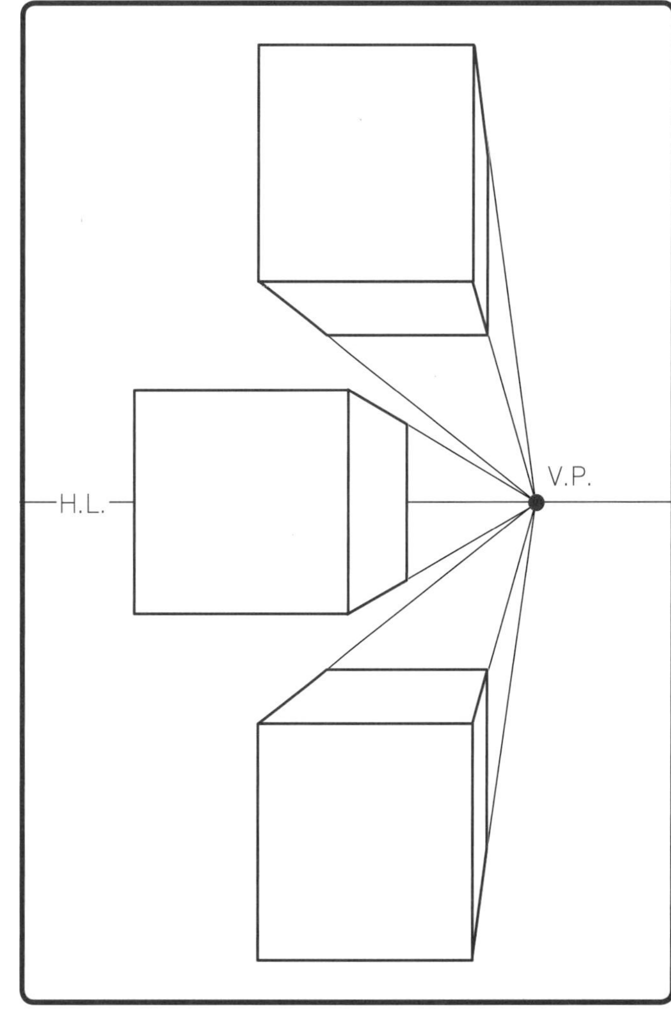

Step 4. 分别向立方体的后边拉出水平线，便完成了水平线上和水平线下的立方体。

④ 楔形体

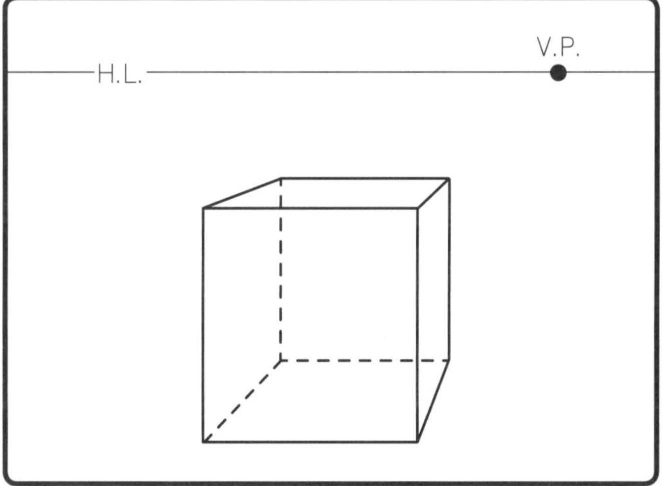

Step 1. 画出一个透明立方体。

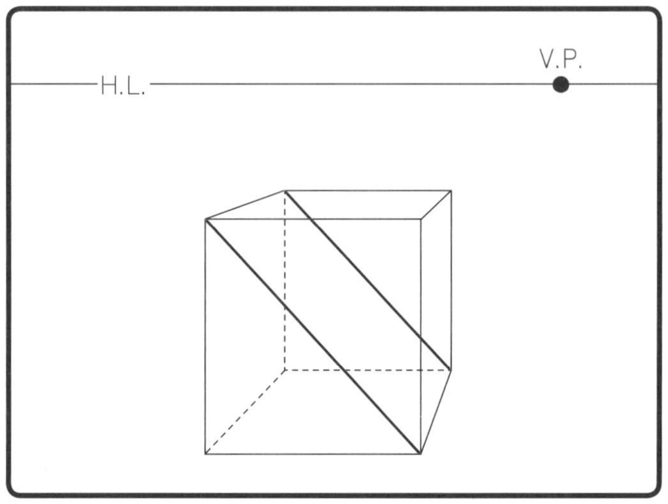

Step 2. 在立方体正立面上画出对角线后，画出后立面的对角线。

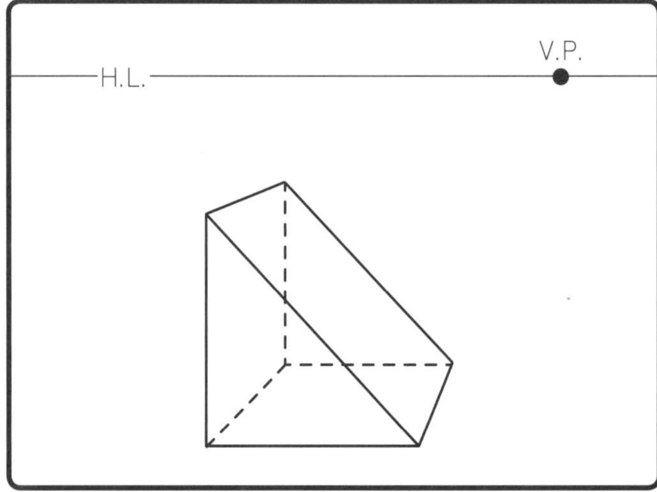

Step 3. 擦除辅助线形成实体楔形体。

⑤ 棱锥体 方法 1

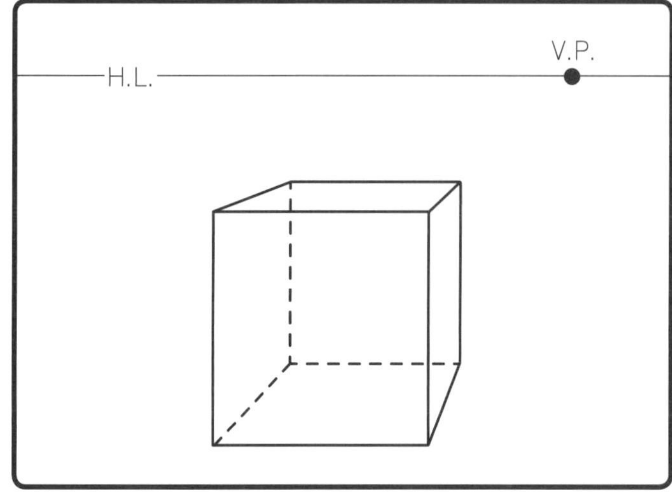

Step 1. 画出一个透明立方体。

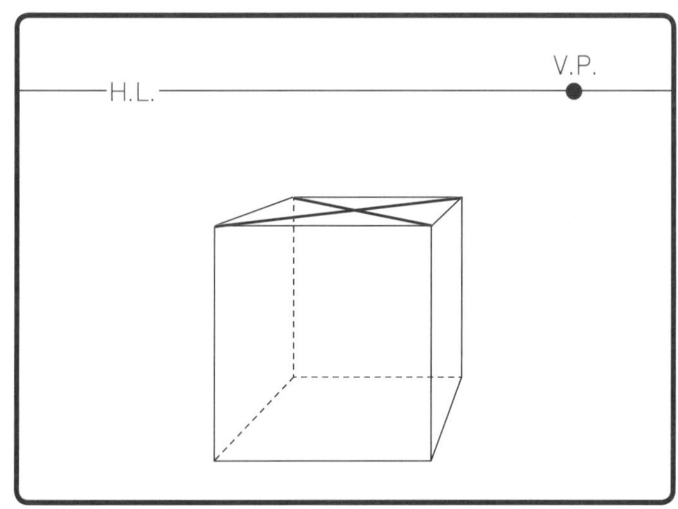

Step 2. 在立方体顶面画出两条对角线，对角线的交叉点为立方体顶面的中心。

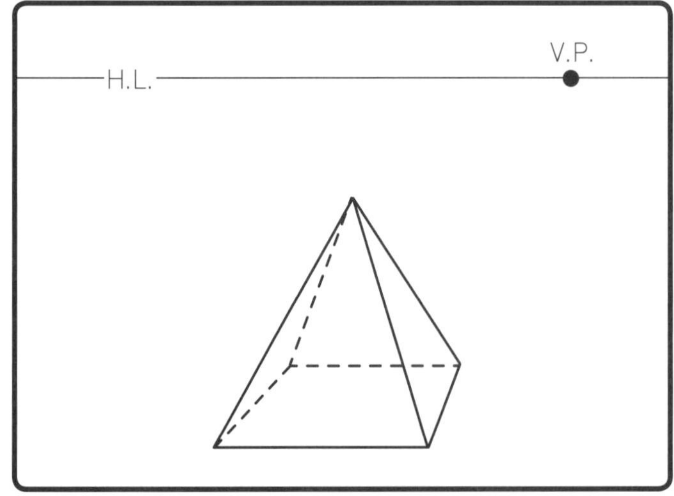

Step 3. 从这个中心点向立方体底边的四个角拉线，擦除辅助线以形成棱锥体的绘制。

⑥ 棱锥体 方法 2

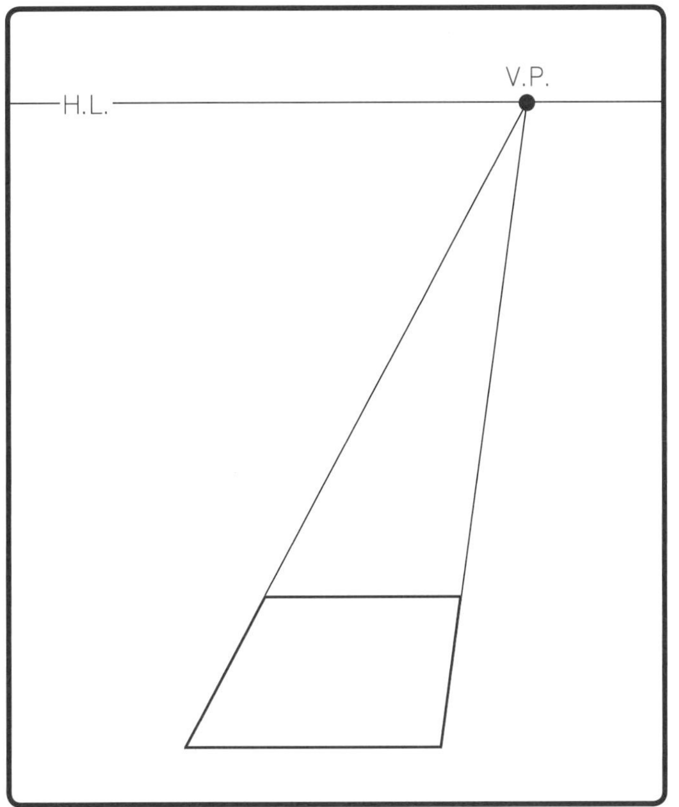

Step 1. 画出方体的底面，这个底面是棱锥体的底面。

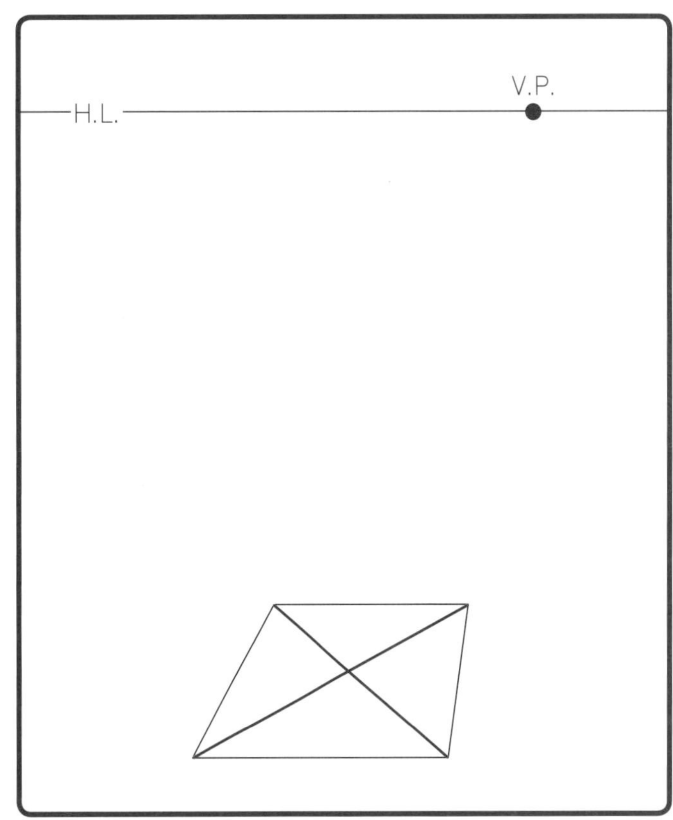

Step 2. 拉两条对角线以确定底平面的中心。

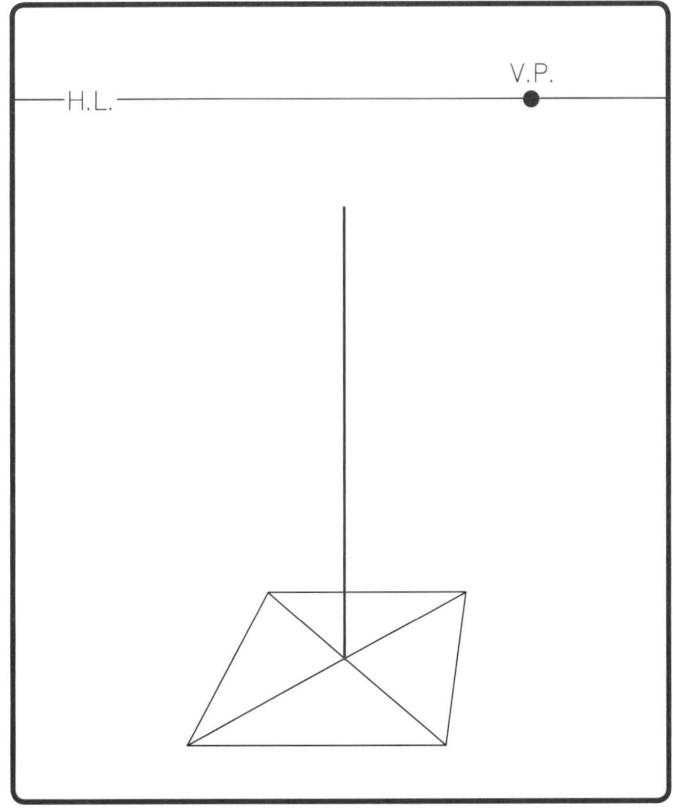

Step 3. 从底面中心向上作一条垂直辅助线，作为棱锥体的高度。

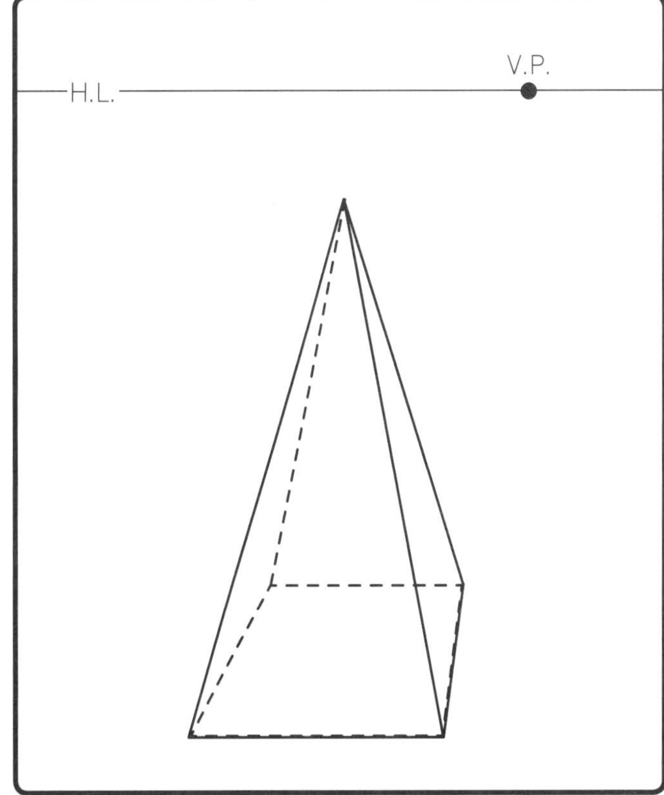

Step 4. 从这条中心线的顶点分别向底面的四个外角拉线，完成棱锥体的绘制。

⑦ 圆锥体

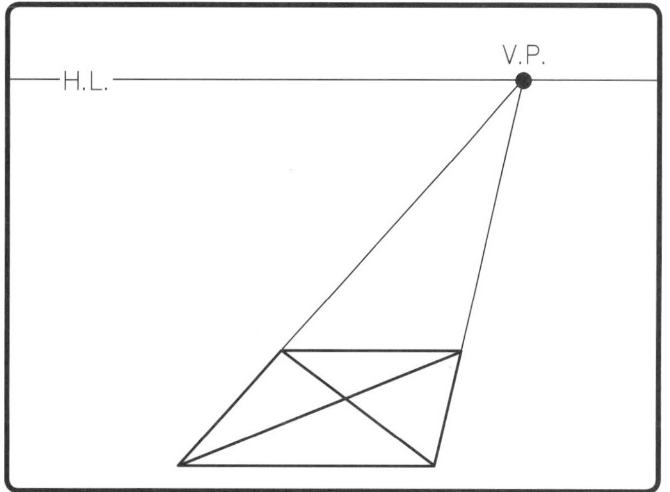

Step 1. 画出圆锥体所需尺寸的方形辅助面，找到辅助面的中心。

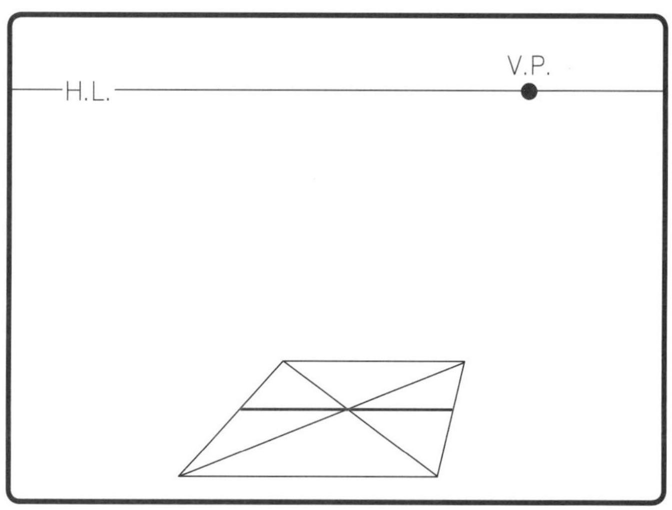

Step 2. 在辅助底面上，通过中心点拉出一条平行于水平线的线。

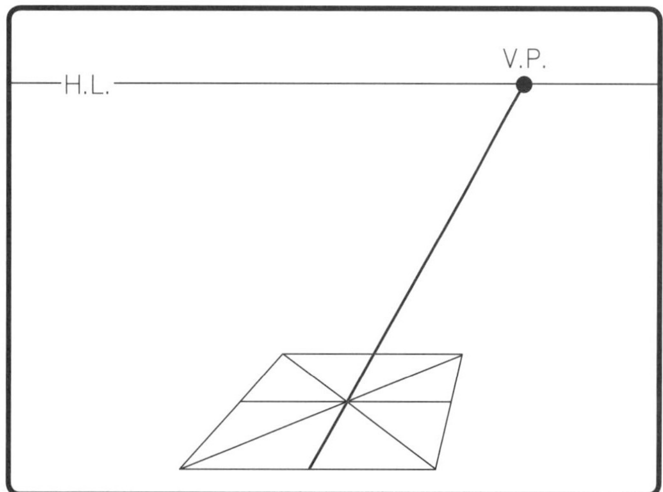

Step 3. 从灭点向地面中心拉出一条线，贯穿于方形辅助面。

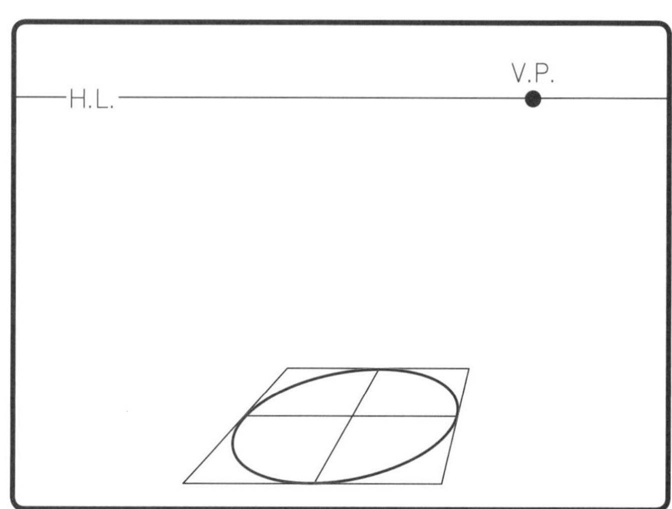

Step 4. 连接 Step 2 和 Step 3 形成的外交叉点，画出椭圆形。

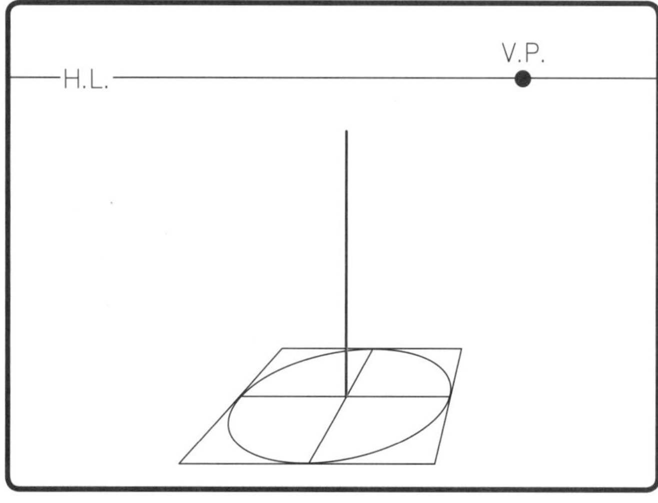

Step 5. 从中心点向上拉出一条垂直线到圆锥体所需的高度。

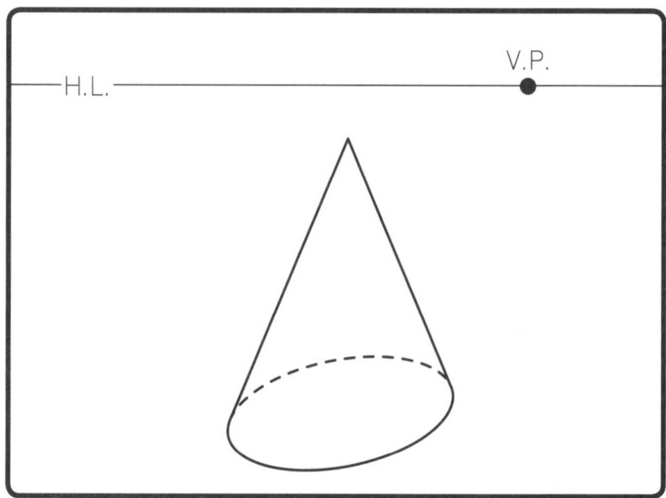

Step 6. 从中心线的顶点向椭圆的外边线分别拉出来两条边线，擦除辅助线以完成圆锥体的绘制。

⑧ 圆柱体

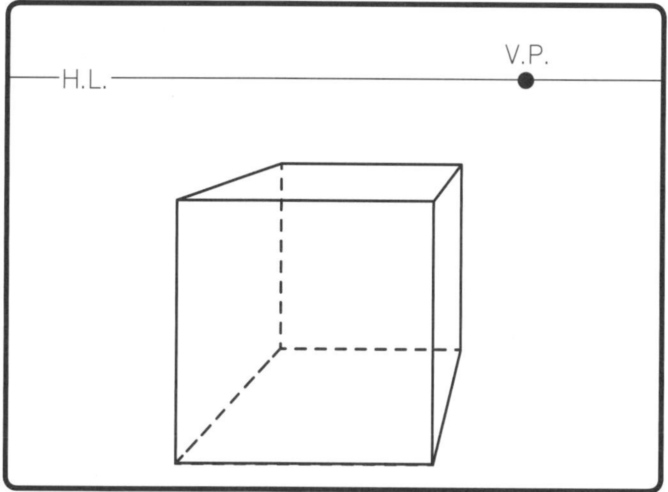

Step 1. 绘制一个透明立方体。

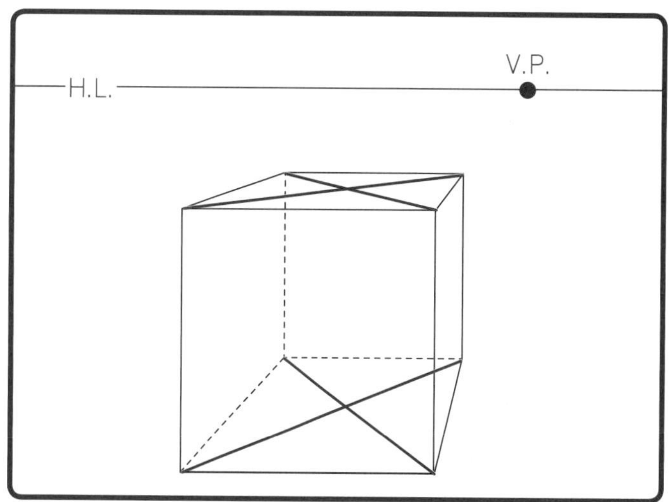

Step 2. 分别找到立方体的顶面和底面的中心。

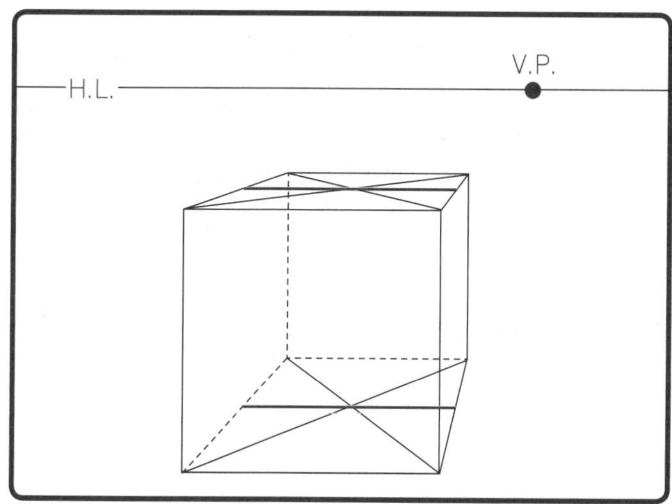

Step 3. 在顶面和底面上，穿过中心点分别作两条平行于水平线的线。

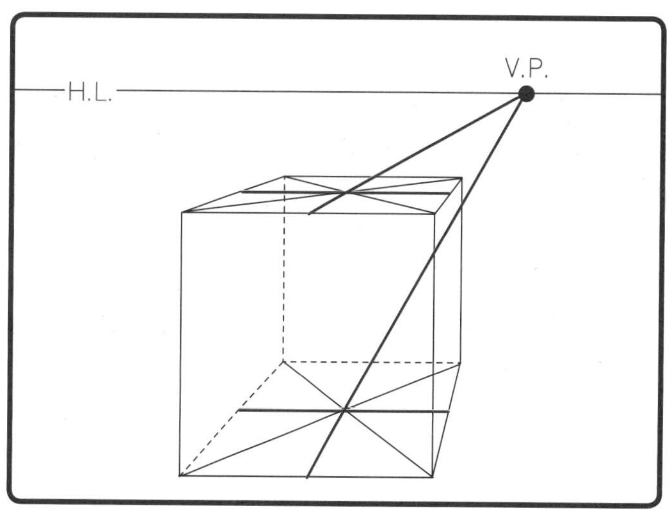

Step 4. 从灭点向立方体上下两个中心点引出线条，分别贯穿顶面和底面。

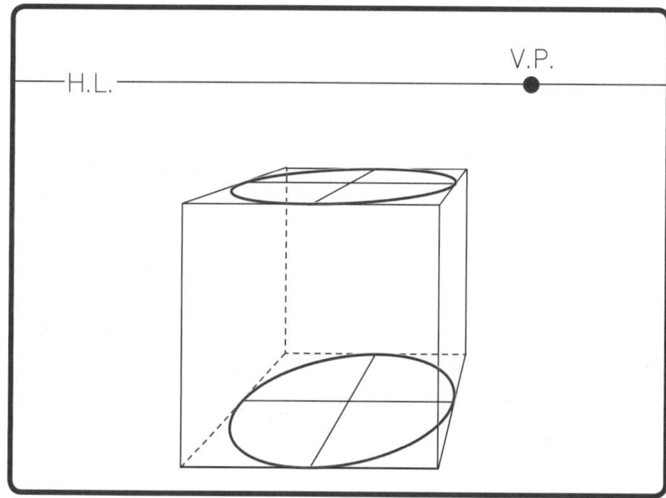

Step 5. 连接 Step 3 和 Step 4 形成的外交叉点，分别画出顶面和底面的椭圆形。

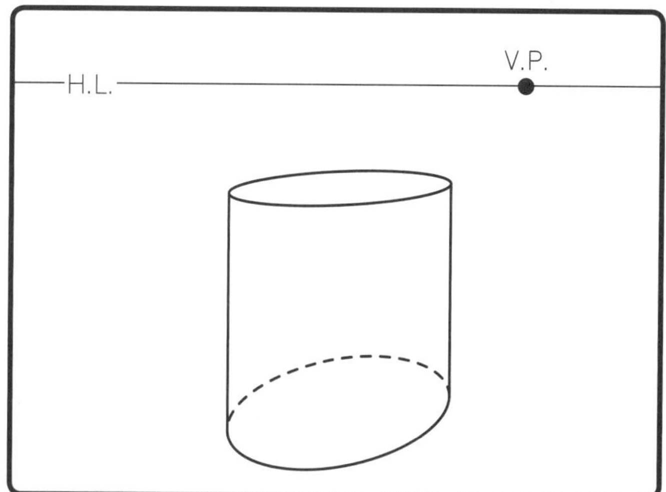

Step 6. 在椭圆形的外边，分别作两条垂直线连接顶部和底部两个椭圆。

两点透视

如果说一点透视是眼睛集中焦点所看的构图画面，那么两点透视便是一般眼睛看景象时，没有特别注视的地方,那就是视线范围的两端，借由这两端的消失点所构成的景象，相对稳定清楚，易于表达物体的立体度。在设定两点透视消失点的位置时，建议距离画开一些，可设置在构图画面的框外，可避免绘制的画面产生变形。

定 义

拥有两个消失点的透视称为两点透视点，也叫成角透视。当构图对象的边角正对着观者时，可以使用两点透视法，即存在两个灭点的构图方法。其中两个灭点为左灭点（V.P.L.）和右灭点（V.P.R.）。两点透视中的物体，它的一个前角离观者最近，就像是把一点透视中的物体旋转了45°角，而在空间透视图中，空间的后角则是离观者最远的。两点透视在工业产品设计或建筑设计中最为常用，辨别物体是否处于两点透视的最简便的办法是通过看物体的前角是否最接近观者来判断。

原 则

绘制一个平行于地面的物体时，所绘制的线条应该遵循以下三条原则：

① 垂直于水平线的线条代表高度；

② 左灭点拉出的线条代表物体左边的进深；

③ 右灭点拉出的线条代表物体右边的进深。

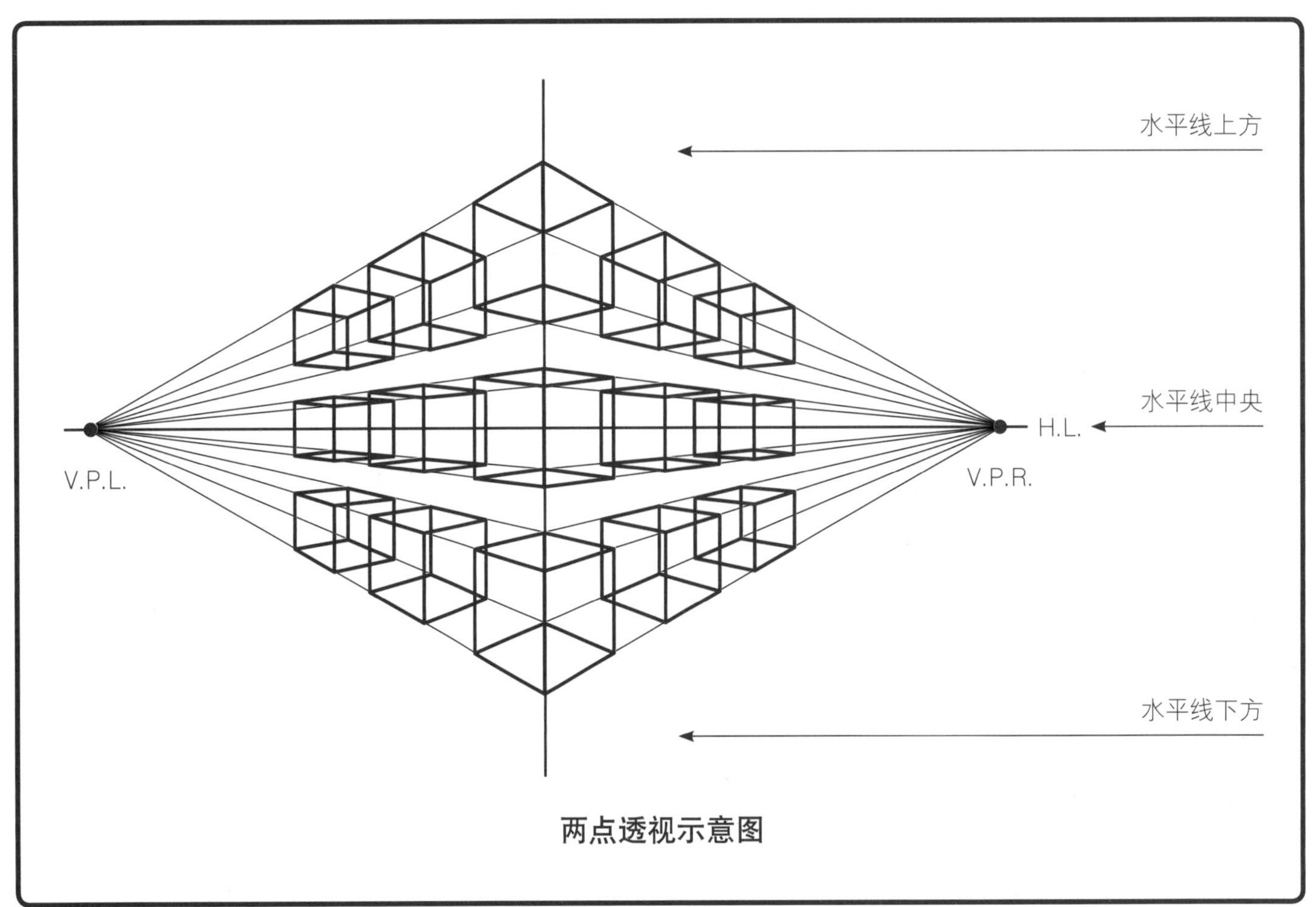

两点透视示意图

名词解释

- **水平线（H.L.）：**与一点透视一样，在透视图中这条线代表了观者的视线水平线。
- **视平线（E.L.）：**透视图中视平线与水平线是一样的。
- **左灭点（V.P.L.）：**在两点透视中，一个灭点被设在画面中心的左边，因此，在左边从前到后的线条都与左灭点相连。这个灭点也同样适用于三点透视。
- **右灭点（V.P.R.）：**两点透视中的第二个灭点被设在画面中心的右边，因此，在右边从前到后的线条都与右灭点相连。这个灭点也同样适用于三点透视。
- **俯视图：**物体被画于水平面以下或从高处俯瞰一个物体。
- **仰视图：**物体被画于水平线以上或从低处仰视一个物体。
- **水平视图：**物体在水平线上或水平线前方，因此，物体的局部会略微浮于水平线上或水平线下。

基本造型画法　① 立方体

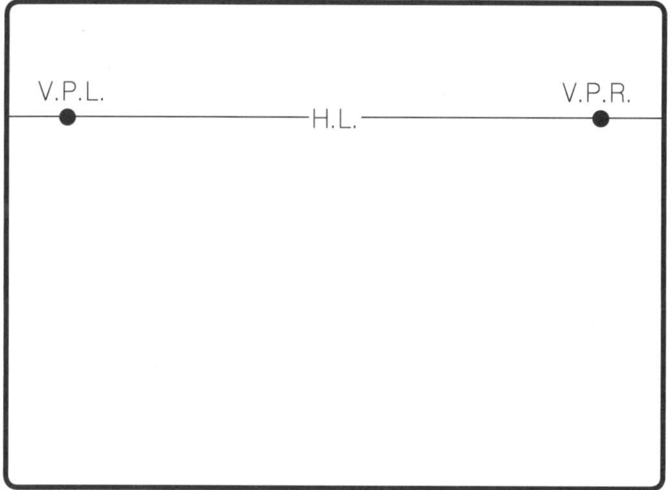

Step 1. 画一条贯穿画面的水平线。在水平线左右两端分别设置一个灭点。

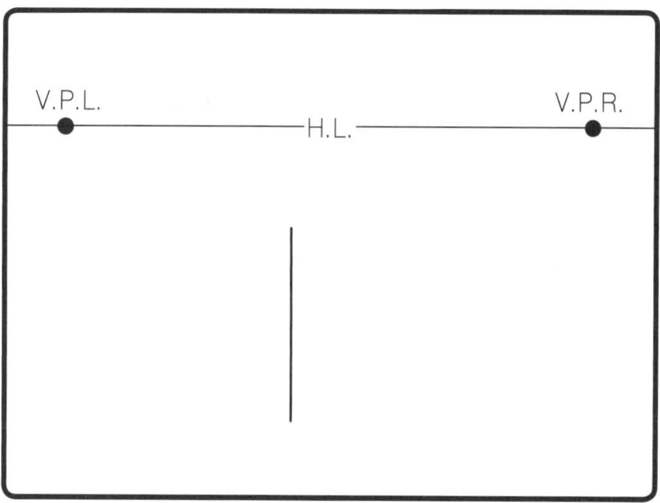

Step 2. 画出立方体前侧立边，这条线垂直于视平线。

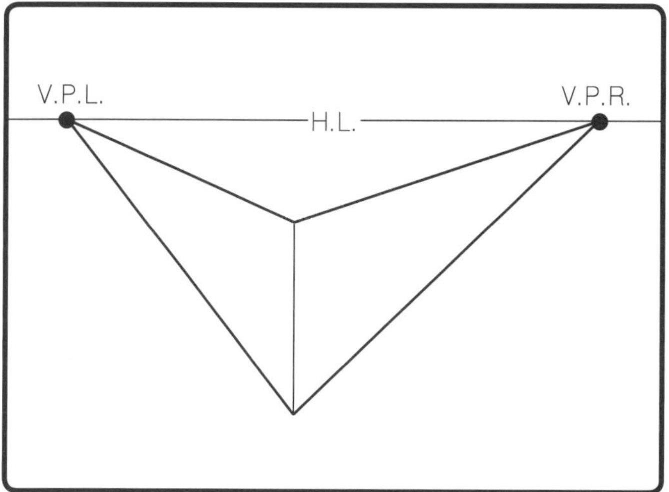

Step 3. 从前侧立边的顶端和底端分别向两个灭点拉线。

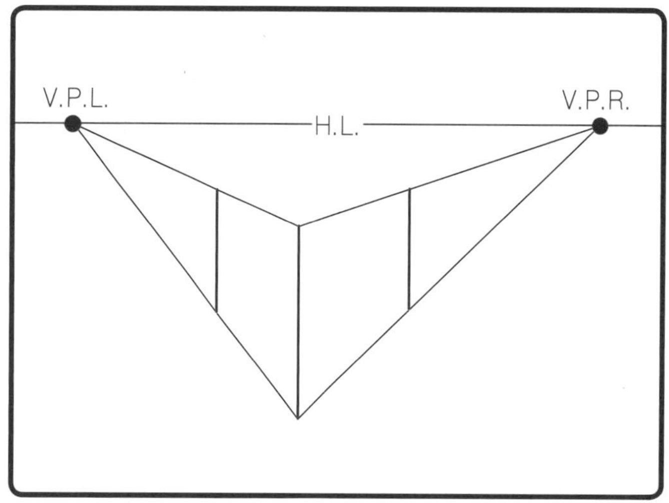

Step 4. 确定立方体的进深，在交会于灭点的两条线之间作垂直于水平线的一条垂直线。

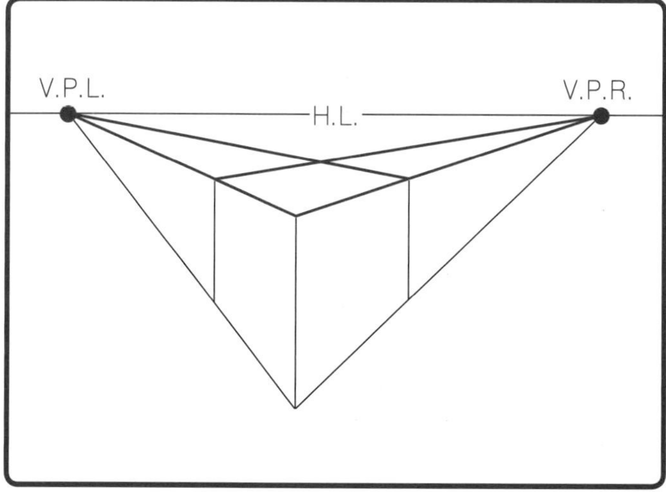

Step 5. 从立方体的左后立边的顶点向右灭点拉线，然后从方体的右后立边的顶点向左灭点拉线。

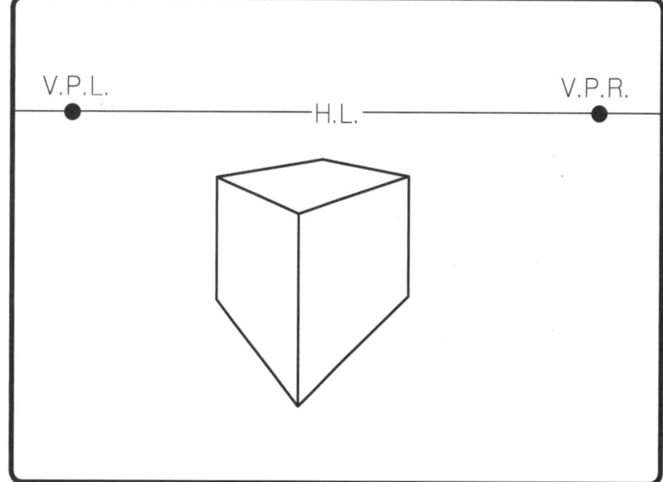

Step 6. 两条线交叉形成的面即立方体的顶面，擦除辅助线以完成实体立方体的绘制。

② 透明立方体

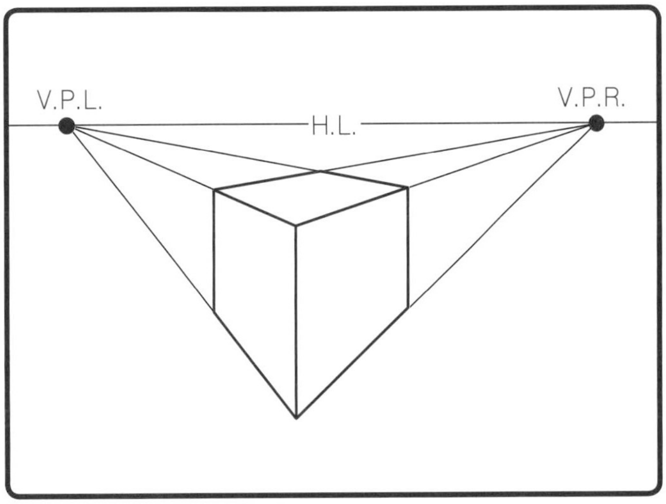

V.P.L.
H.L.
V.P.R.

Step 1. 用两点透视画出一个实体立方体。

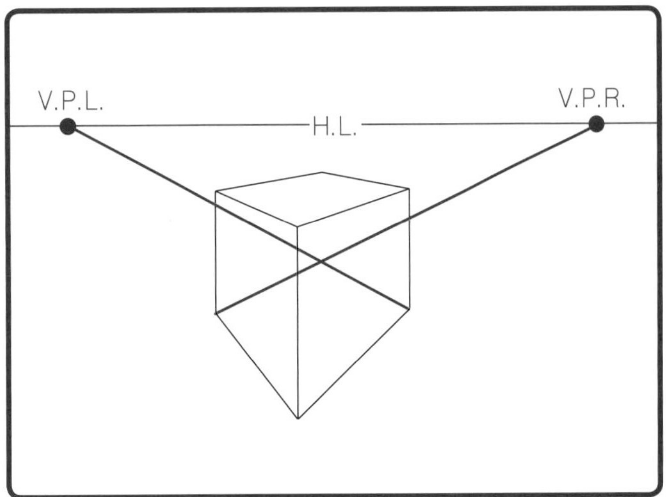

Step 2. 从立方体的左底角向右灭点拉线，然后从立方体的右底角向左灭点拉线。

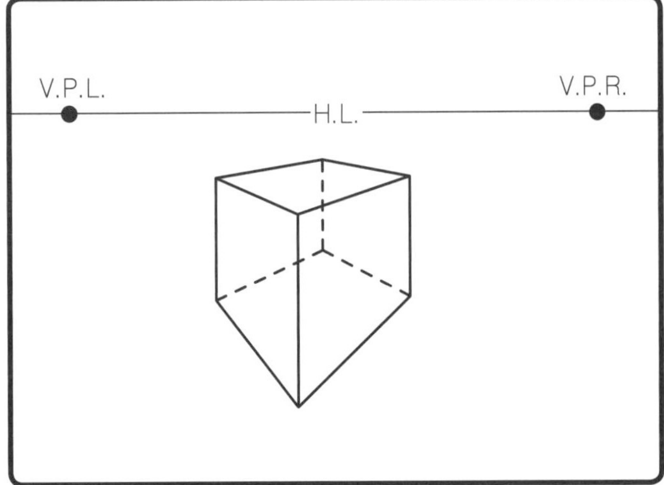

Step 3. 从立方体的后顶角向下作一条垂直线，与 Step 2 中形成的线的交叉点相接，完成透明立方体的绘制。

③ 楔形体

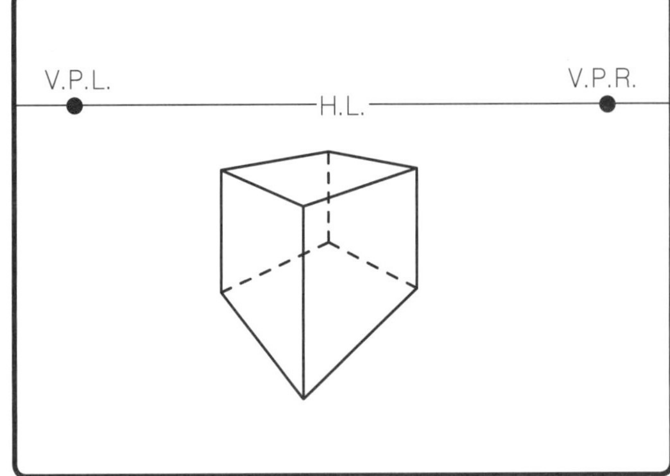

Step 1. 用两点透视画出一个透明立方体。

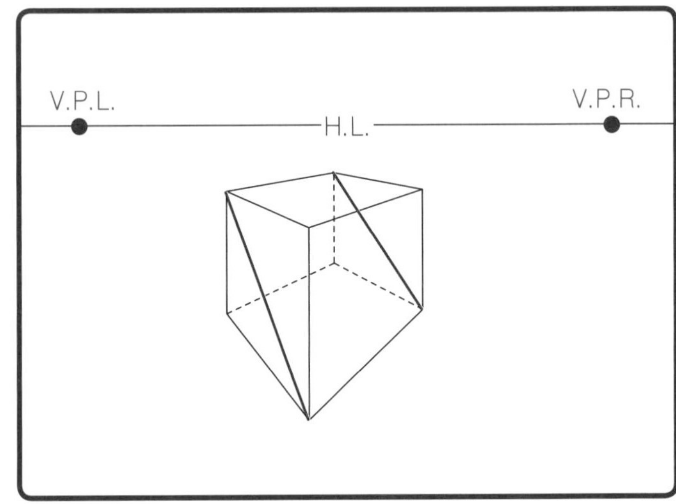

Step 2. 在立方体左立面上画出对角线，在右立面上画出对角线。

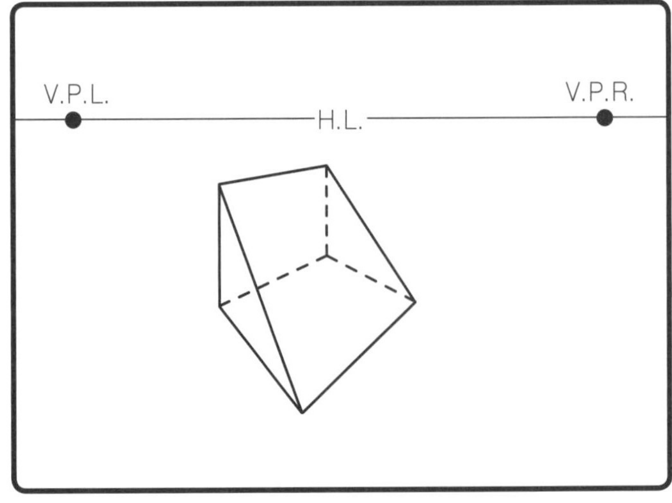

Step 3. 擦除辅助线以完成实体楔形体的绘制。

④ 棱锥体 方法 1

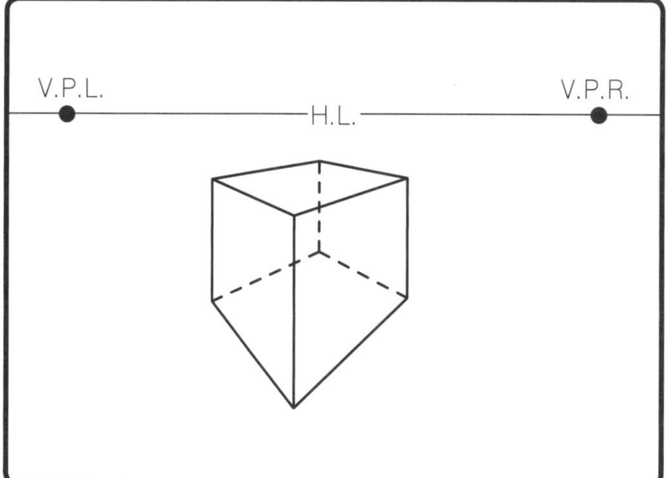

Step 1. 用两点透视画出一个透明立方体。

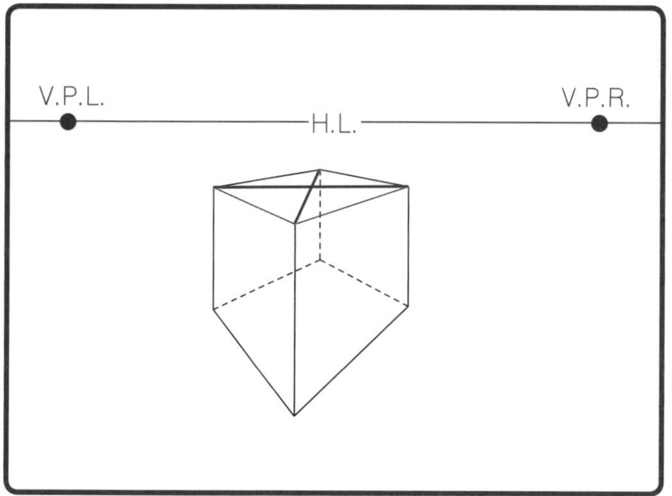

Step 2. 在立方体顶面上画出两条对角线，确定立方体顶面的中心点。

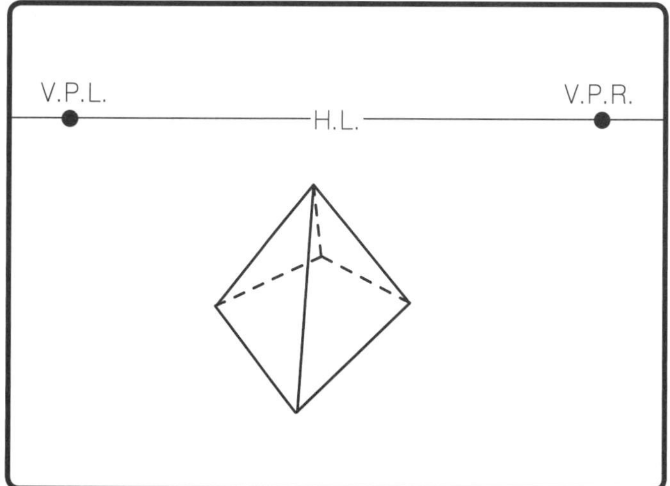

Step 3. 从这个中心点向立方体底面的四个角拉线，擦除辅助线得到棱锥体。

⑤ 棱锥体 方法 2

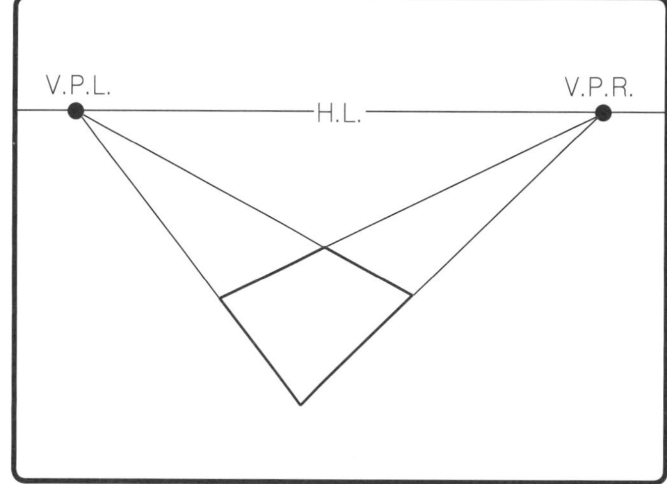

Step 1. 先用两点透视画出立方体的底面，这个底面即是棱锥体的底面。

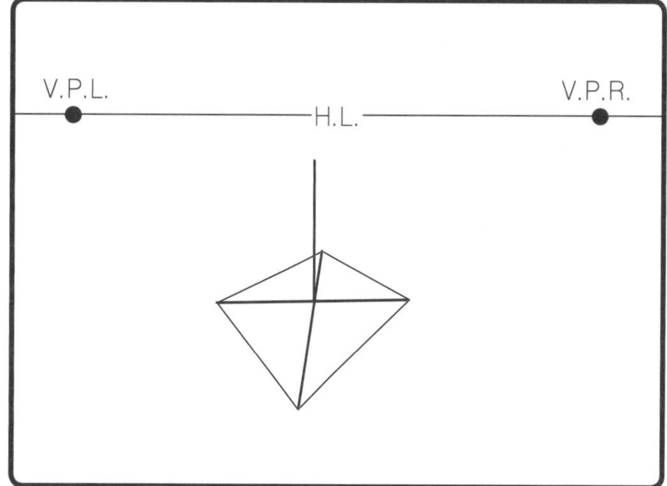

Step 2. 找到底面的中心，并从中心向上作一条垂直辅助线，为棱锥体所需的高度。

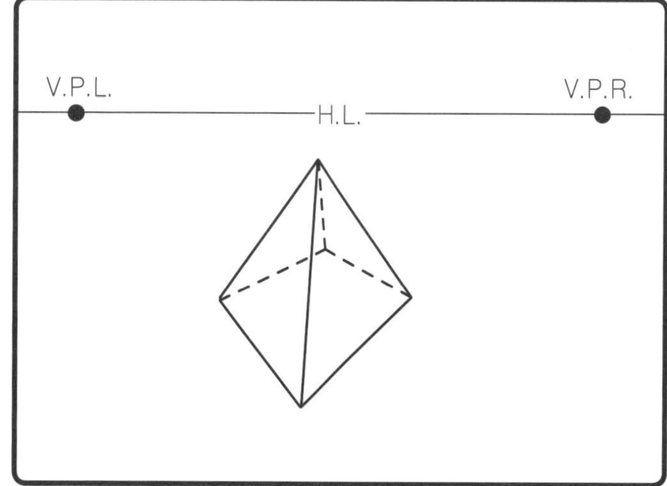

Step 3. 从这个中心线顶点分别向底面外角拉线。

⑥ 圆锥体

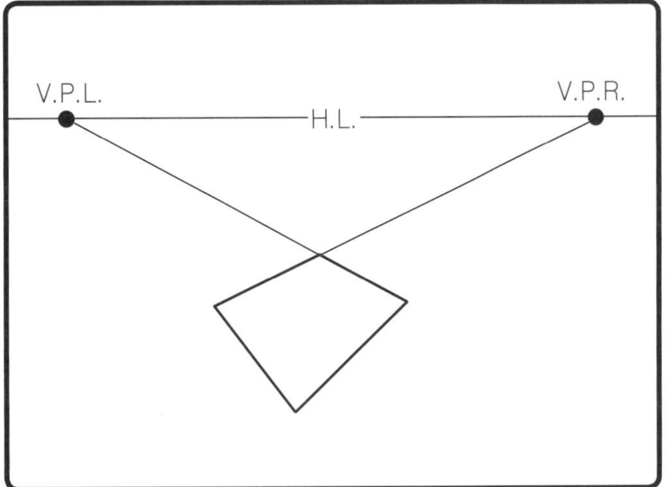

Step 1. 用两点透视画出圆锥体所需尺寸的方形辅助面。

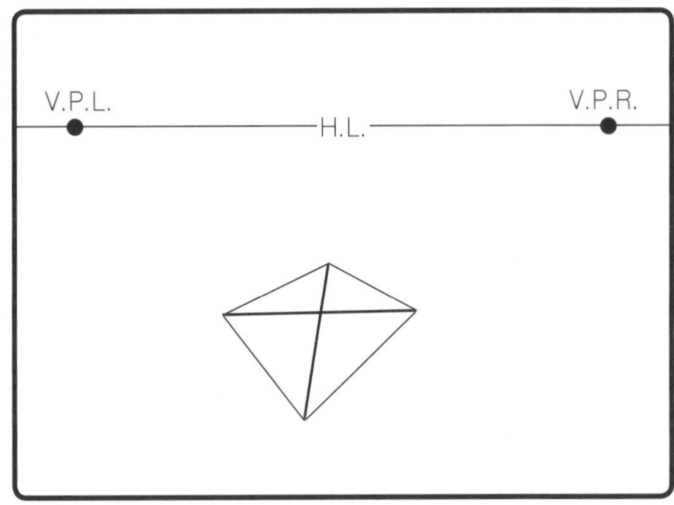

Step 2. 确定辅助面的中心点。

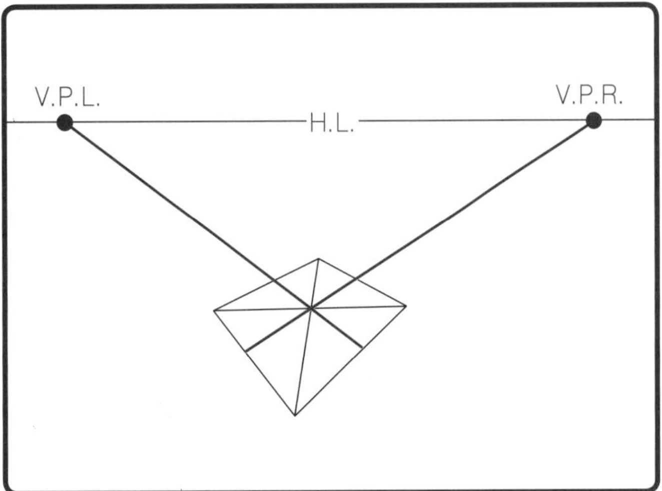

Step 3. 分别从左灭点和右灭点向辅助面的中心点拉出线条。

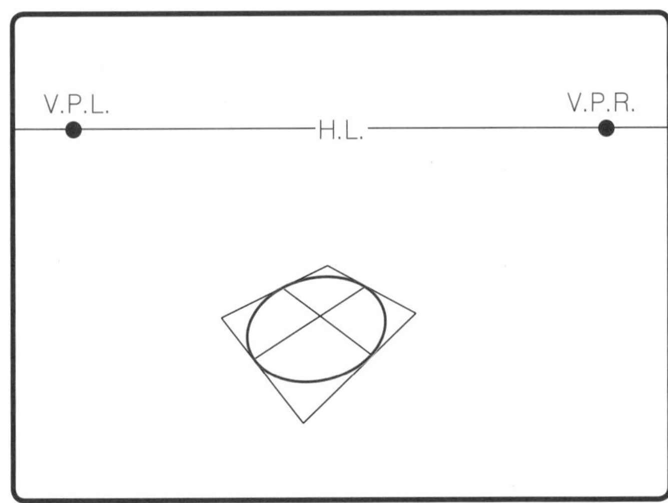

Step 4. 连接 Step 3 形成的外交叉点，画出椭圆形。

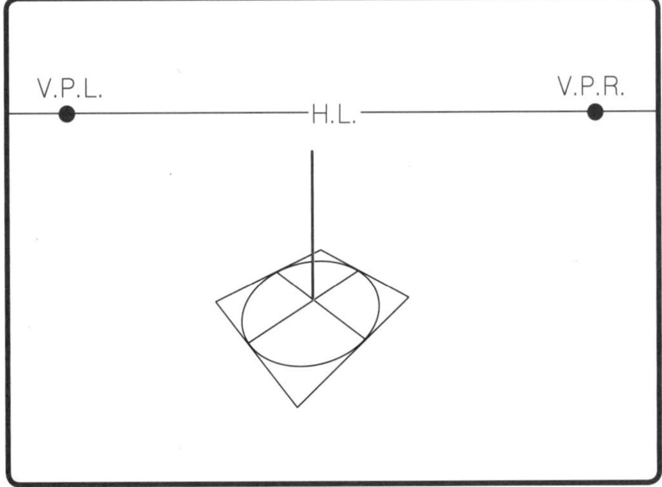

Step 5. 从中心点向上拉出一条垂直线到圆锥体所需的高度。

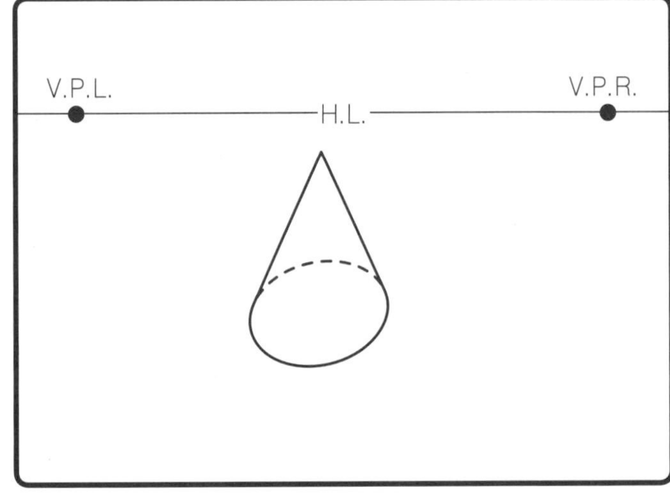

Step 6. 从中心线的顶点向椭圆的外边线分别拉出两条线。

⑦ 圆柱体

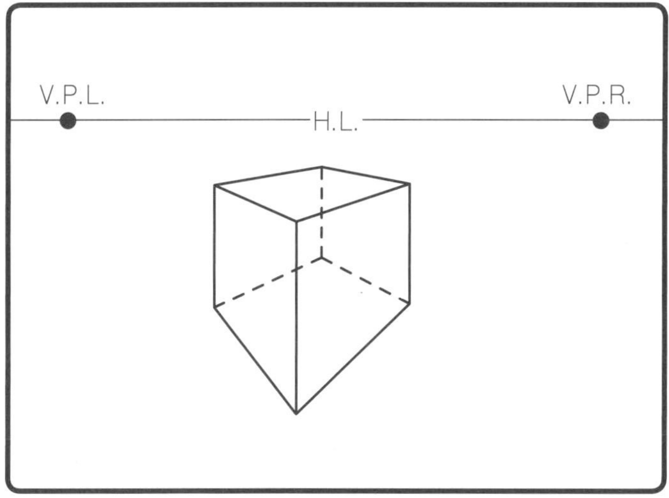

Step 1. 用两点透视画出一个透明立方体。

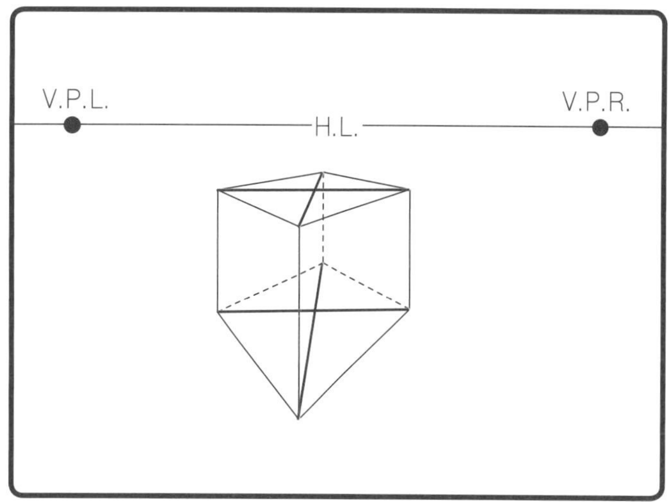

Step 2. 分别找到立方体的顶面和底面的中心。

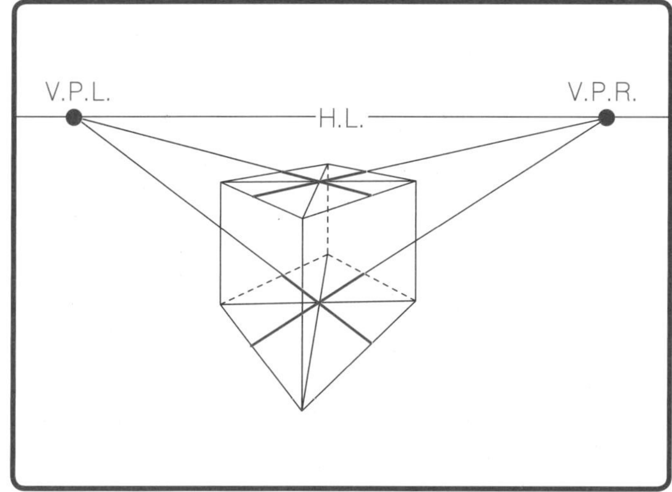

Step 3. 分别从左、右灭点向顶面和底面的中心点引出线条。

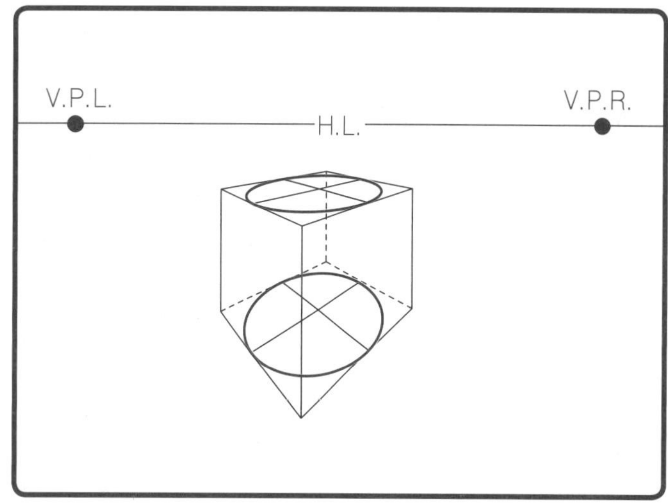

Step 4. 连接 Step 3 形成的外交叉点，分别画出顶面和底面的椭圆形。

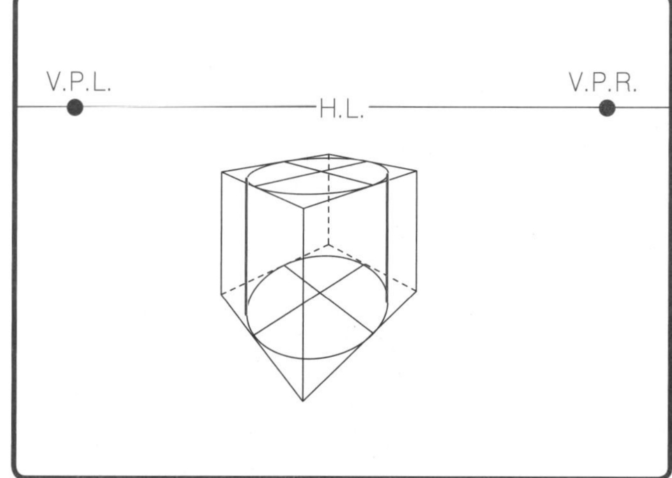

Step 5. 在椭圆形的外边，分别作两条垂直线连接顶部和底部的两个椭圆。

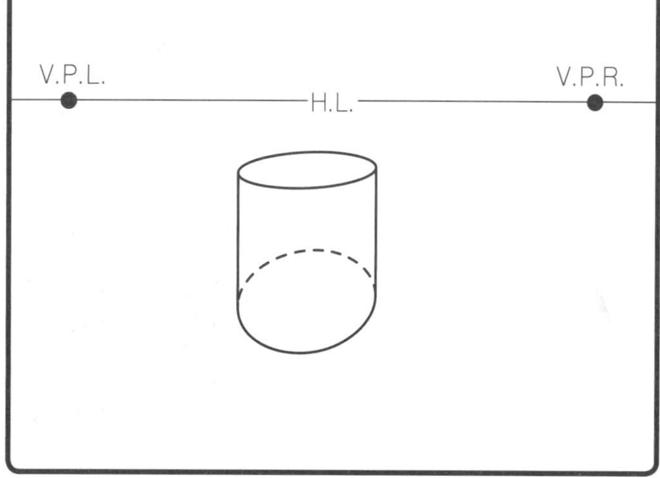

Step 6. 擦除多余的辅助线形成圆柱体。

三点透视

三点透视法包含了两点透视法，即在两个消失点的透视法上增加第三个透视点，而第三个消失点在竖直透视方向上，就像在地面抬头望一个高塔一样，观者面对一个观察对象竖直的边角。

根据比例，将画面横竖向均分，确定视觉焦点。
确定地平线。
按三点透视原则，形成三个灭点。

定 义

拥有三个消失点的透视称为三点透视，也叫高空透视。三点透视视图包括了从高点俯视物体或空间的上视图和从低点仰视物体或空间的两种视图。和两点透视一样，这两种视图都有一个左灭点和一个右灭点。然而，三点透视图在垂线上有第三个点，这个垂直灭点是三点透视和两点透视的唯一差异。如示意图所示，这种透视常用于表现形体高大宏伟的物象，因此多用于建筑设计领域，在产品设计中并不多见。

三点透视出现的大部分术语与两点透视一样，唯一的新术语是垂直灭点（V.P.V.）。垂直灭点即三点透视图的第三个点是在画面底部或顶部中心，这个点在垂直线上。

三点透视法还可以扩展到四点、五点透视法等，对图中俯仰角度、倾斜或是旋转部分的透视，但是它通常基于同一部分多条平行的直线，以及把这些事实上相互平行的部分关联起来。

原 则

当绘制一个平放在地上的立方体或物体时，只有三种绘制的基本方式：

① 绘制到左灭点的线条，创造靠在左侧物体的深度；

② 绘制到右灭点的线条，创造靠在右侧物体的深度；

③ 绘制到垂直灭点的线条，创造物体高度。

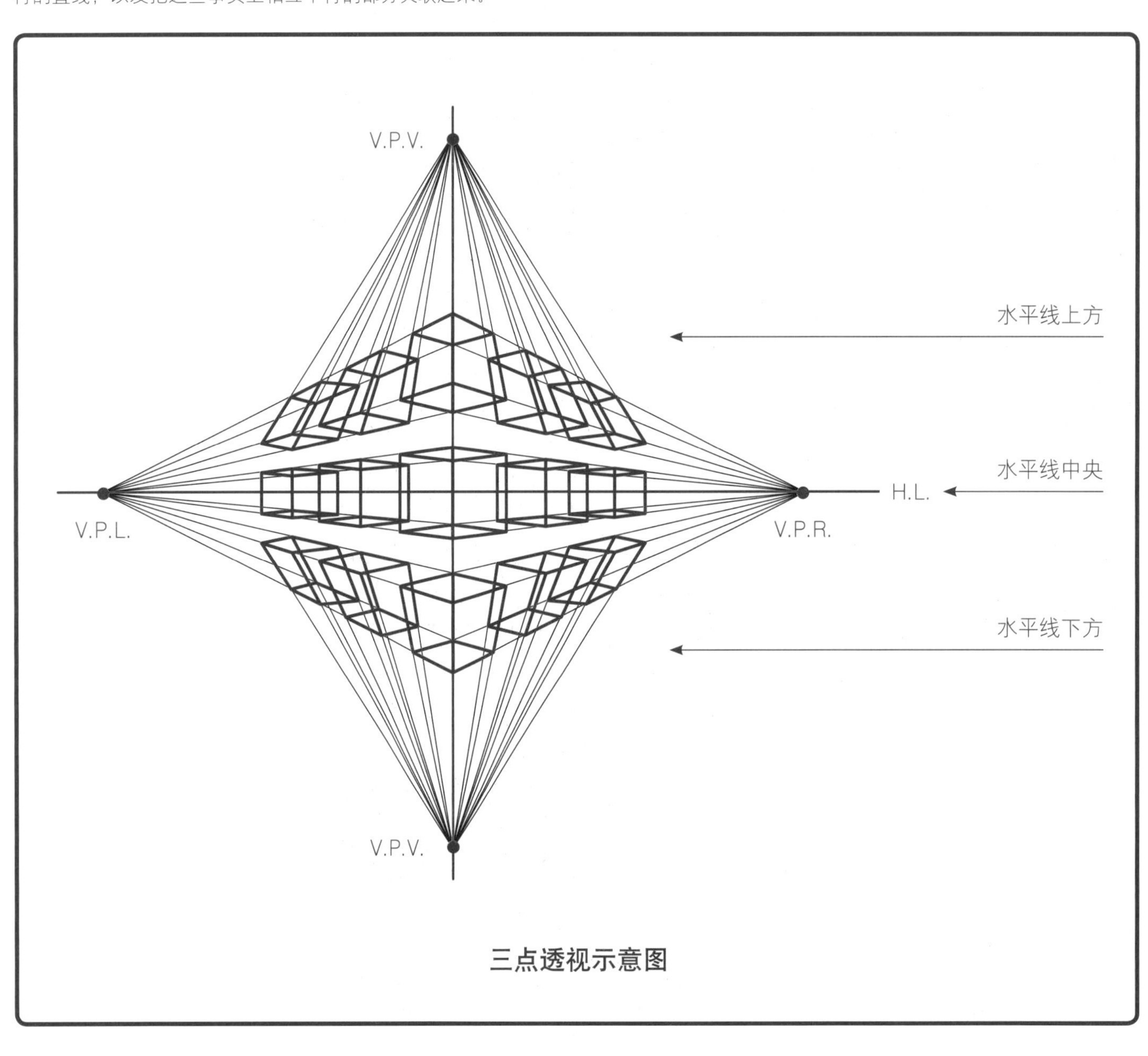

三点透视示意图

基本造型画法 ① 立方体（左：仰视视角 右：鸟瞰视角）

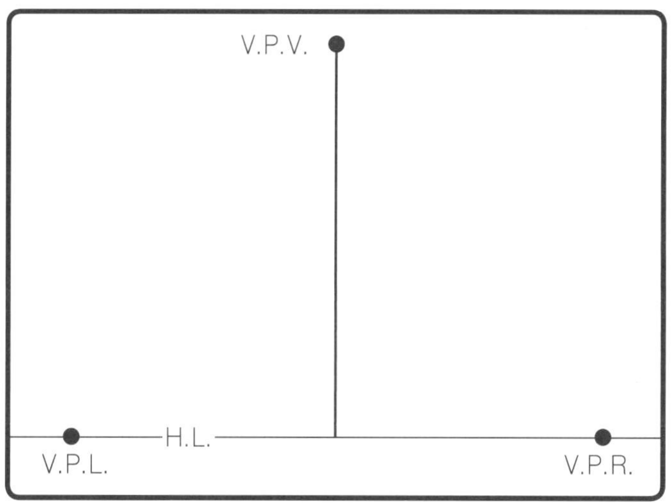

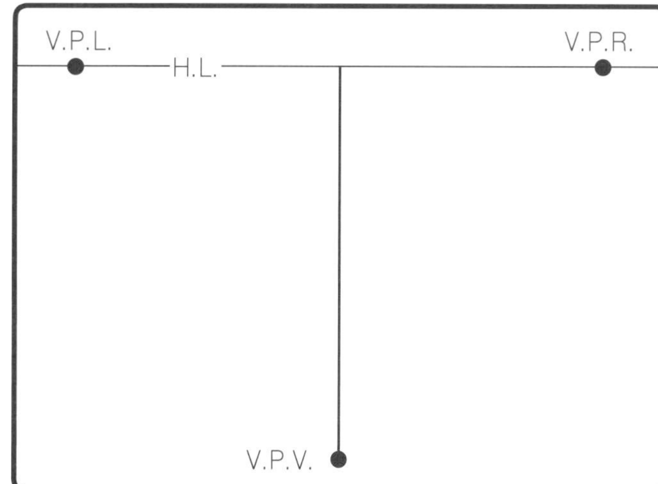

Step 1. 绘制一条带有左灭点和右灭点的水平线，从水平线的中心出发向下或向上绘制一条垂直线，将垂直灭点设定在这条垂直线上靠近纸张边缘的地方。

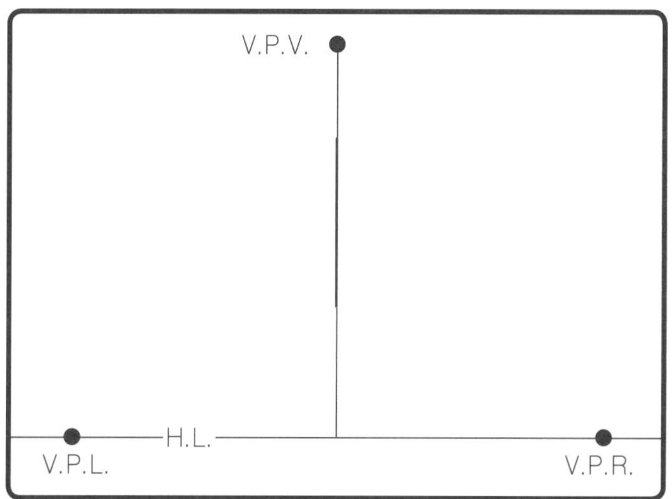

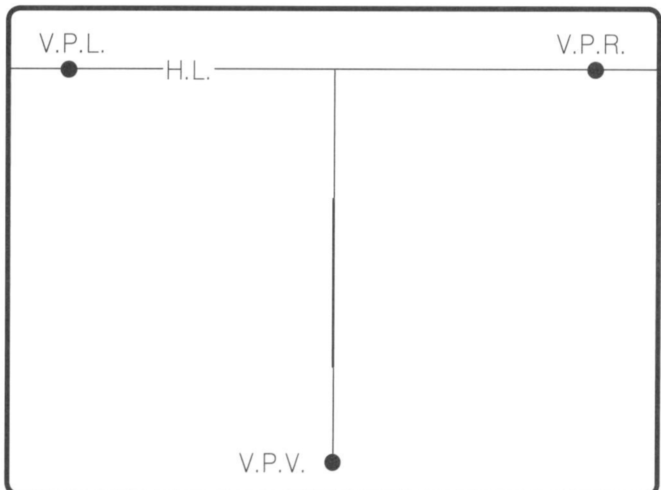

Step 2. 在垂直线上绘制一条较深的线条，标示出立方体的正面边线。这条线决定了立方体的垂直高度。

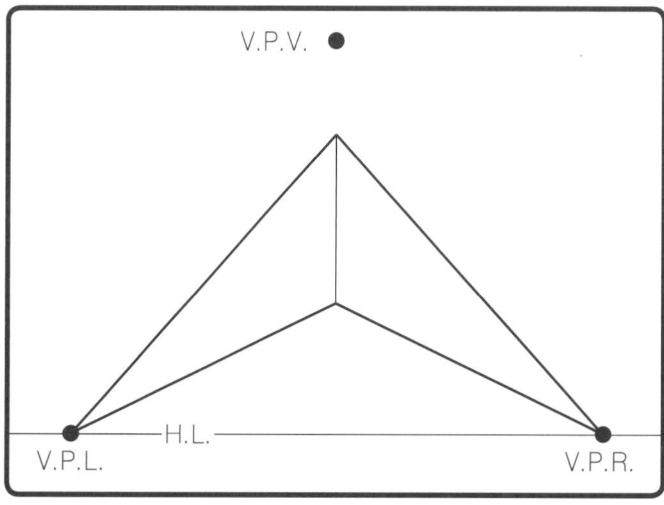

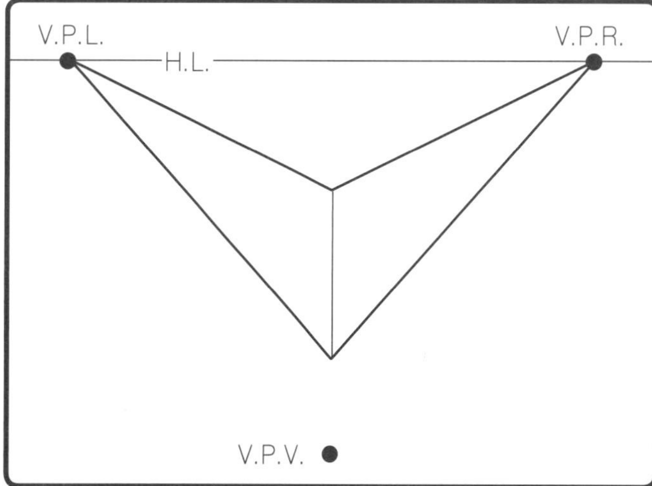

Step 3. 从立方体正面边线的顶部或底部分别向左灭点和右灭点绘制线条。

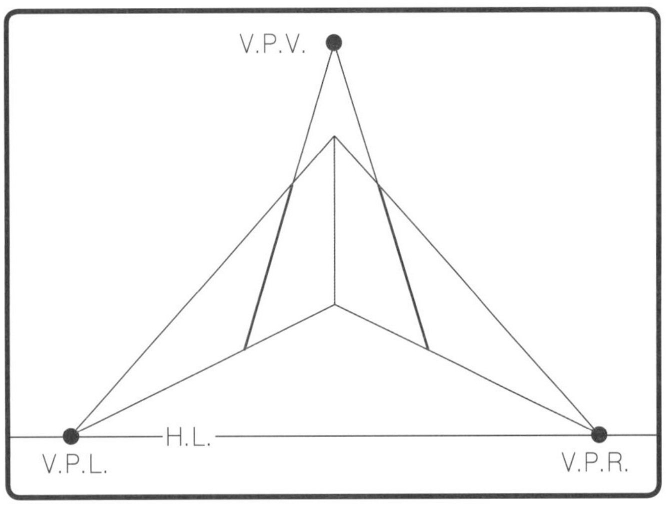

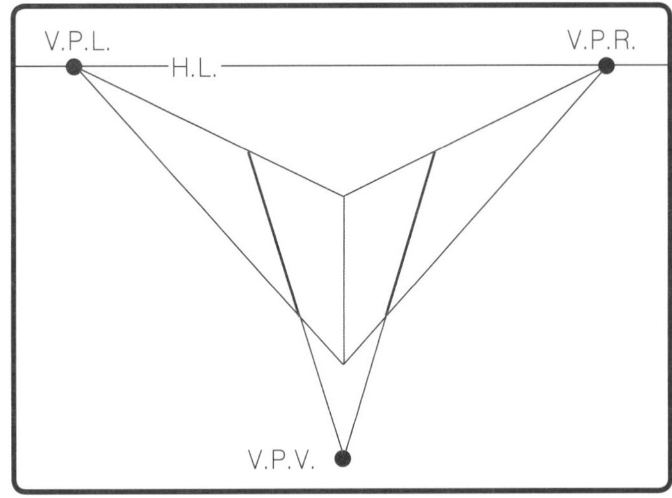

Step 4. 选择一个预期的进深值，在 Step 3 中远离灭点的线上做标记，然后从标记出发向垂直灭点画线，完成立方体的侧边。

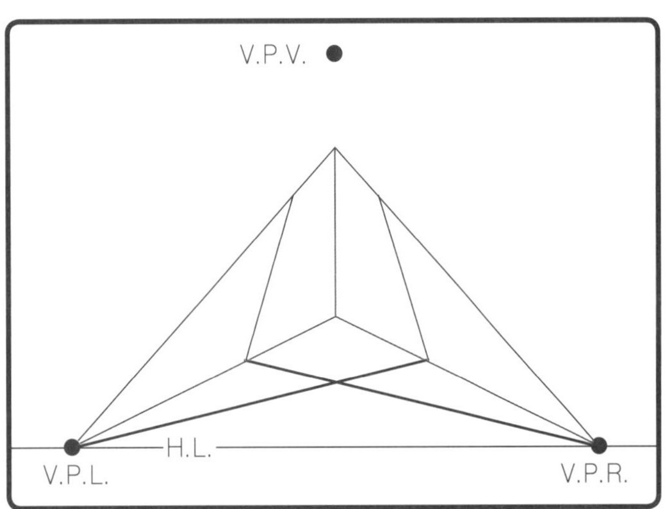

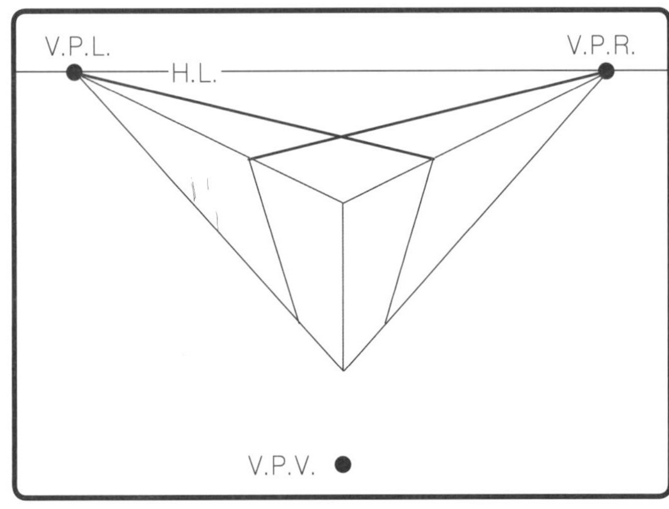

Step 5. 从 Step 4 中的外部线条向左灭点和右灭点分别引线，从而完成立方体的底面或顶面。

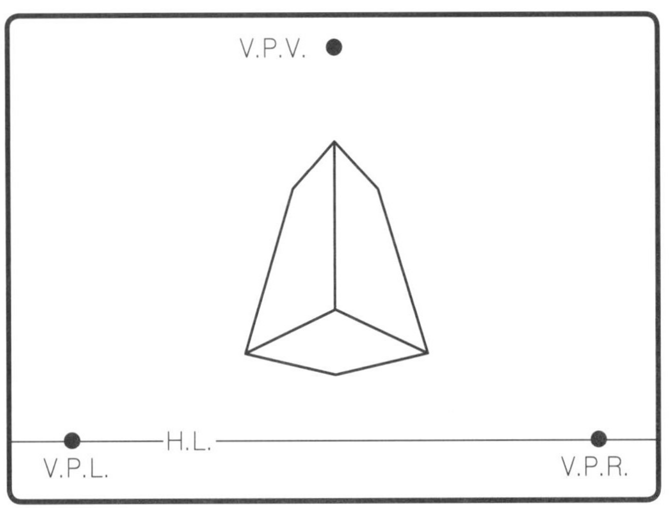

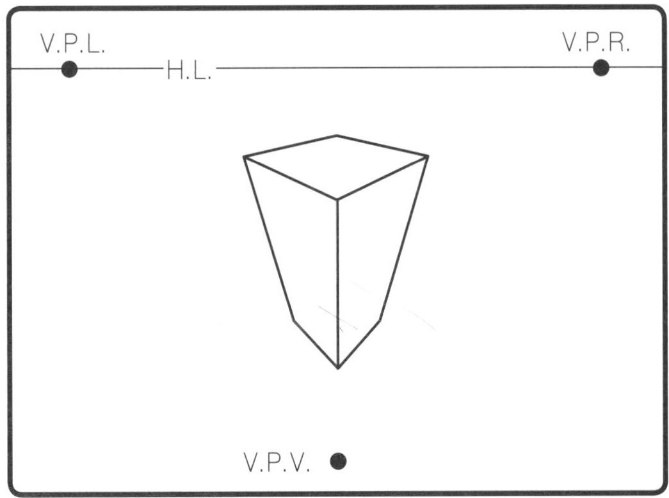

Step 6. 擦除辅助线以完成立方体的绘制。

② 透明立方体（左：仰视视角 右：鸟瞰视角）

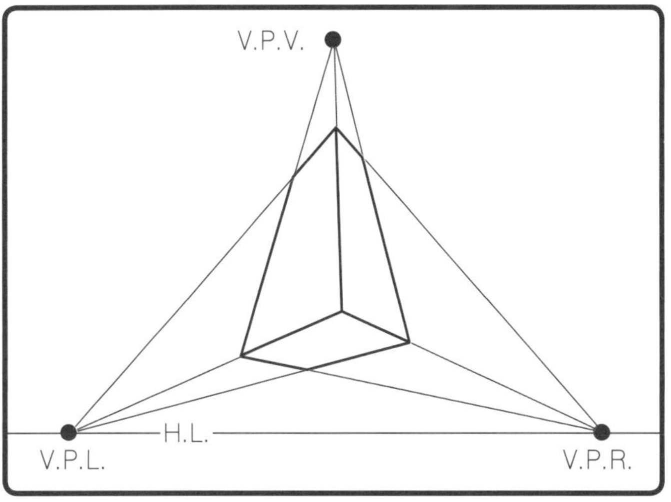

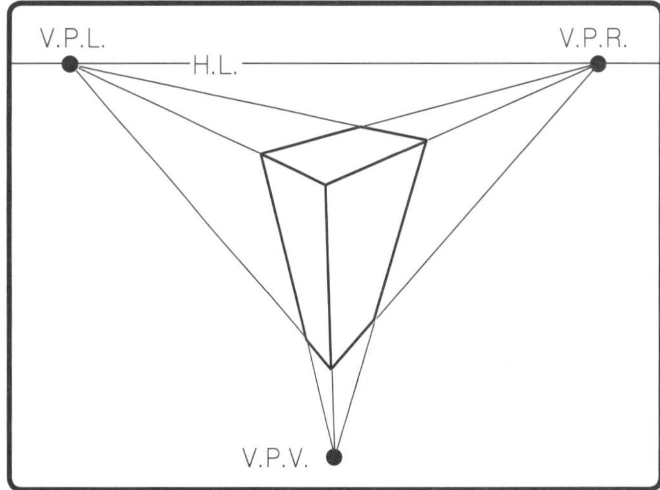

Step 1. 画出一个立方体。

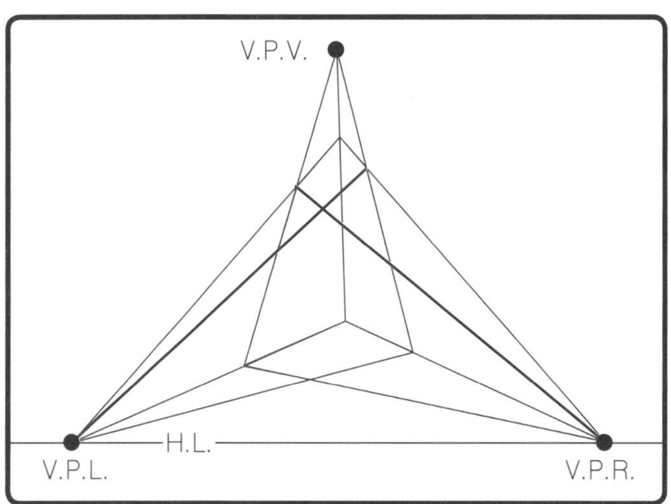

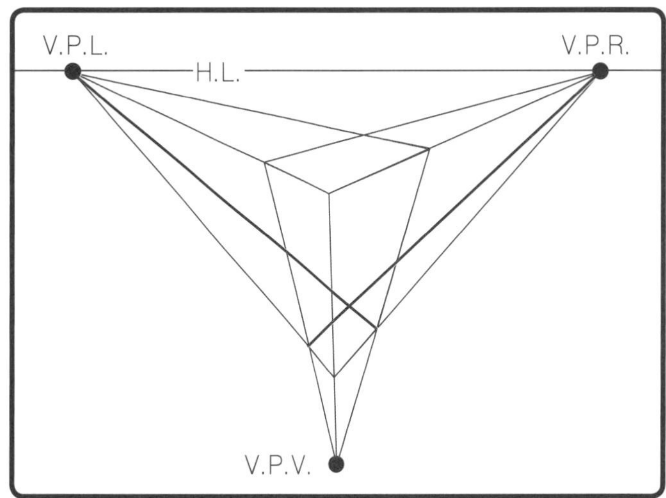

Step 2. 从仰视图的顶边角或鸟瞰图的底边角出发，分别向左灭点和右灭点作辅助线。

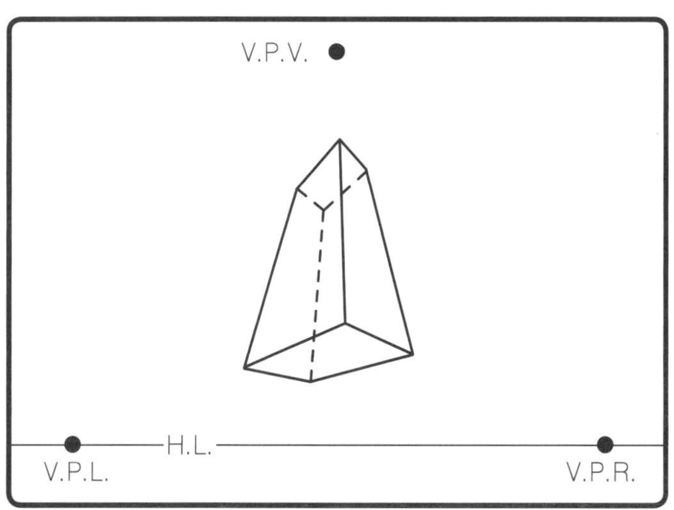

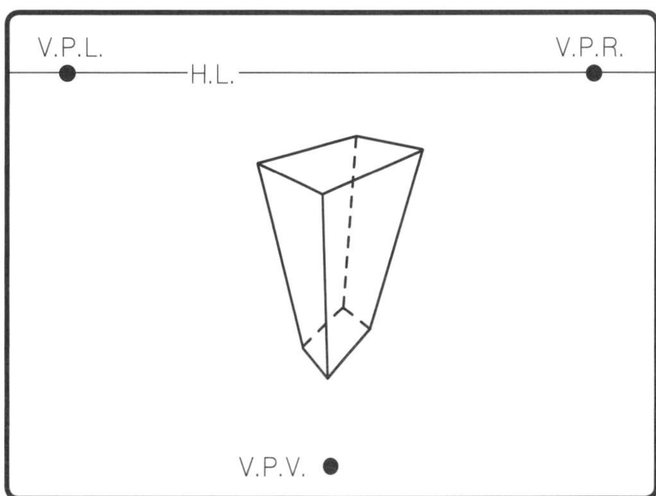

Step 3. 绘制一条从垂直灭点出发的线条，穿过 Step 2 中的交点，直到立方体的背面内部角。

③ 棱锥体（左：仰视视角 右：鸟瞰视角）

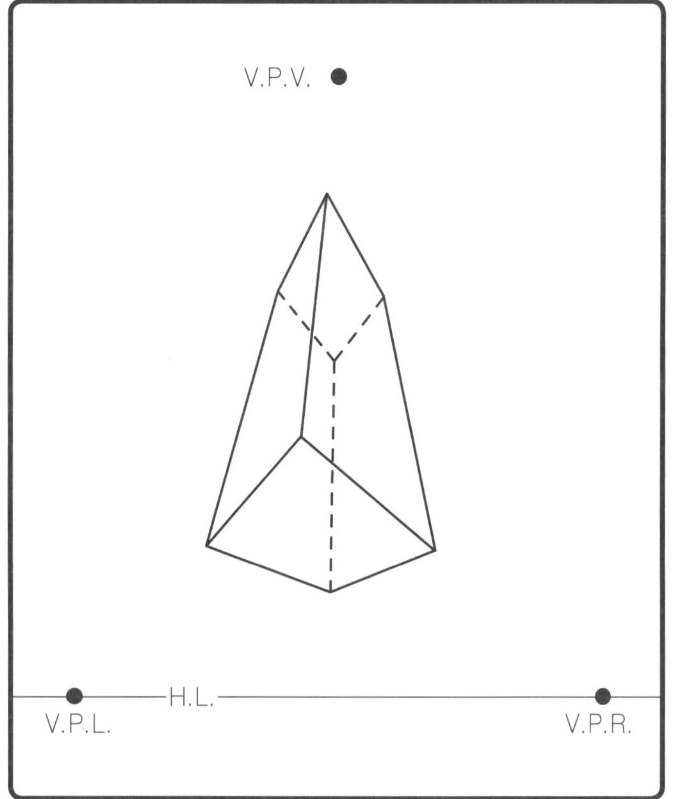

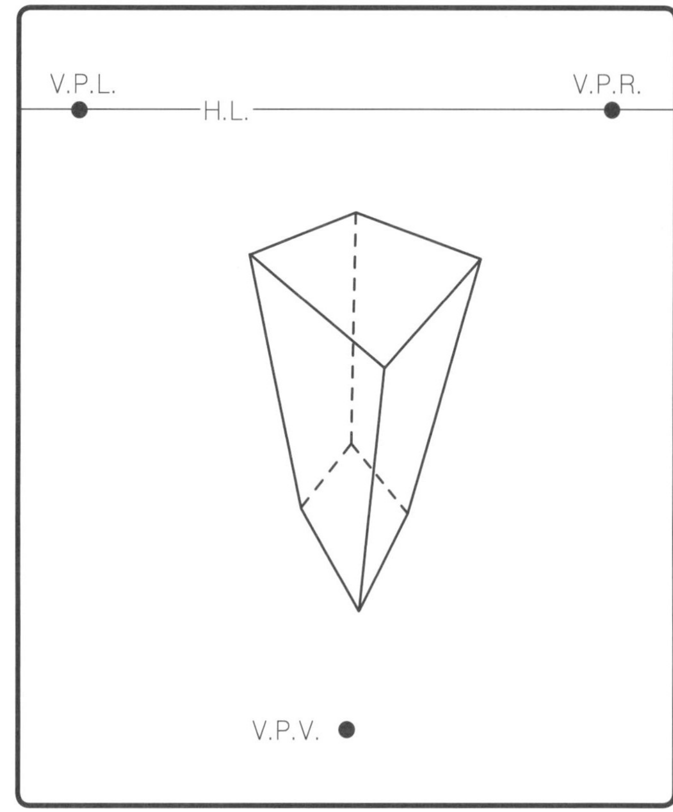

Step 1. 用三点透视画出一个透明立方体。

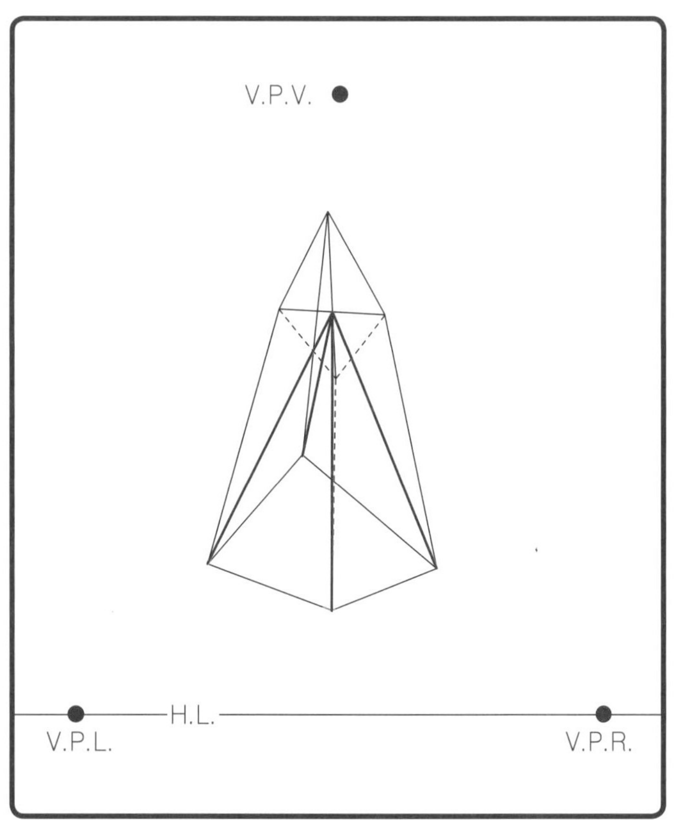

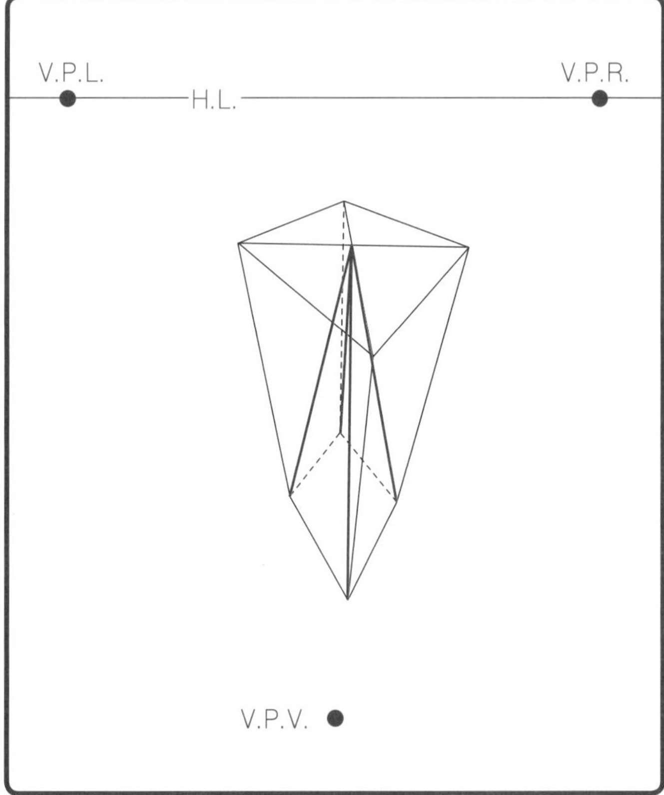

Step 3. 从中心点出发画线条到立方体的各个外部角，创造棱锥体的形状。

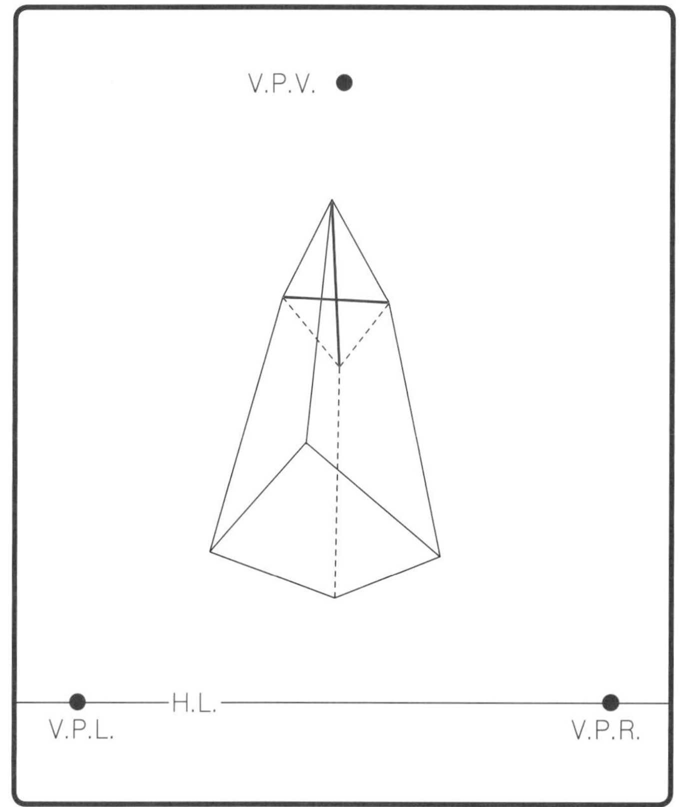

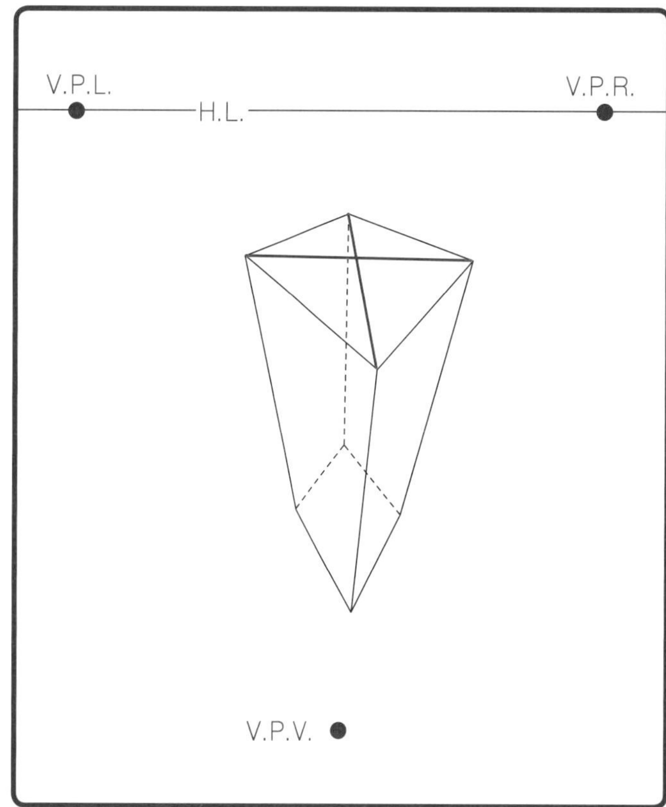

Step 2. 通过绘制对角线找到立方体顶部的中心。

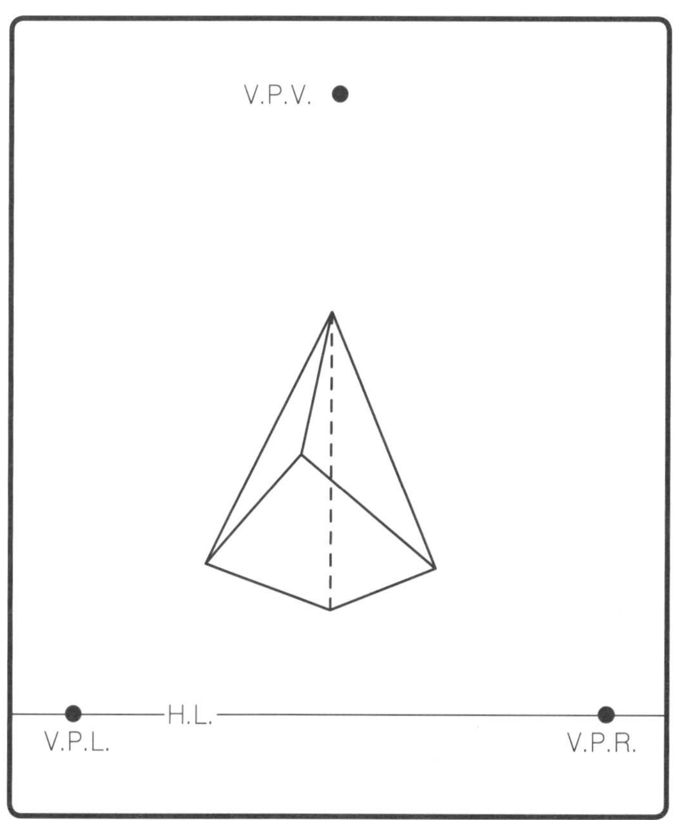

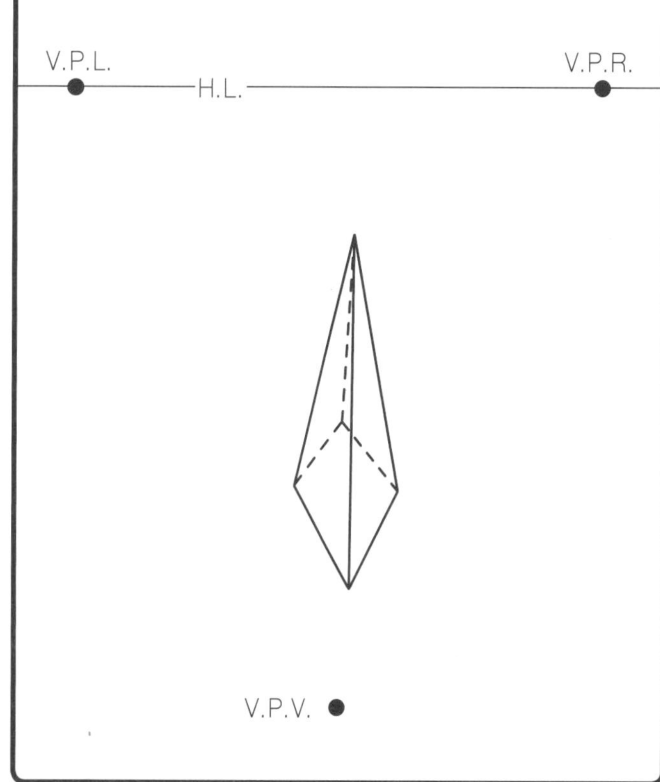

Step 4. 擦除立方体和辅助线，展示出棱锥体的形状。

④ 圆锥体

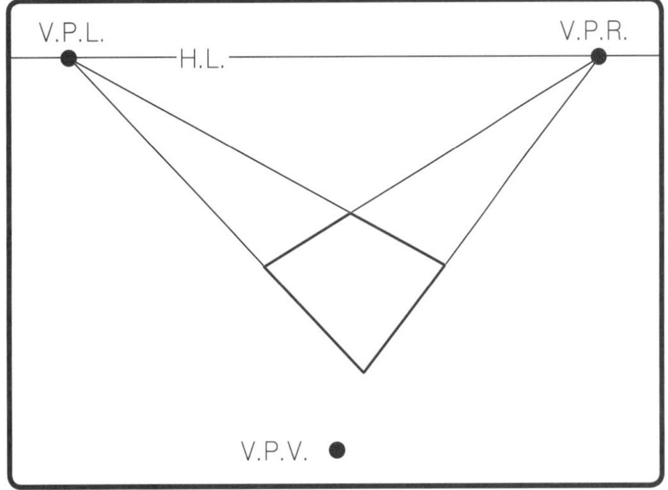

Step 1. 从圆锥体的底面开始画起，分别从左灭点和右灭点引线，创造出底面目标尺寸。

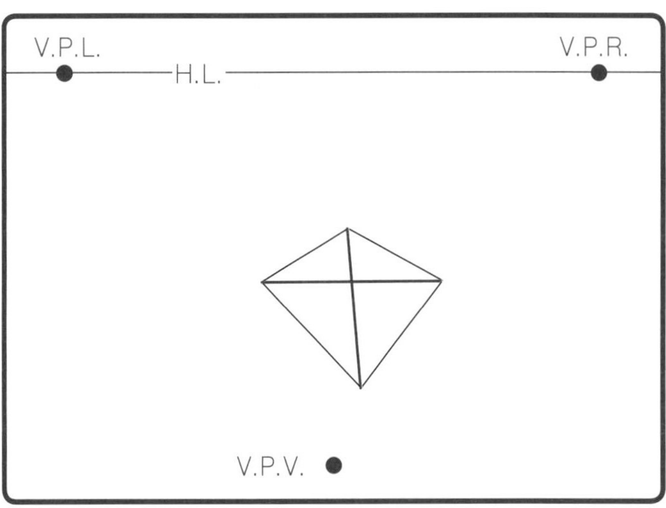

Step 2. 通过绘制对角线找到底面的中心。

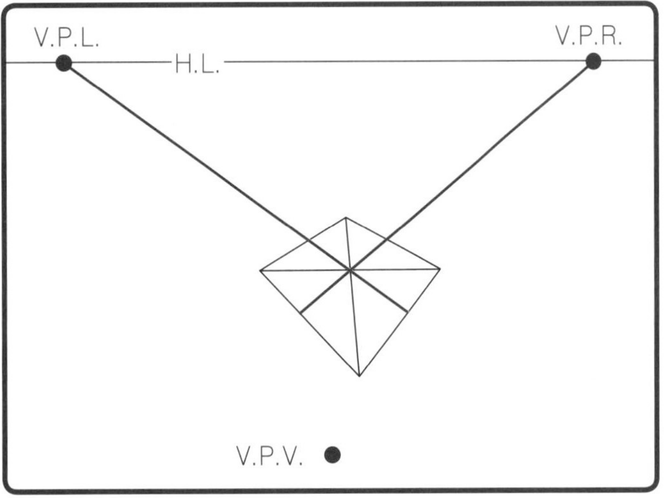

Step 3. 从左灭点和右灭点引线穿过中心点，分别与底面的两条前边线相交。

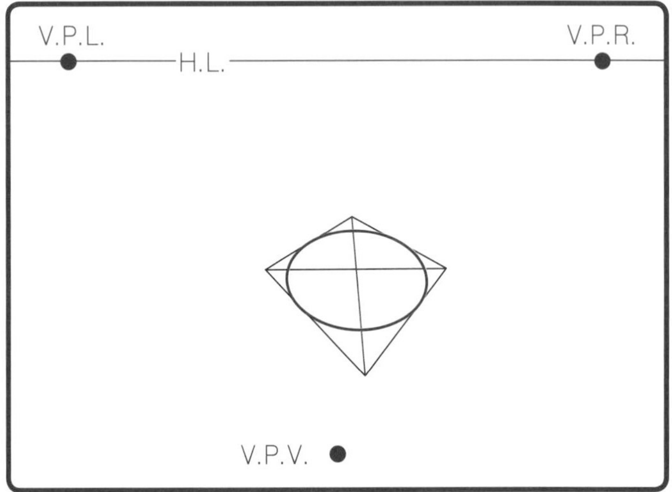

Step 4. 通过连接之前步骤的交点，绘制一个椭圆，完成圆锥体的底面绘制。

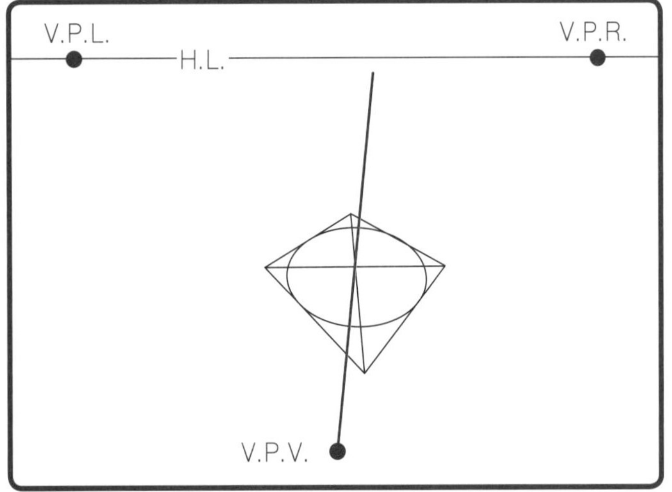

Step 5. 绘制一条从垂直灭点出发的辅助线，穿过底面的中心点直到预期的高度。

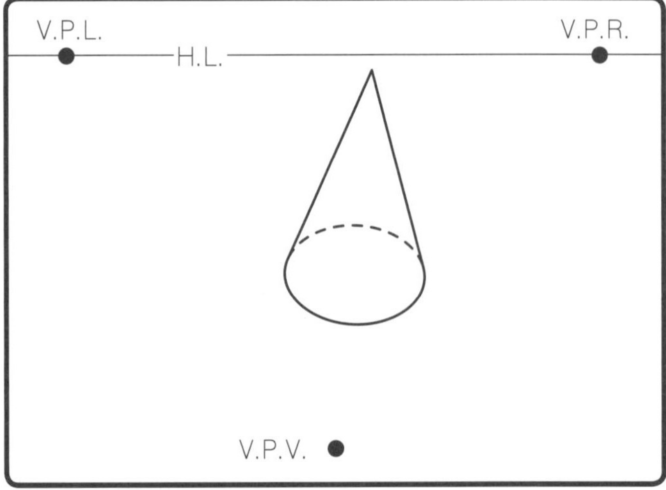

Step 6. 从 Step 5 中创造的高度出发引线，交于椭圆的外部边界，擦除所有辅助线以完成圆锥体。

⑤ 圆柱体

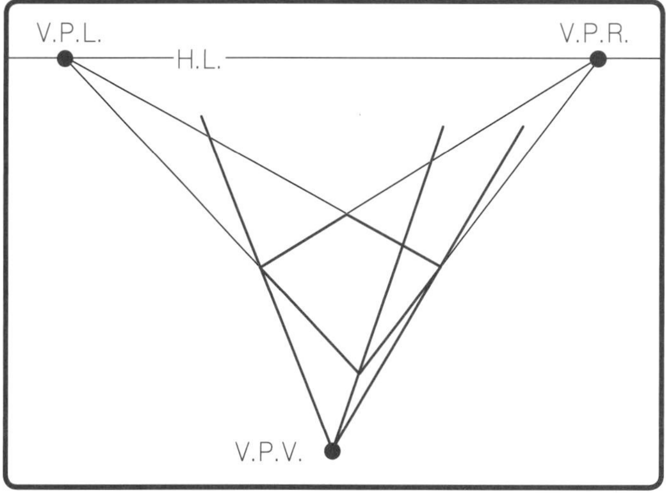

Step 1. 创造出底面目标尺寸，并绘制从垂直灭点出发的线条，穿过底面的三个角。

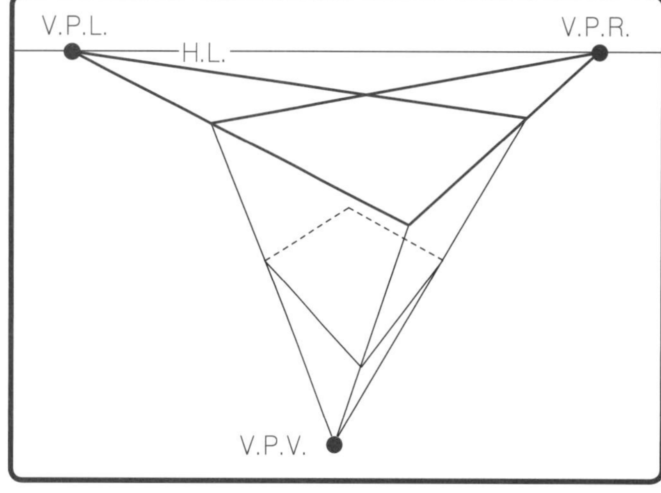

Step 2. 在正面垂直边界上选择一个目标高度，引出两条线连接左、右灭点，再从左、右灭点引出两条线与另外两条外侧垂线相交。

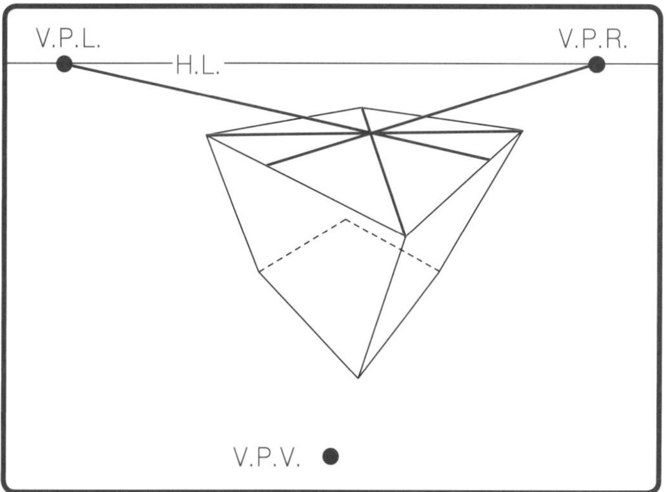

Step 3. 找到顶部水平面的中心点，从左灭点和右灭点分别引线，穿过中心点相交于外侧边线。

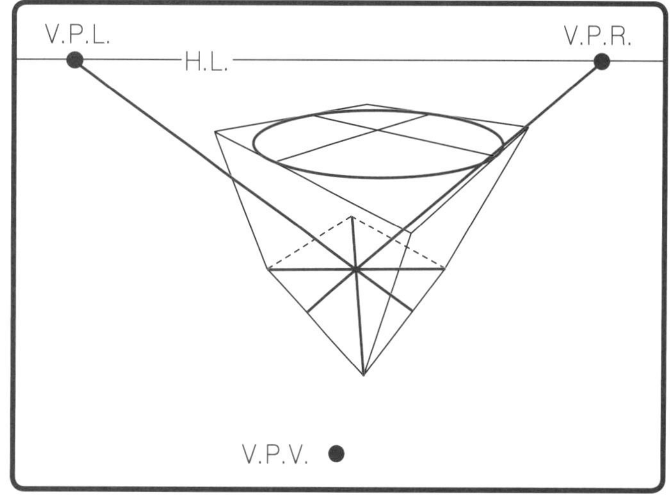

Step 4. 重复 Step 3，创造立方体的底部。并用椭圆连接顶部交汇点，创造圆柱体的顶部。

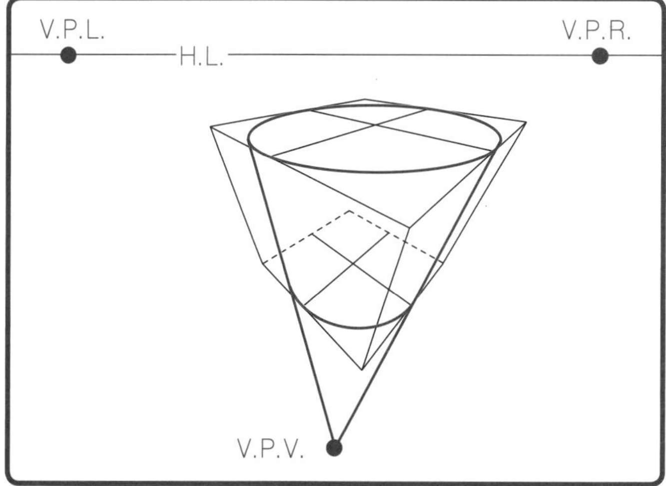

Step 5. 用椭圆连接底部边界的交点以创造圆柱体的底面。从垂直灭点出发，穿过底部椭圆的外部边界绘制线条，交于顶部椭圆。

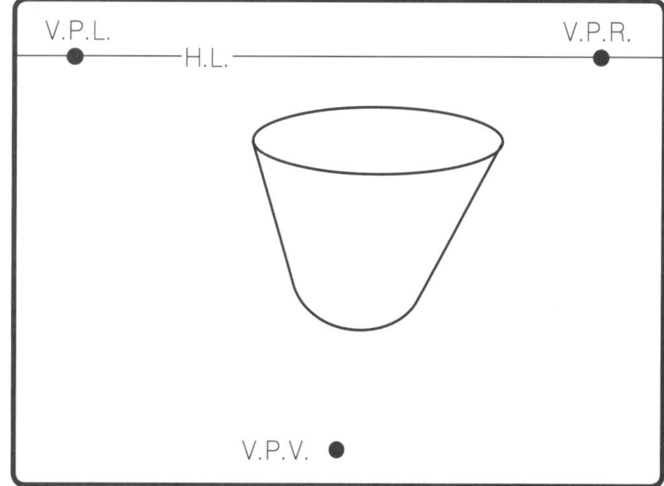

Step 6. 完成圆柱体绘制。

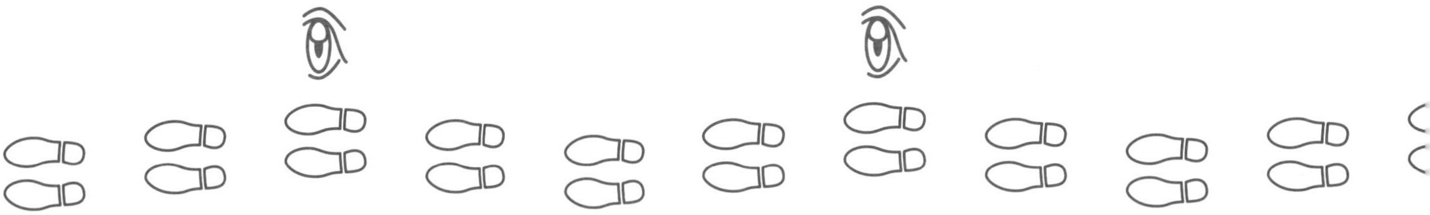

散点透视

中国绘画和西方绘画不同的是西方绘画的透视为焦点透视，而在中国绘画中画家视角是随意移动的，因而产生了多个消失点，称之为散点透视，也称为动点透视或多点透视。

有时表现很大的空间，如表现街道由西到东、山底到山上的景物等，在中国山水画中，经常采用散点透视的方法打破这种空间的局限，表现超视域的空间，张择端的《清明上河图》就是典型的运用散点透视法进行构图的作品。

中国山水画的散点透视中有三远：平远、深远、高远。
平远：自近山而望远山。
深远：自山前而往山后。
高远：自山下而仰山巅。

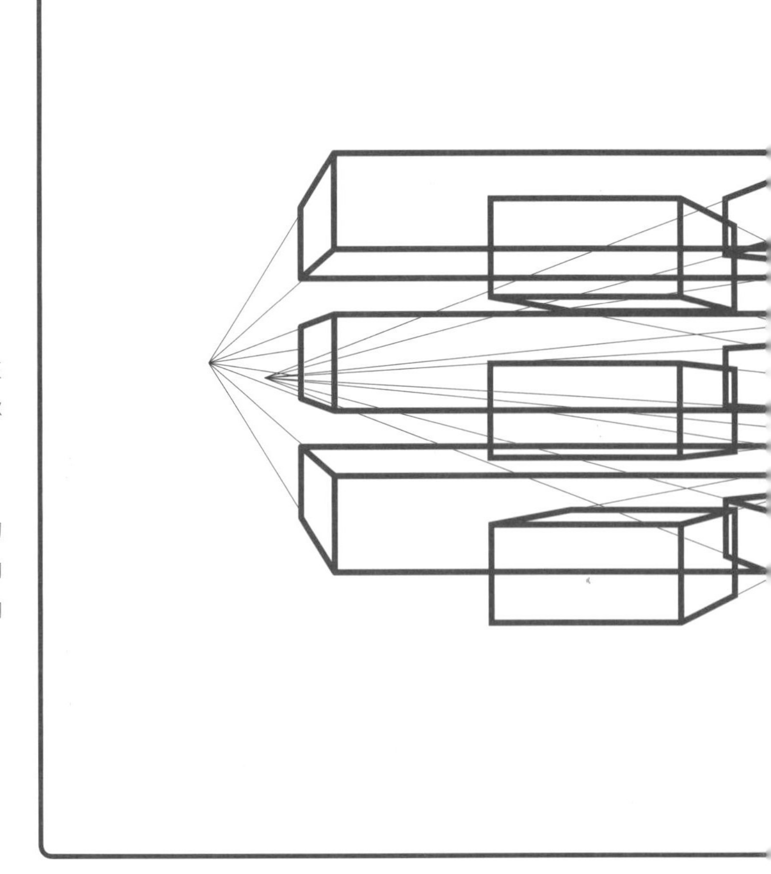

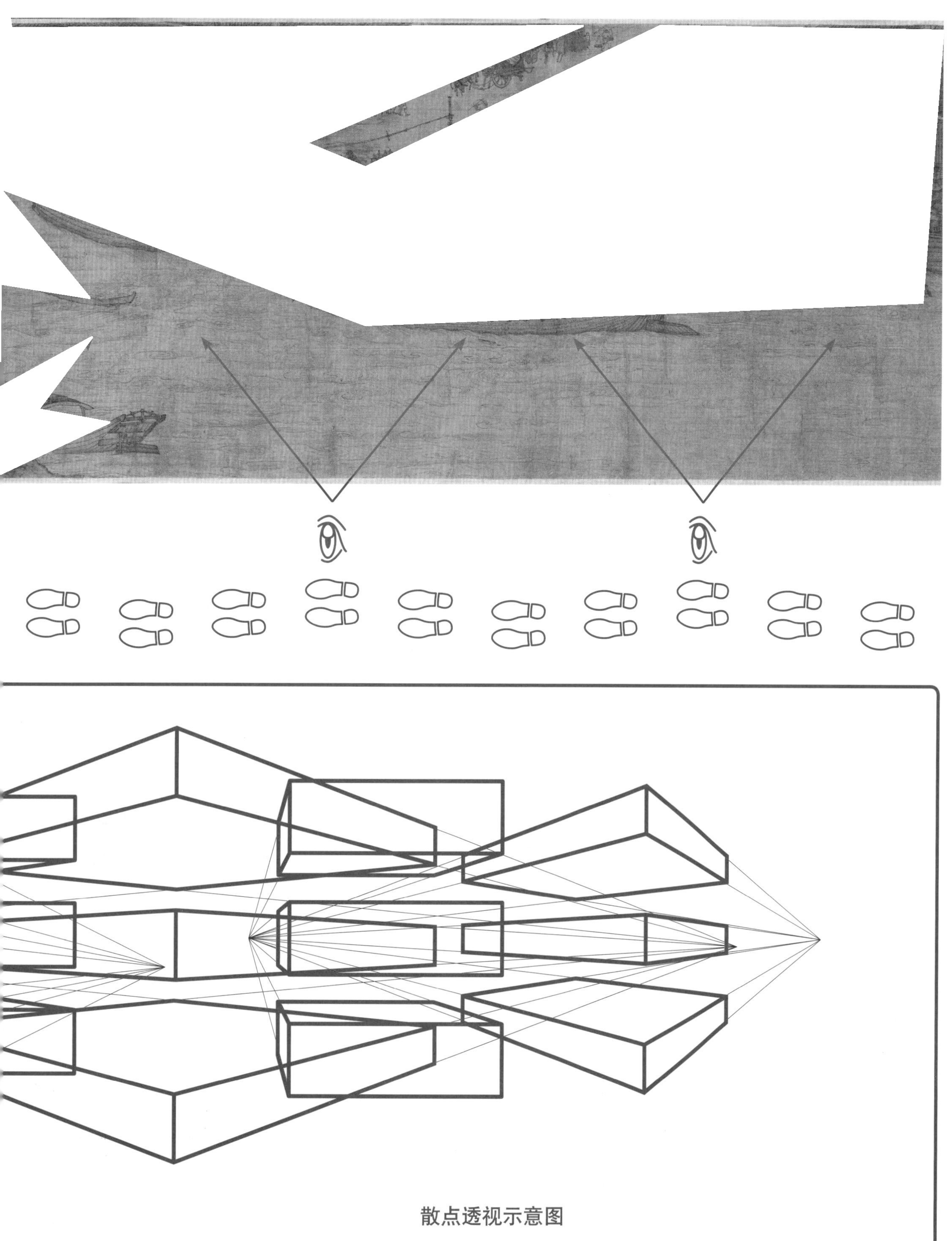

散点透视示意图

Chapter 2

光影

· 8 种基本型明暗交界线规律

· 3 种光线投影画法

· 竖放 / 横放圆柱体投影画法

· 球体投影画法

材质

· 11 种常见产品材质表现

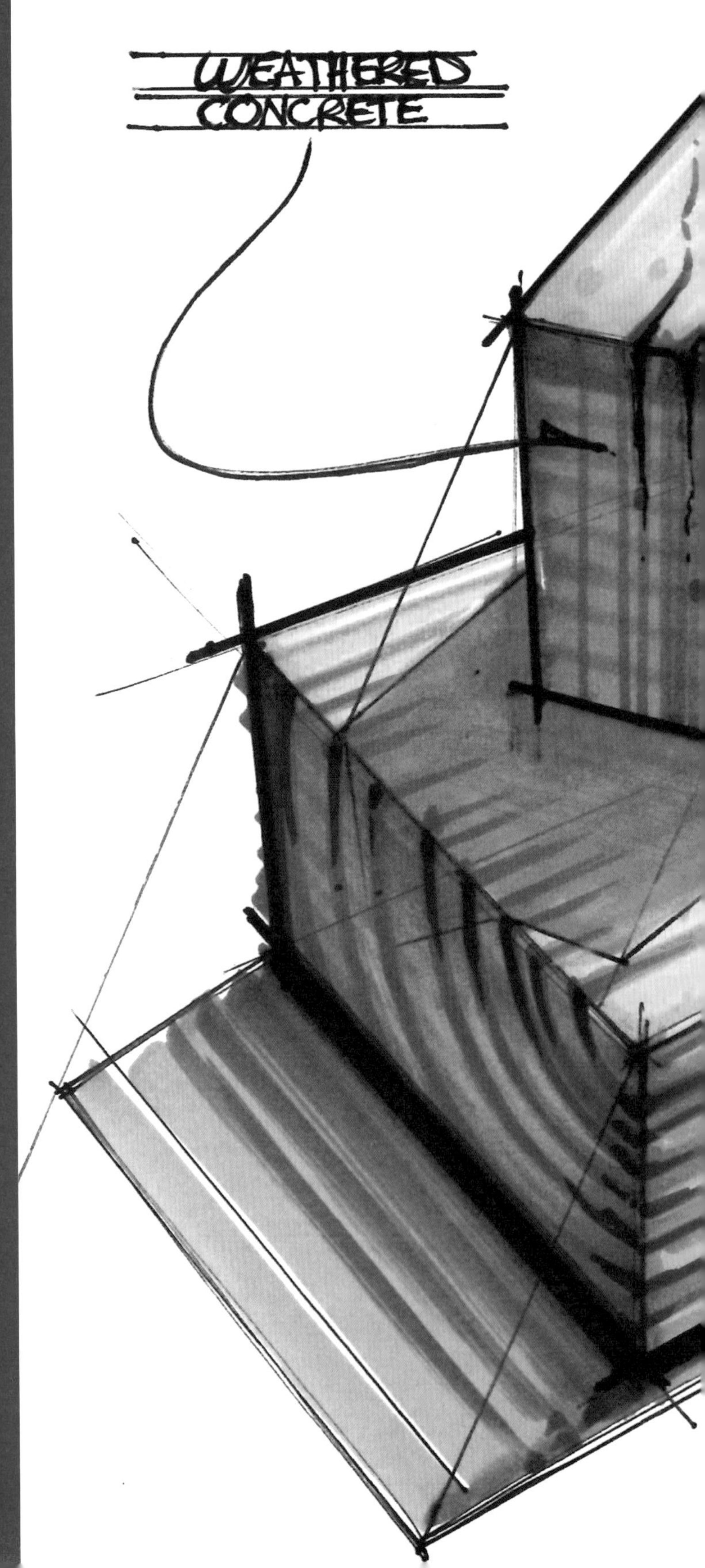

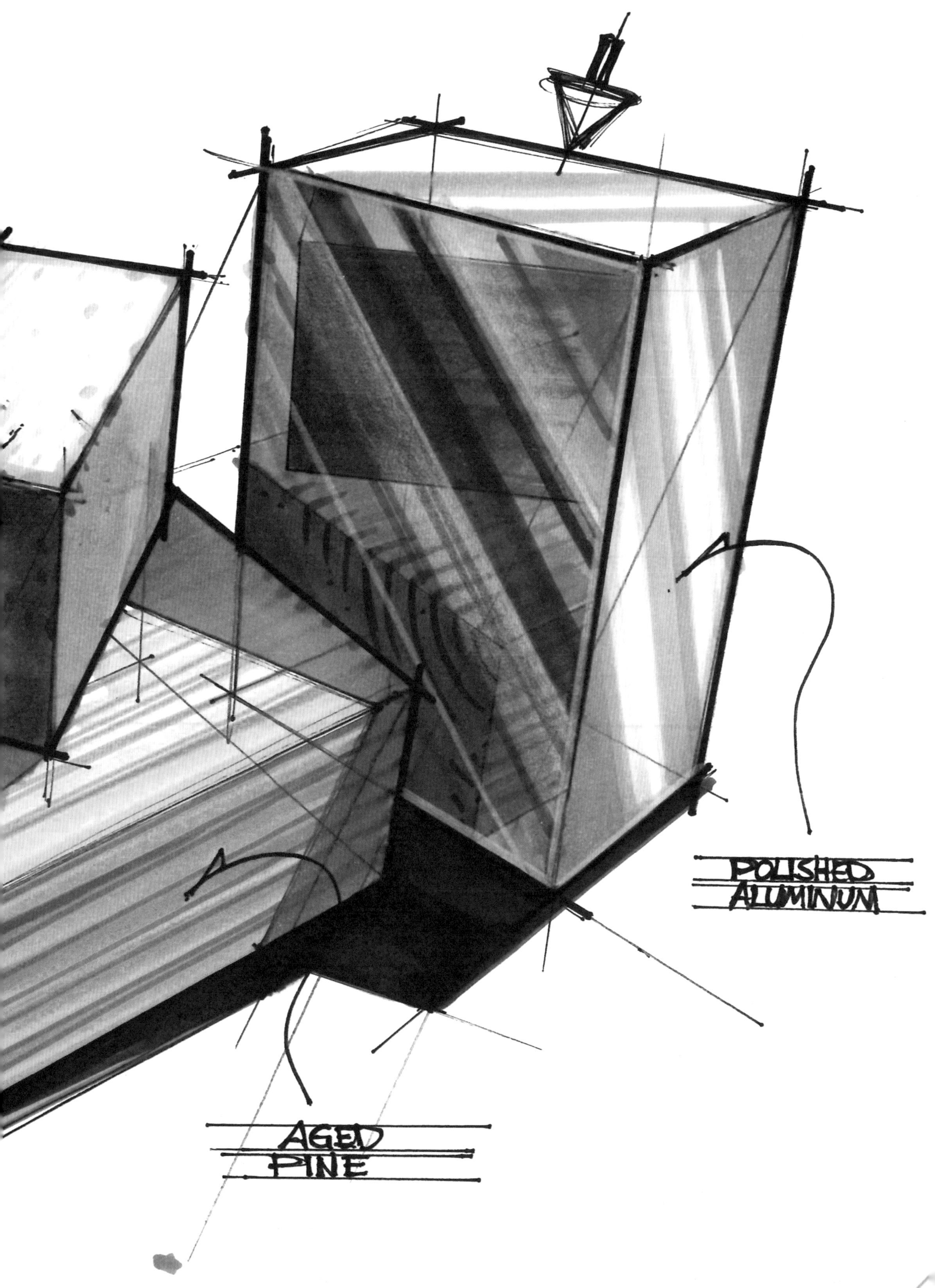
POLISHED
ALUMINUM
AGED
PINE

光影

明暗交界线是产品草图绘制非常重要的部位，因此确定明暗交界线是非常重要的一步。它处在形体大的转折处，是全画面中最暗的地方；它其实不是一条线，而是由很多面构成，因此这其中存在细微虚实的表现。

8 种基本型明暗交界线规律

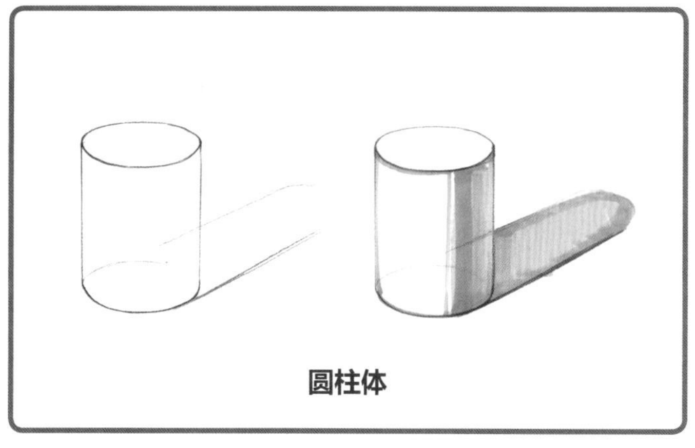
圆柱体

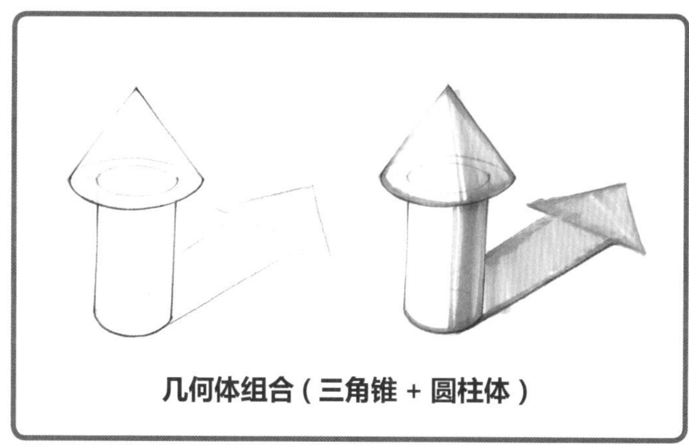
几何体组合（三角锥 + 圆柱体）

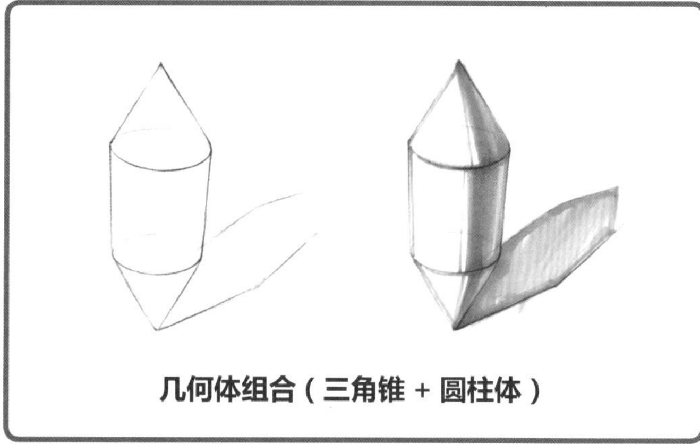
几何体组合（三角锥 + 圆柱体）

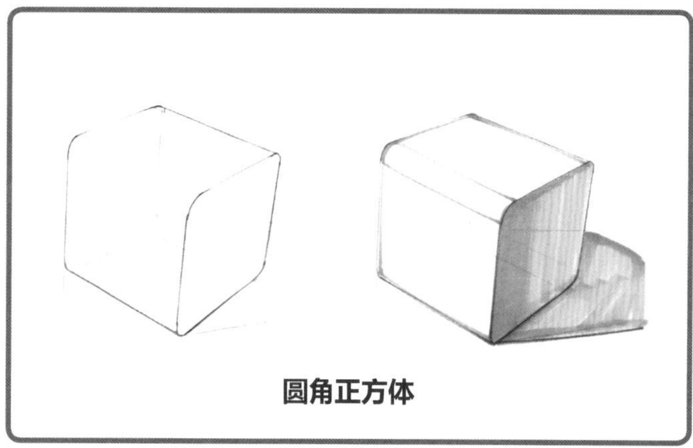
圆角正方体

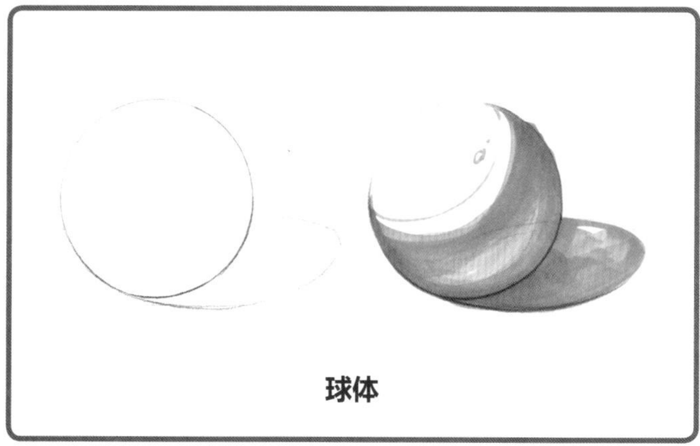
球体

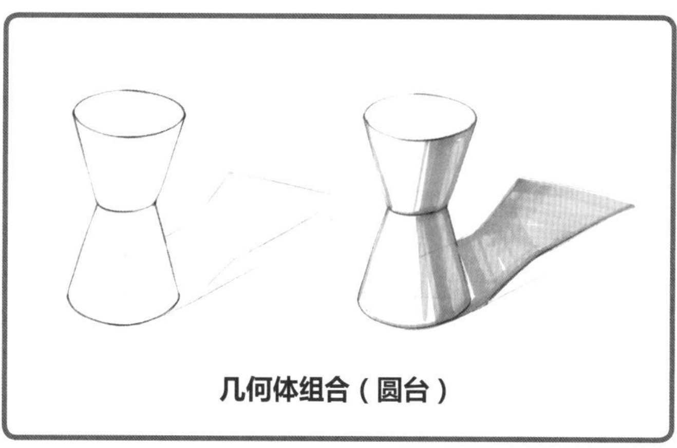
几何体组合（圆台）

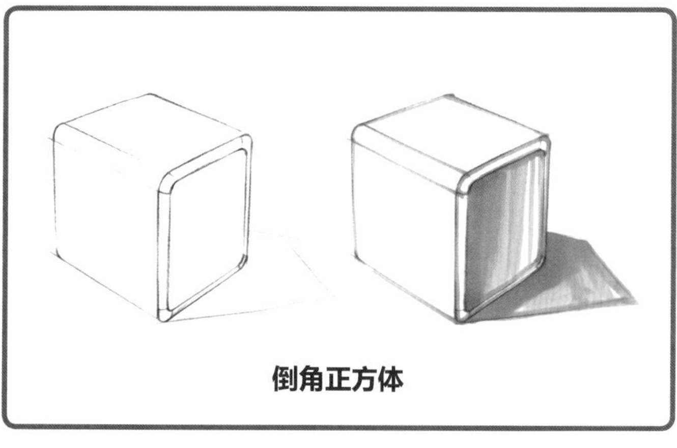
倒角正方体

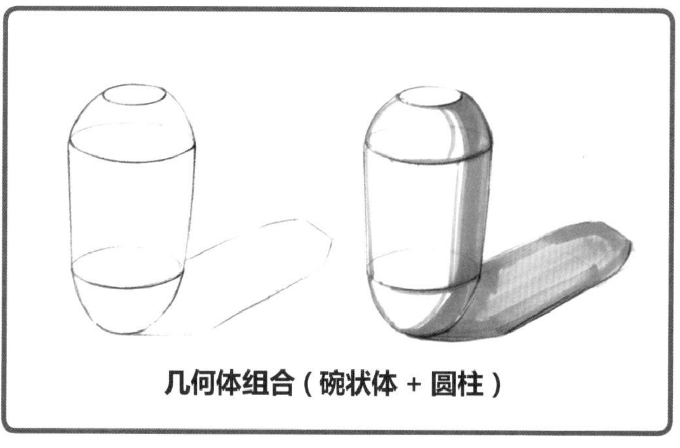
几何体组合（碗状体 + 圆柱）

3 种光线投影画法

右图为正侧平行光线的投影表现，它的投影面直线法则与垂直投影一致，即垂直于水平投影面的直线其影向光源在地平线的相对落点集中；平行于投影面的直线，其影与之平行，影长由光线决定。

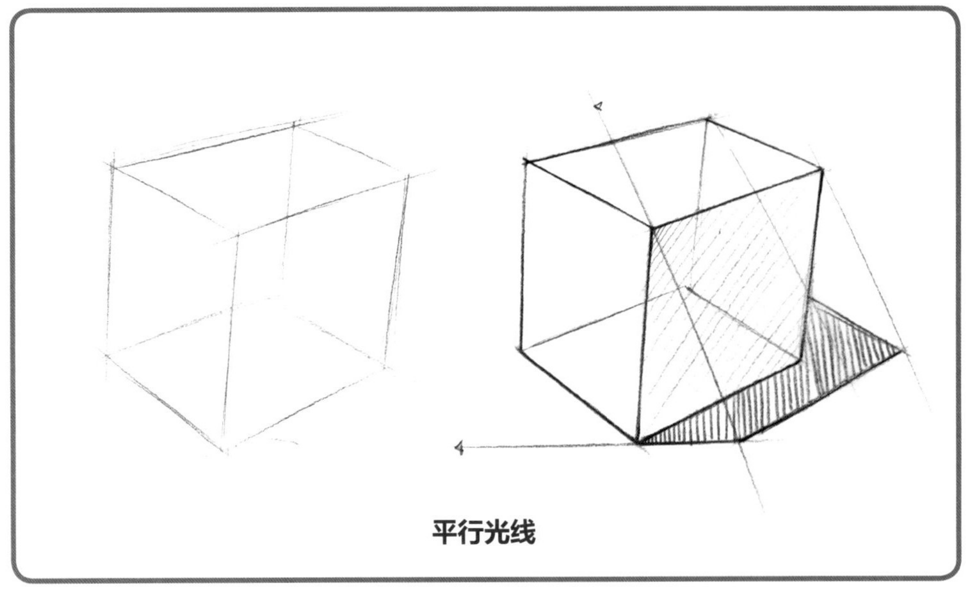

平行光线

右图与下图为倾斜光线与垂直光线投影的比较。倾斜光线的影子发生透视的角度比较大，垂直光线的影子直接平行于产品。

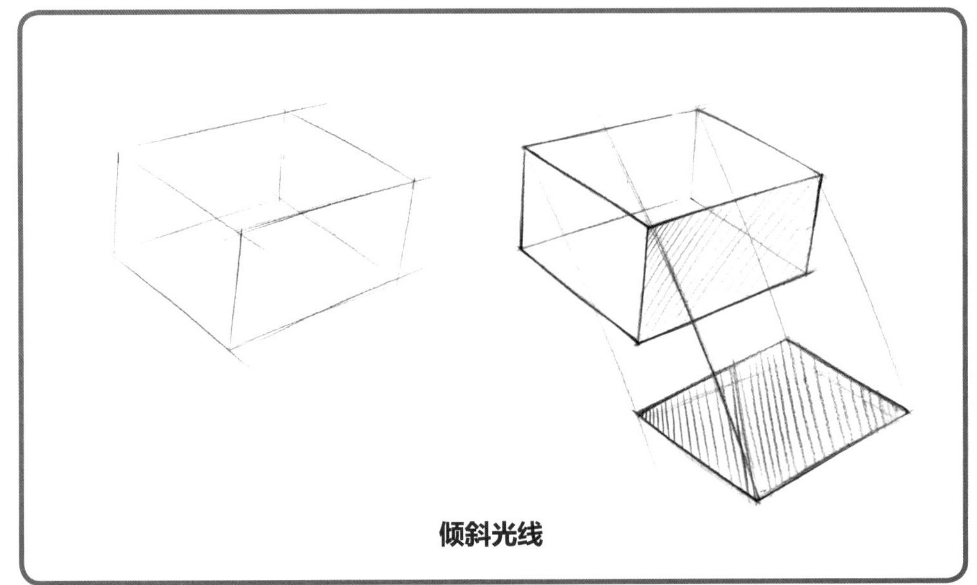

倾斜光线

垂直投影是物品绘制常采用的一种几何投影方式。将物品底面各点沿垂线投到水平面上，得到各点在水平面上的平面位置，最后构成相应的平面图形。

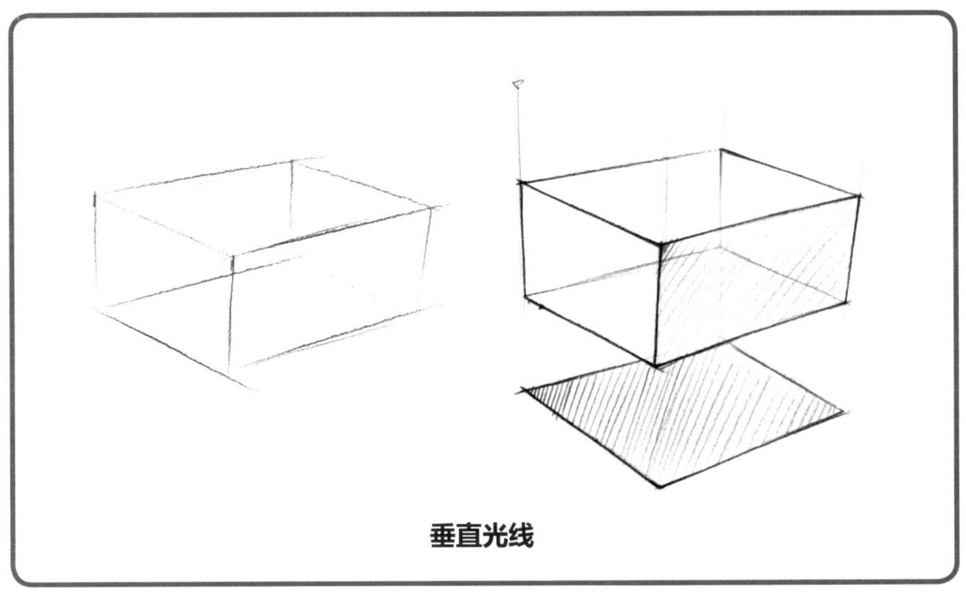

垂直光线

竖放 / 横放圆柱体投影画法

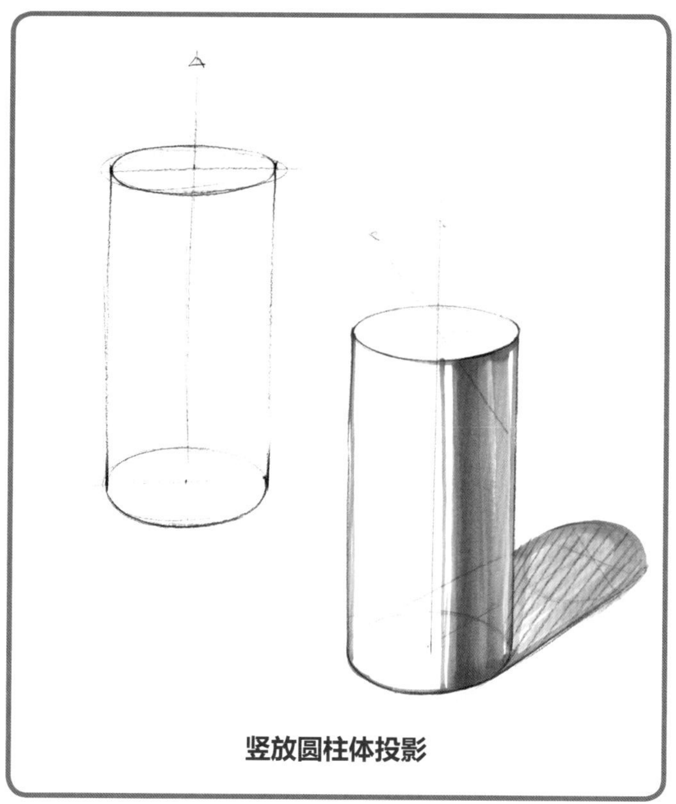

竖放圆柱体投影

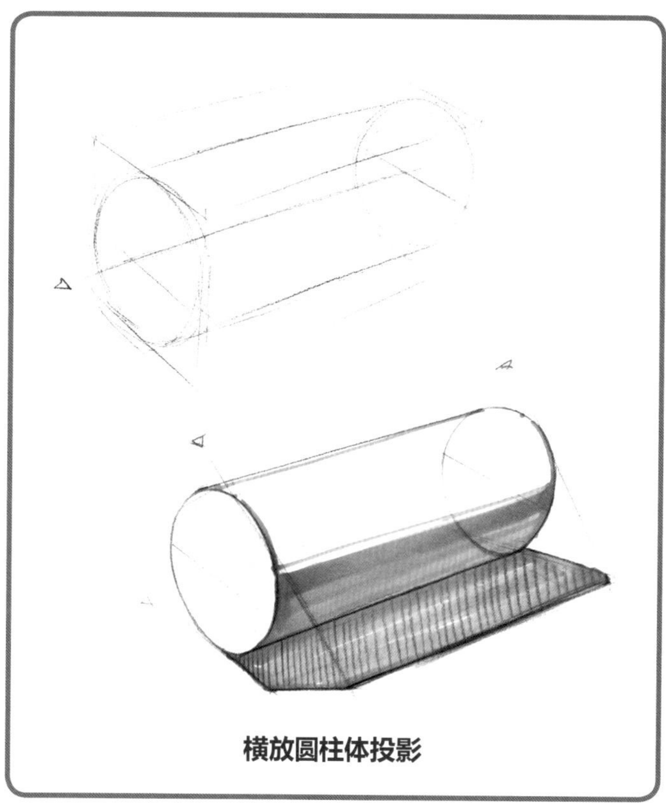

横放圆柱体投影

·竖放圆柱体先找出投影的中轴线，再确定灯光方向和角度，通过圆柱顶面的中心向投影面做光线的延长线，从而确定顶面投影透视圆的中心。

·如果投影在右侧，则在圆柱顶面的最右端做光线的延长线，找出圆柱顶面投影的投影点，再画出圆柱体的投影。通过光源方向线与圆柱的地面椭圆的切点可以绘制圆柱的明暗交界线。

·横放圆柱体可通过分别绘制两端椭圆的外切方形，在投影面再画出方形的投影，进而绘制横截面圆的投影，根据物体在投影面的平行线投影的原则画出圆柱的全部投影。

球体投影画法

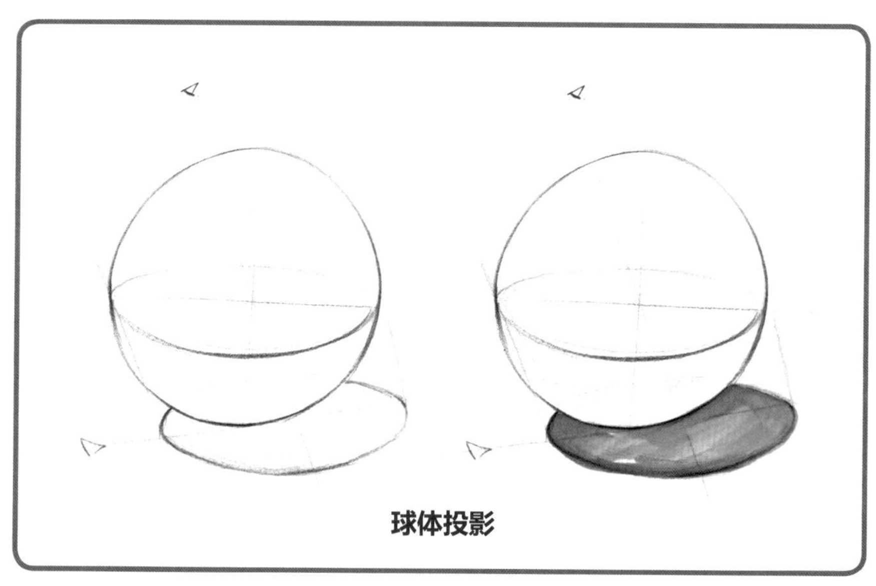

球体投影

·球体的投影首先应确定光线入射角和入射方向，如图标示，下面的一条带有箭头的线是入射角度，影响物体投影的方向，球体的长轴即在这条线上。

·将光线从球体的中心穿过，与光线入射方向线交于一点，这个点就是球形投影的中心。

·根据与球形相切光线与入射光线相交得出投影长轴的位置，并在球形上作一个垂直椭圆形截面，将该椭圆形短轴平行投射到平面上，当长轴和短轴都确定后即可画出球形的投影。

材质

材料的质感通常可分为自然质感和人为质感两种。自然质感指未加工的质感，而人为质感是生产者有目的地对材料进行技术性和艺术性加工处理，从而形成材质的表面特征。而在产品草图阶段，材料的质感和产品的造型联系紧密，运用合适的材料可提高产品的实用性以及外观美。下面为常见的产品材质表现，主要使用中性冷灰色系马克笔上色，有时也结合彩铅或水彩工具完成绘制。

11 种常见产品材质表现

镜面金属材质

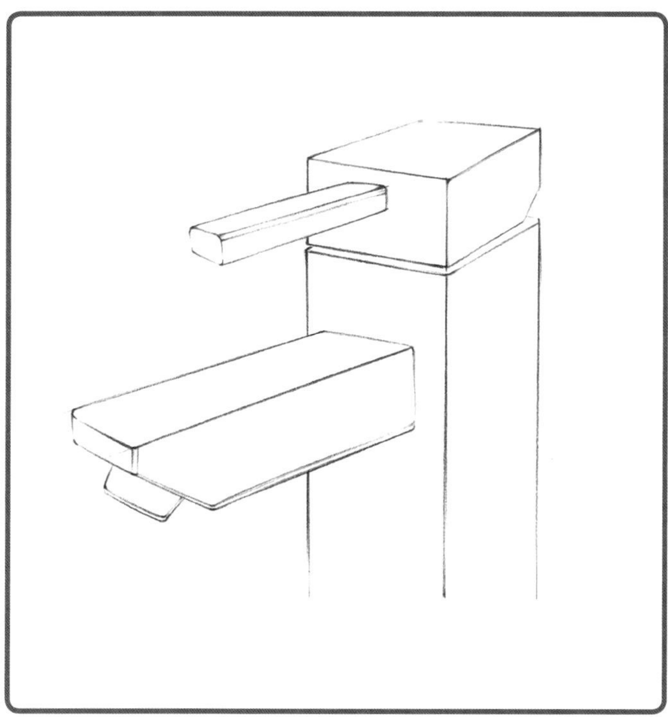

Step 1. 确定视图方向，运用透视法则确定产品的大致框架、宽、高等，再用铅笔轻轻勾画，并绘制产品外部线条细节，如拐角、圆弧和曲线等。

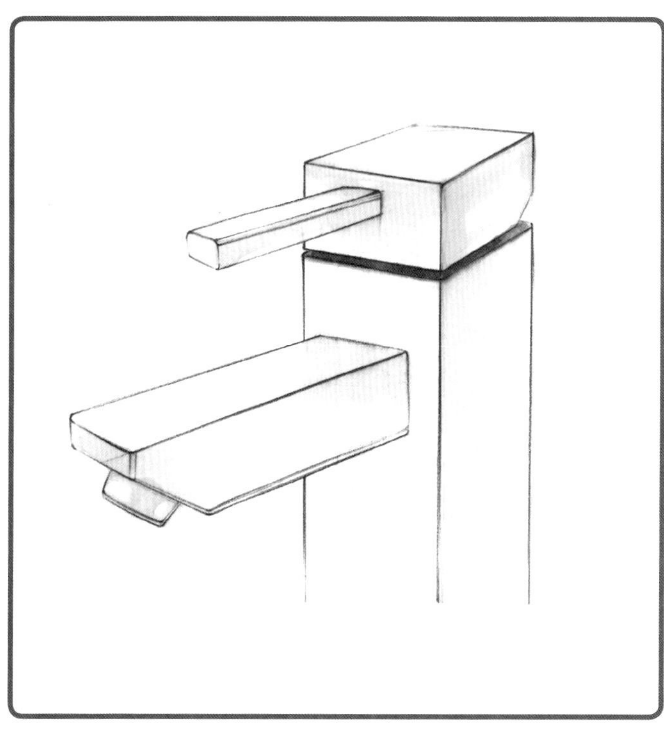

Step 2. 选用冷灰色系的 CG1 号马克笔进行上色，留白作为下一步的上色过渡。

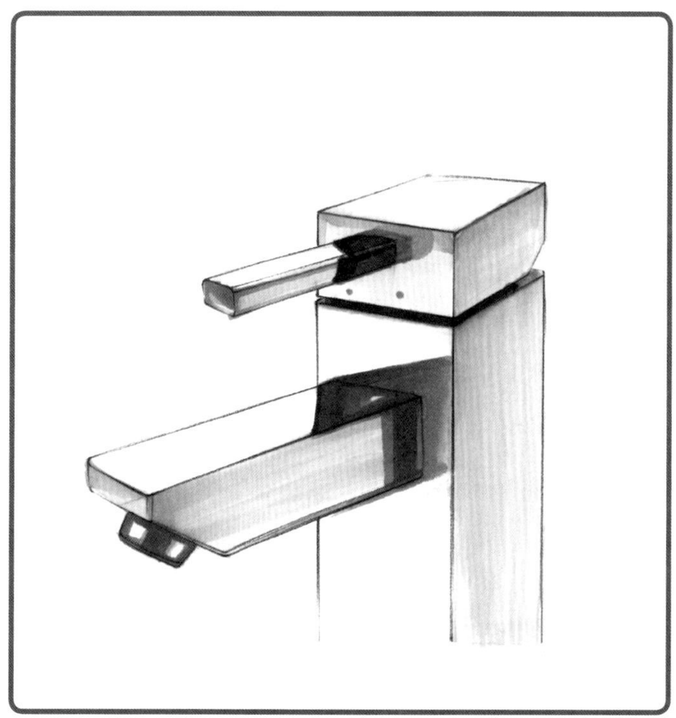

Step 3. 选用更深色的马克笔 CG3/5/7 号进行颜色叠加，并以黑白灰的效果确定明暗交界线。

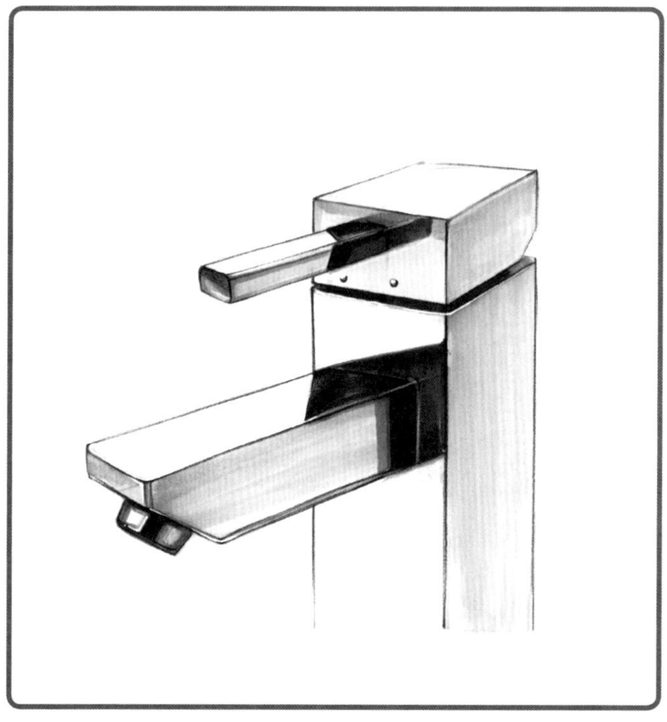

Step 4. 加深轮廓线并用高光笔绘制高光线条，使画面色彩对比强烈，突出明显的反光镜面金属效果。

拉丝效果金属材质

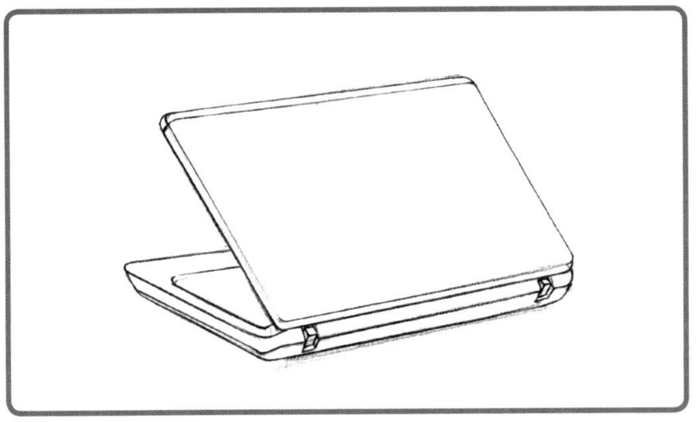

Step 1. 用黑色彩铅起稿，画出电脑半开状态下的造型。

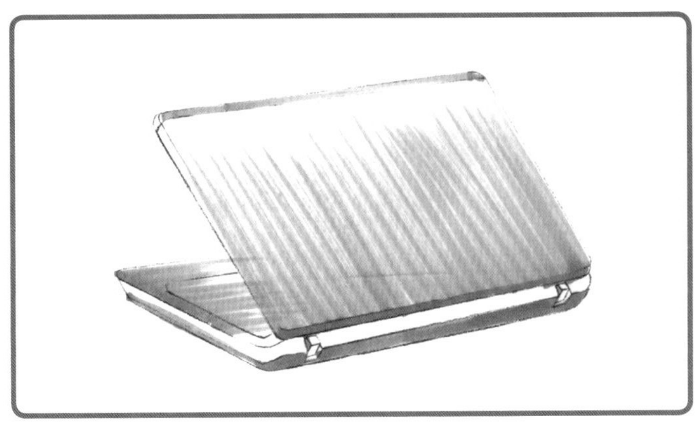

Step 2. 采用中性灰色马克笔 CG1 号上色，再用 CG3/5 号中性灰色马克笔进行色彩叠加。

球面金属材质

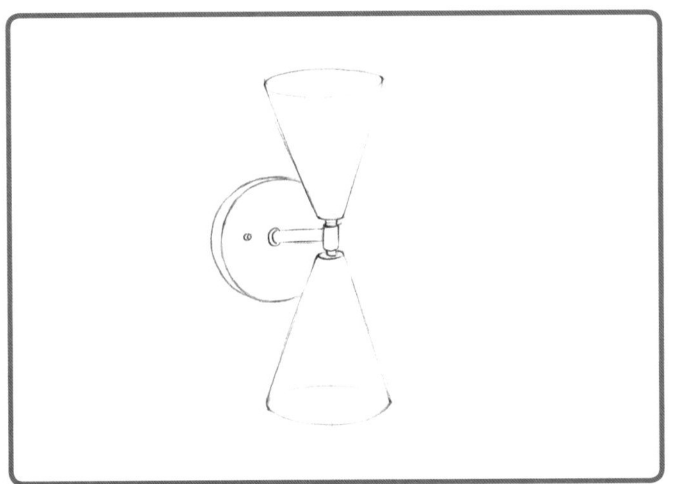

Step 1. 把手的上下部分为对称的锥形，用黑色彩铅画好透视形状后除去多余的线条。

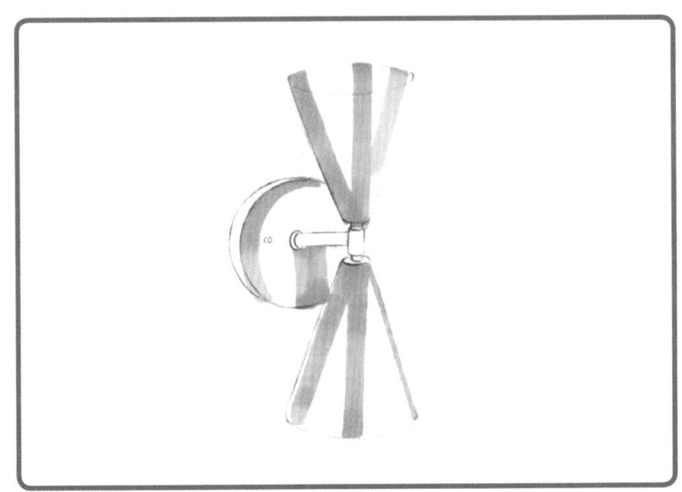

Step 2. 选用土黄色马克笔进行初步上色，留出作为高光的空白区域。

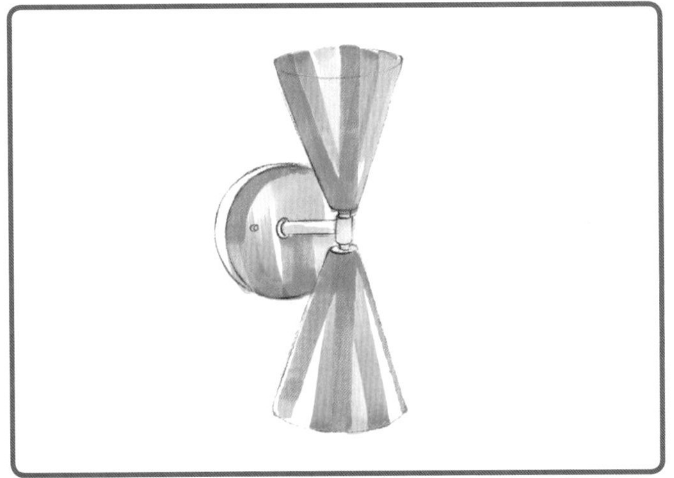

Step 3. 用黄色马克笔刻画细节部分，找出明暗交界线，并加强画面光影层次感。

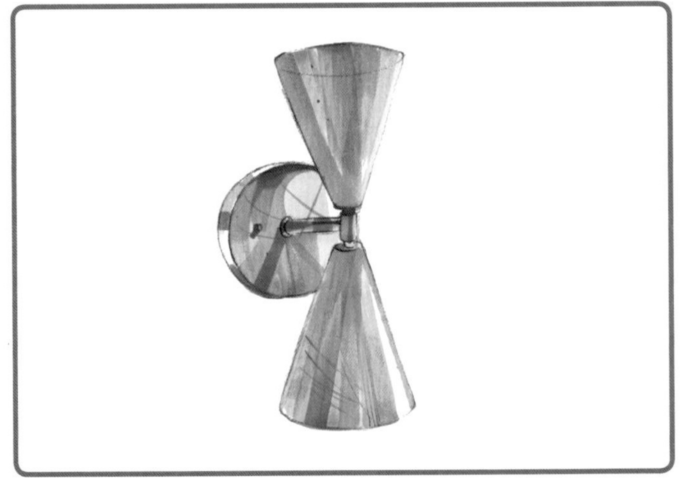

Step 4. 用灰色马克笔加深暗部，并添加自然的笔画，加强反光区域以及形成自然的过渡效果，最终草图完成。

Step 3. 添加产品的光影效果，用深灰色马克笔 CG7 号画出暗部，加强金属反光，让其接近拉丝效果。

Step 4. 最后用深黑灰色 CG9 马克笔调整画面，右上角留白区域，强调拉丝效果下金属表面的高光效果。

塑料的光滑材质

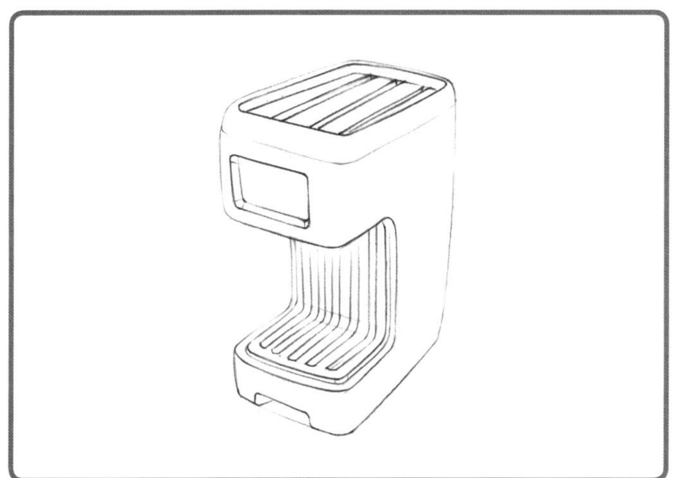

Step 1. 黑色铅笔画出形状透视，可适当留出一些结构线以增强立体感。

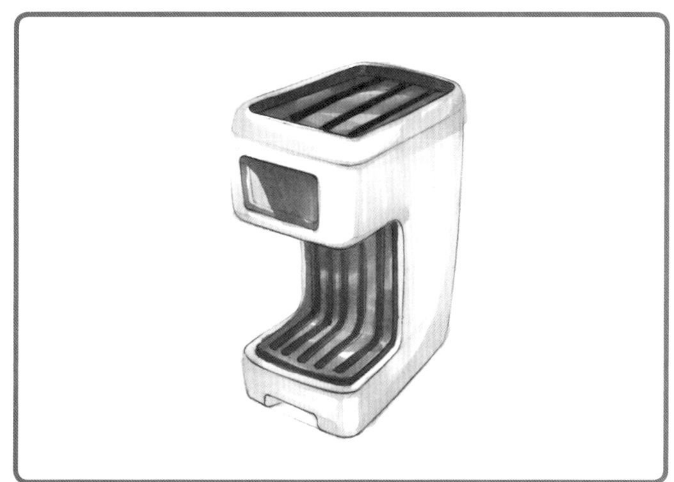

Step 2. 咖啡机身部分用中性灰色马克笔 CG1 / CG3 / CG5 / CG7 号依次上色。

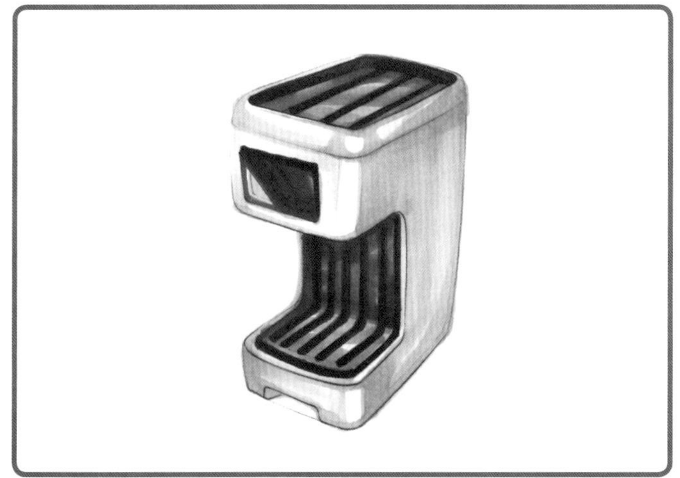

Step 3. 马克笔绘制具有干净透亮的效果特质，用黑色彩铅与马克笔结合进行色调与纹理的过渡处理。

Step 4. 运用中性灰色马克笔 CG9 号整理画面细节，如增强暗部、高光处理以及增加阴影等。

塑料磨砂 / 亚光材质

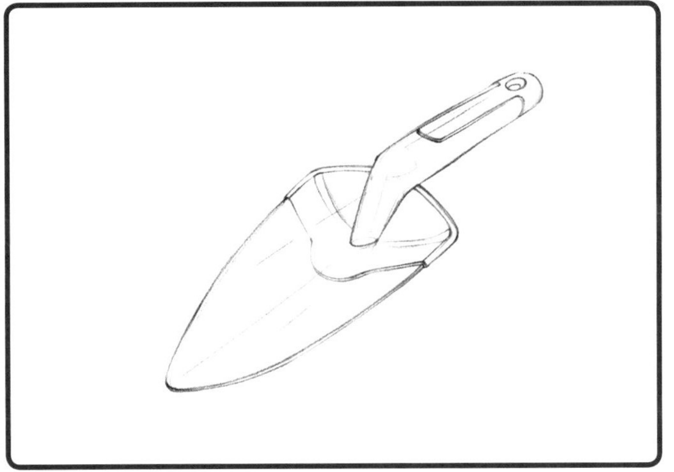

Step 1. 使用黑色彩铅直接起稿，在凌乱的辅助线中加重需要的轮廓线，适当减弱受光部分的线条，方便下一步上色。

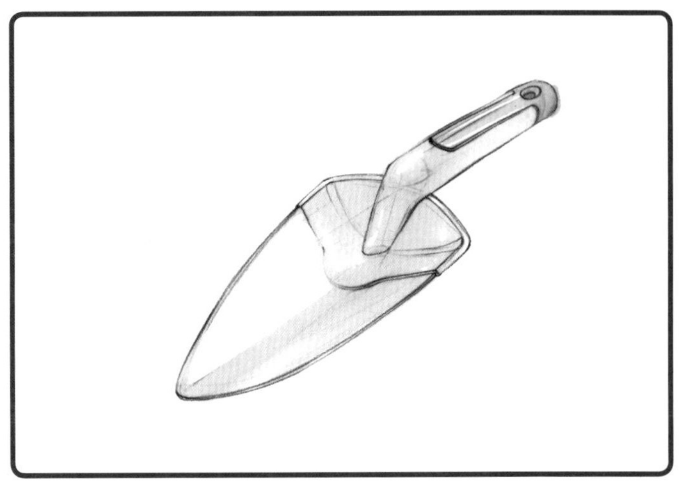

Step 2. 用浅色系马克笔 CG1 号进行底色上色，留白作为高光部分，用黄色马克笔刻画铲子把柄固有色，着色可适当画出线外，增添自然感。

石头材质

Step 1. 黑色彩铅起稿，注意产品透视的绘制。

Step 2. 用中性灰色 CG3 号和 CG5 号马克笔进行上色，留出高光部分。

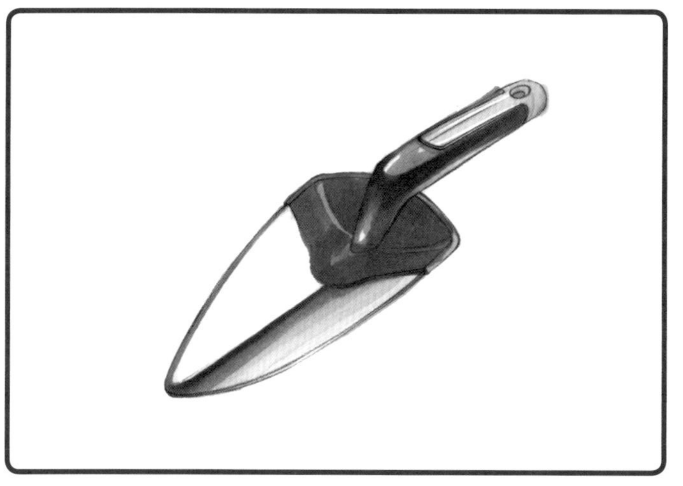

Step 3. 用中性灰色 CG5 号马克笔再次叠色，更深灰色加深铲子的暗部，突出产品的表面结构特点。

Step 4. 画出铲子阴影部分，表现产品立体感。用 CG9 号马克笔加强暗部，白色彩铅笔刻画边缘高光，表现塑料磨砂或亚光材质较为粗糙的效果。

Step 3. 继续采用中性灰色系更深的灰色 CG7 号和 CG9 号进行叠加上色，确定明暗交界线，并对顶部线条加深刻画，表现金属材质的效果。

Step 4. 使用黑色彩铅对画面进行调整，由于黑色彩铅可减弱马克笔的光亮感，达到石头质感的效果。

透明玻璃材质

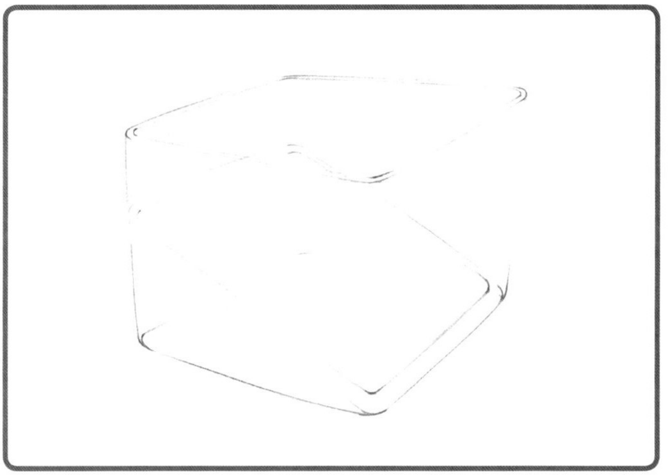

Step 1. 黑色彩铅确定产品的轮廓，加深拐角的曲线，受光面的线条不用画得太实。

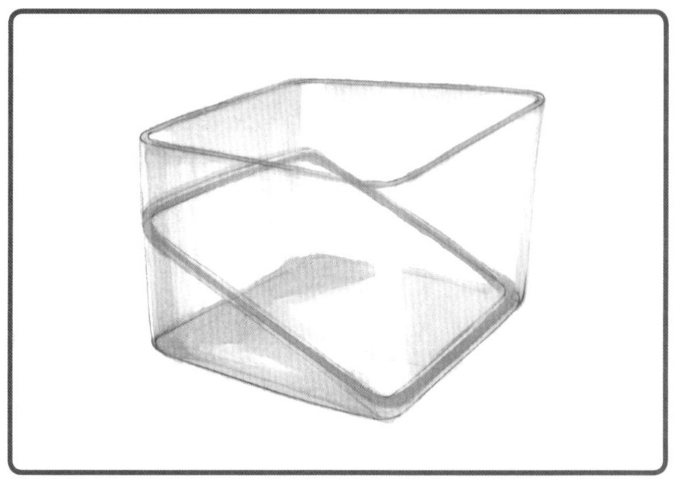

Step 2. 亚光效果的绘制对比不可过于强烈，因而用中性灰色 CG1 号马克笔轻轻扫过容器瓶身，再用 CG3 号马克笔进行局部叠色，制造亚光的质感。

玻璃综合材质

Step 1. 使用黑色彩铅画出产品造型轮廓，线条尽量均匀。

Step 2. 用中性灰 CG1 号和 CG3 号马克笔画出透明部分，并画出光影，留出高光部分，用中性灰色 CG7 号和 CG9 号马克笔画出盖子部分的材质特点。

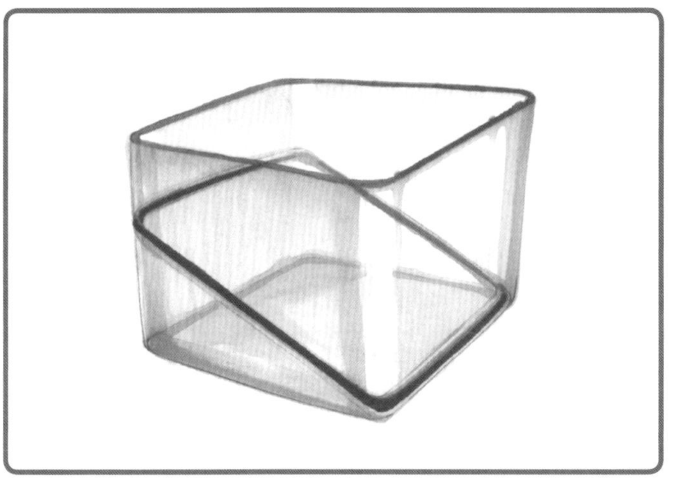

Step 3. 用深灰色马克笔 CG9 号加深容器边缘部分，表现出玻璃材质的厚度。

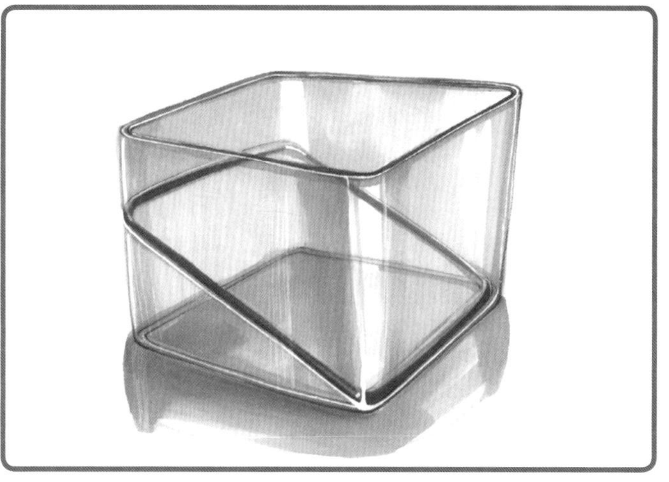

Step 4. 采用与容器底色对比感不那么强烈的中性灰色马克笔 CG5 号加深局部，画出光影。用白色铅笔刻画瓶身的高光，白光笔触从亮面到暗面逐渐过渡，形成一条光带。

Step 3. 使用中性灰色系 CG5 号马克笔画出玻璃杯壁受光线影响而发生的色彩变化，使用 CG9 号马克笔继续加深瓶盖的暗部，体现立体感。

Step 4. 用 CG5 号灰色马克笔调整画面色调层次，用高光笔加强高光部分，并用白色彩铅深入刻画整体细节，形成画面色调的自然过渡。

竹材质

Step 1. 用土黄色彩铅进行起稿。

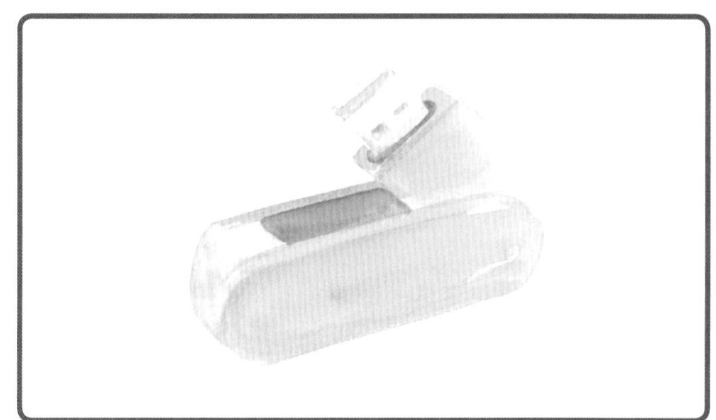

Step 2. 然后用土黄色和灰色的水彩进行初步上色，留出高光区域。

木质材质

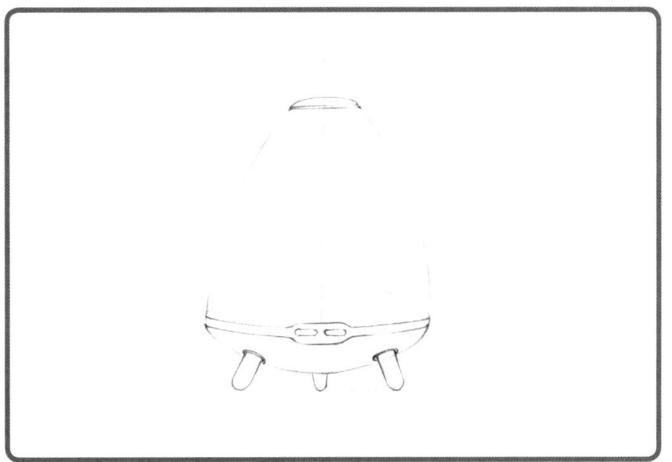

Step 1. 用黑色彩铅绘制加湿器基本形状，加深暗部线条。

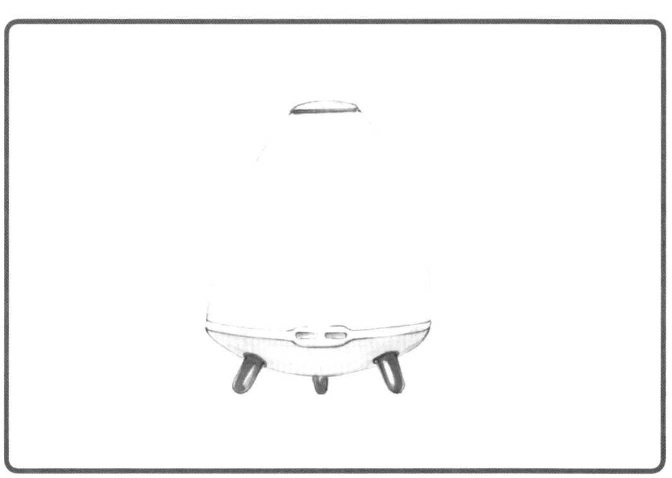

Step 2. 在产品的顶部和底部先用浅色中性灰色 CG1 号马克笔铺上一层底色，最底部的架脚部分用深灰色 CG5 号马克笔进行刻画。

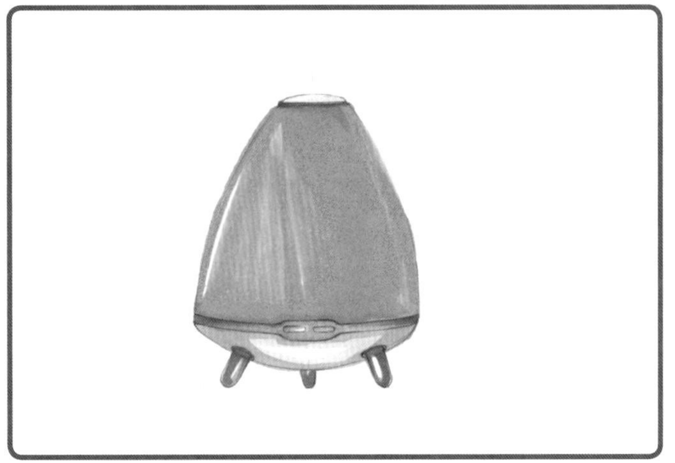

Step 3. 用浅黄色马克笔对加湿器的中间区域进行上色，留出高光部分。

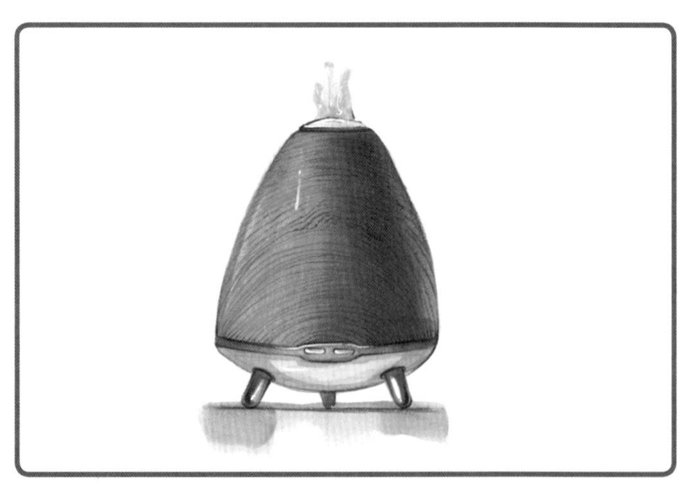

Step 4. 用马克笔再一次铺色，然后用棕色铅笔绘制木质纹理。其中有两种颜色的铅笔叠加交替绘制，使木纹更真实。最后用马克笔整理画面的明暗度和光影细节。

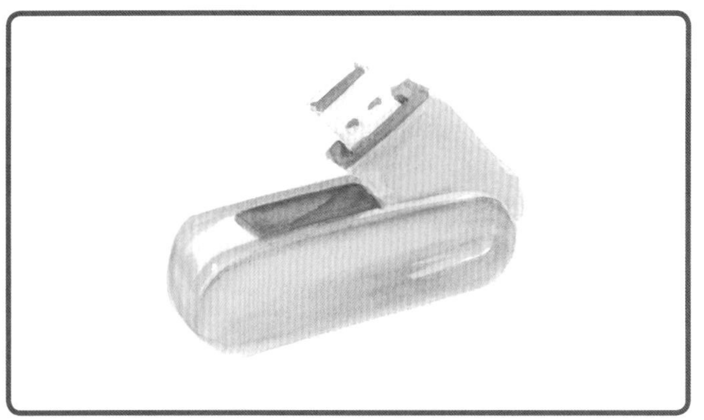

Step 3. 待颜色晾干后，再用稍微暗沉的水彩色调进行叠色，让色块之间趋于融合，形成自然过渡。

Step 4. 最后用彩铅完善竹子材质的细节，如根据竹子纹理的走向刻画质感以及加重暗面等，表现画面的虚实效果。

木与陶瓷材质

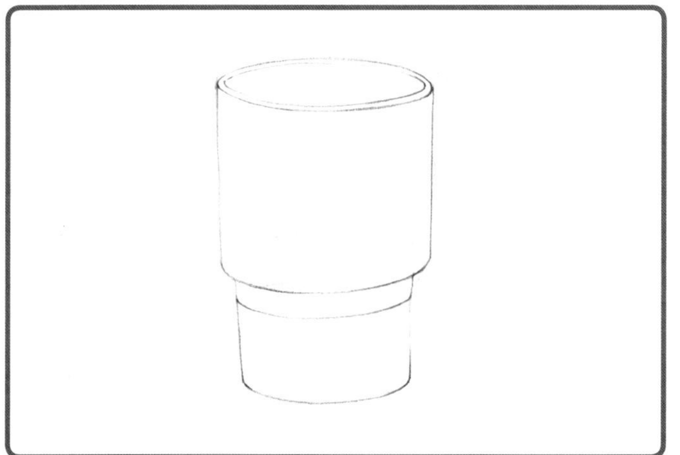

Step 1. 根据圆柱体的一般规律，用黑色彩铅起稿。

Step 2. 在陶瓷与木质的部分，分别使用中性灰色 CG1 号和 CG3 号为陶瓷部分上色，土黄色马克笔为木材质上色，确定明暗交界线。

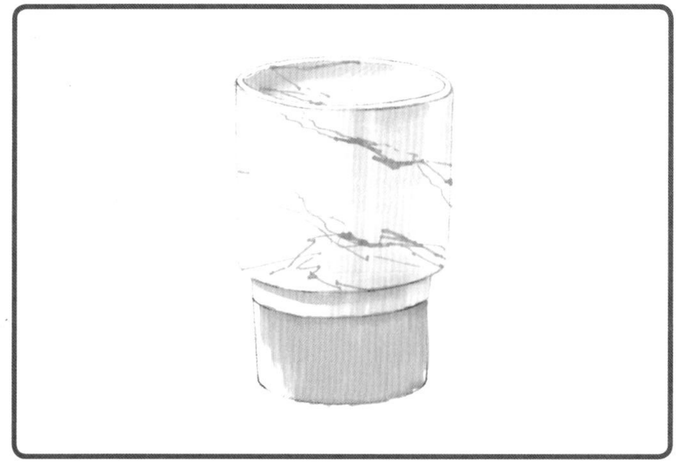

Step 3. 用灰色马克笔在陶瓷位置添加相应的陶瓷纹理，表现自然的质地效果。

Step 4. 继续用灰色马克笔添加暗部细节和木质粗糙肌理，并画出阴影部分完成最终草图。

SCREWDRIVERS

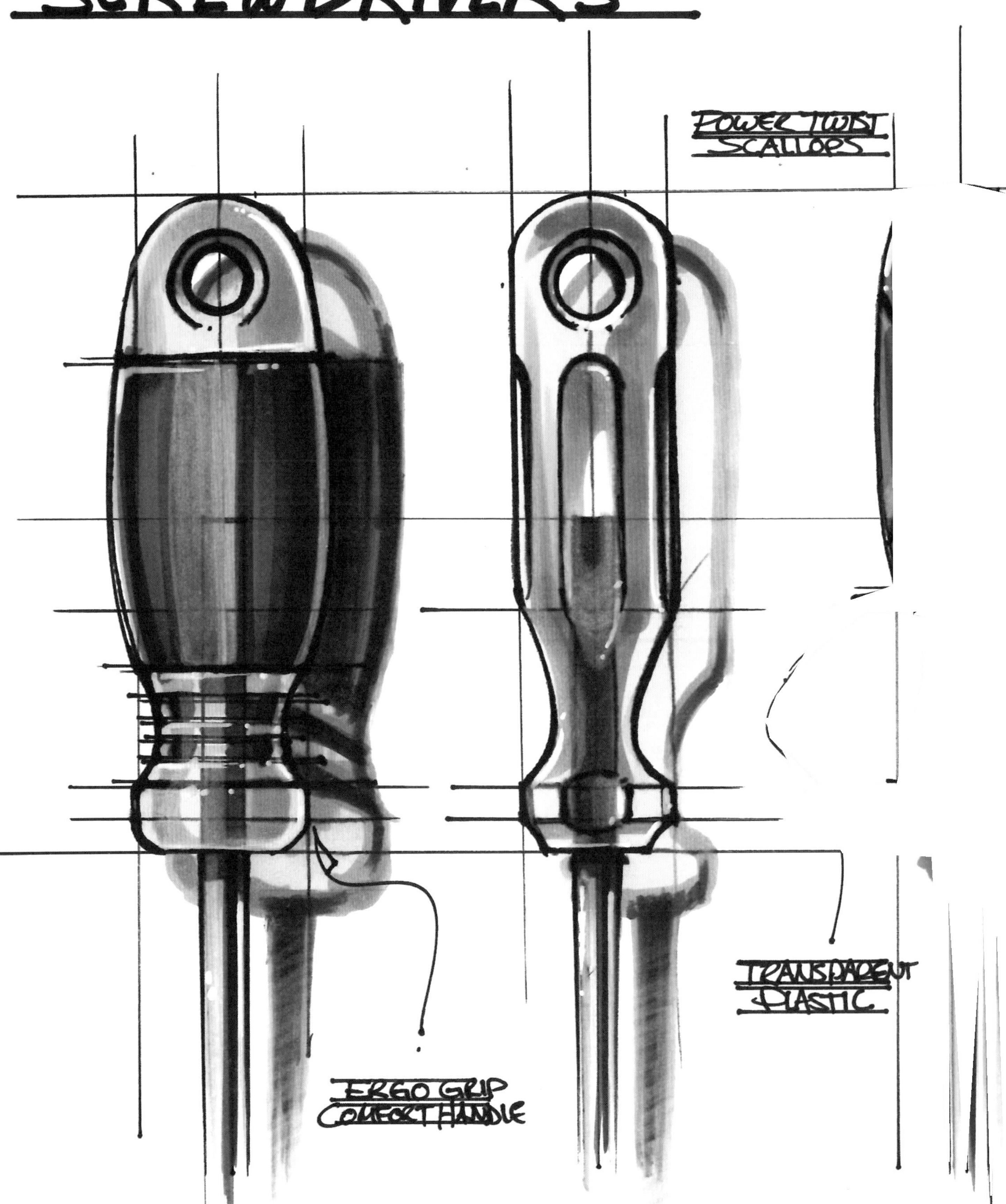

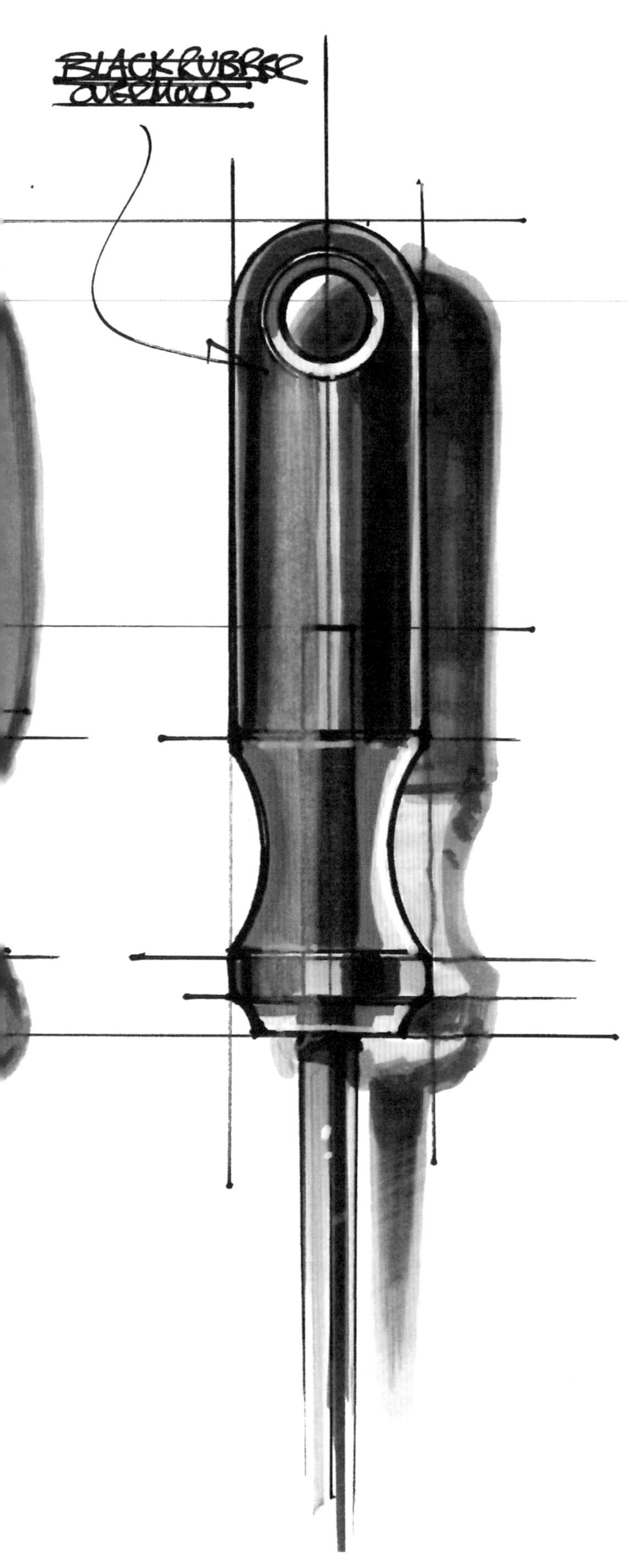

Chapter 3

产品草图上色工具与技法

· 马克笔

· 马克笔喷枪

· 彩色铅笔

· 电脑绘图软件

产品草图上色
工具与技法

马克笔

马克笔是画产品草图最常用的工具，用于处理草图方案的局部细节和材质、纹理、光影等。从成分上可分为油性马克笔和酒精性马克笔，在绘制产品草图中一般使用的是酒精性的楔形马克笔，具有易挥发，速干性比较强，可多次叠加等优点。而油性马克笔上色比较流畅，可用来润色，以下为马克笔常见的上色技法。

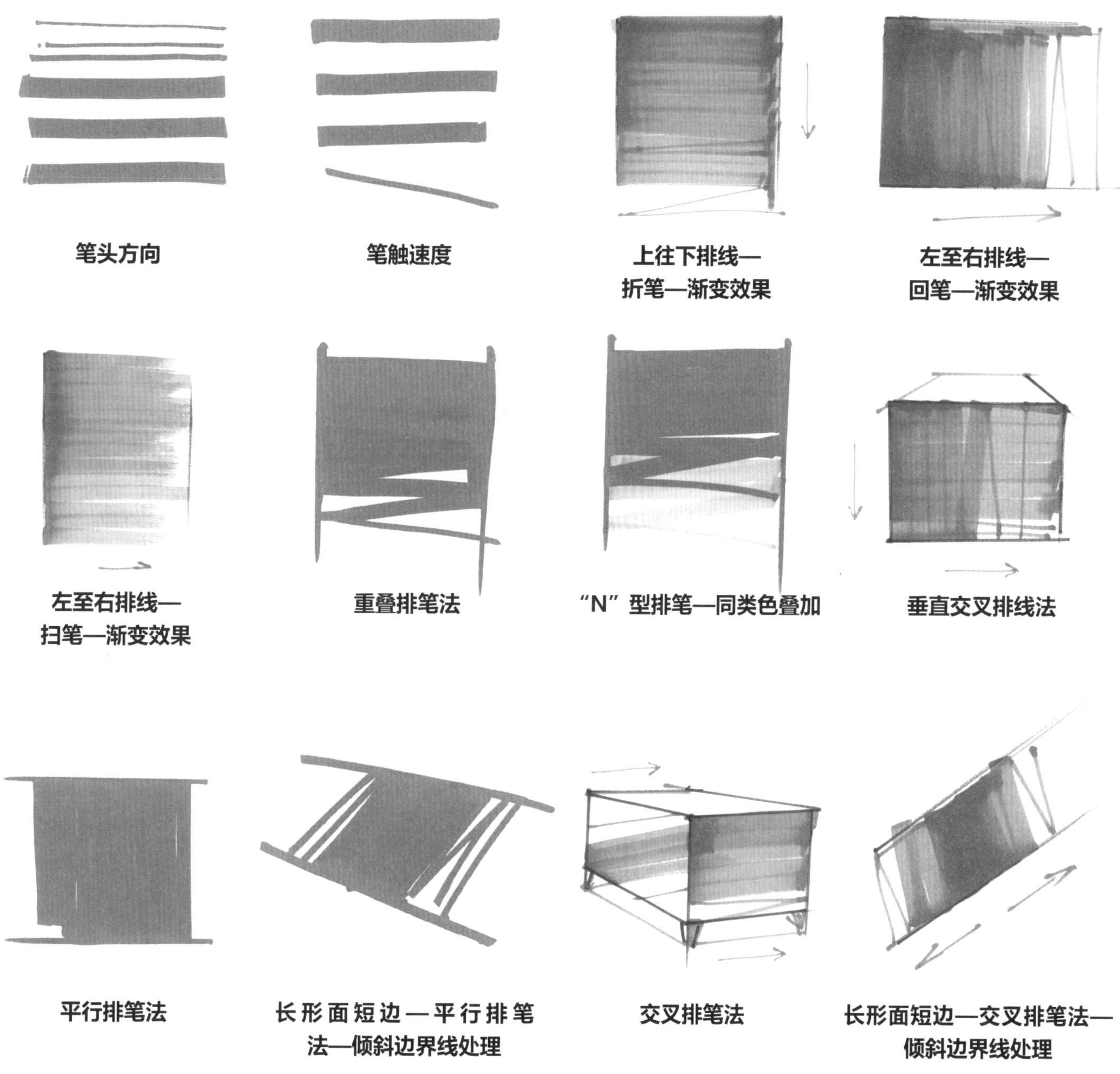

笔头方向　笔触速度　上往下排线—折笔—渐变效果　左至右排线—回笔—渐变效果

左至右排线—扫笔—渐变效果　重叠排笔法　“N”型排笔—同类色叠加　垂直交叉排线法

平行排笔法　长形面短边—平行排笔法—倾斜边界线处理　交叉排笔法　长形面短边—交叉排笔法—倾斜边界线处理

① 马克笔常与彩铅、水彩或针管笔线描结合使用，彩铅或针管笔画线条，而马克笔和水彩用于着色。

② 马克笔有时用酒精再次调和，画面上会出现神奇的效果。

③ 马克笔的色彩较为透明，通过笔触间的叠加可产生丰富的色彩变化，但不宜过多，不然会产生“脏”“灰”等不佳效果。

④ 由于淡色马克笔无法覆盖深色，着色顺序先浅后深，需要笔触明显，线条刚直，讲究留白，这样的上色笔触使得画面色彩更加透气，为下一步上色留有空间。

塑料材质

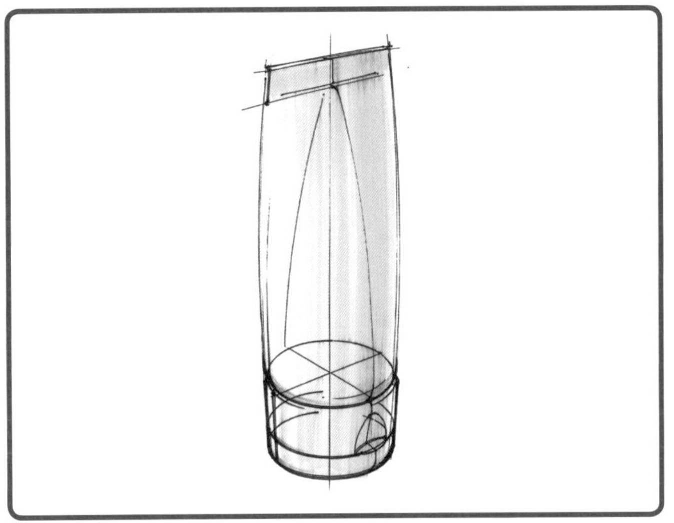

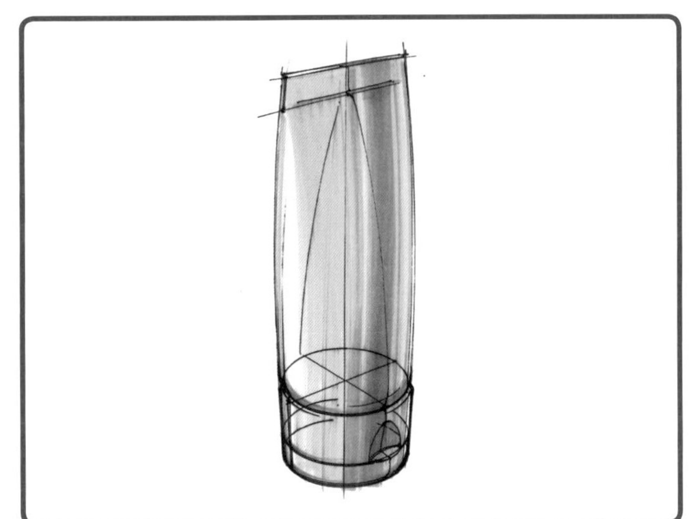

木材质

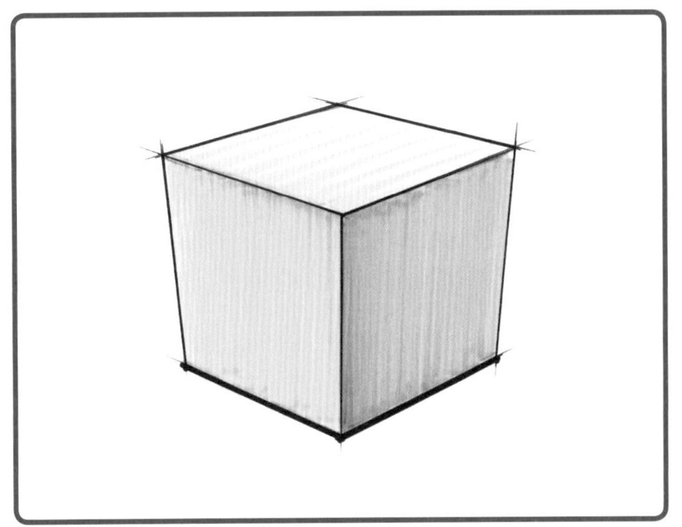

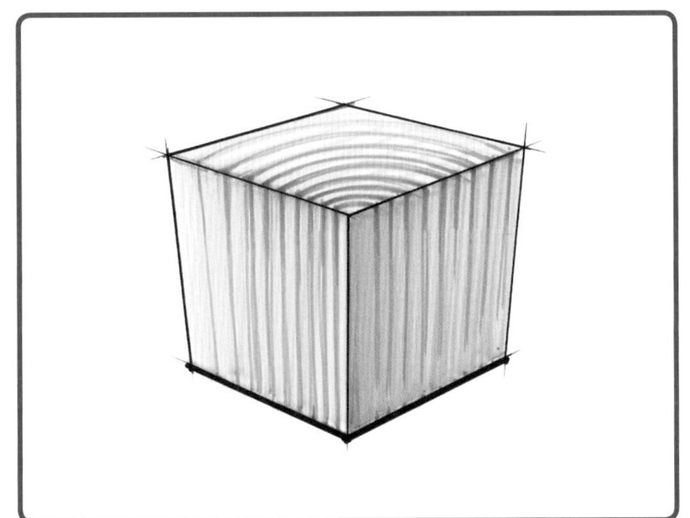

金属材质

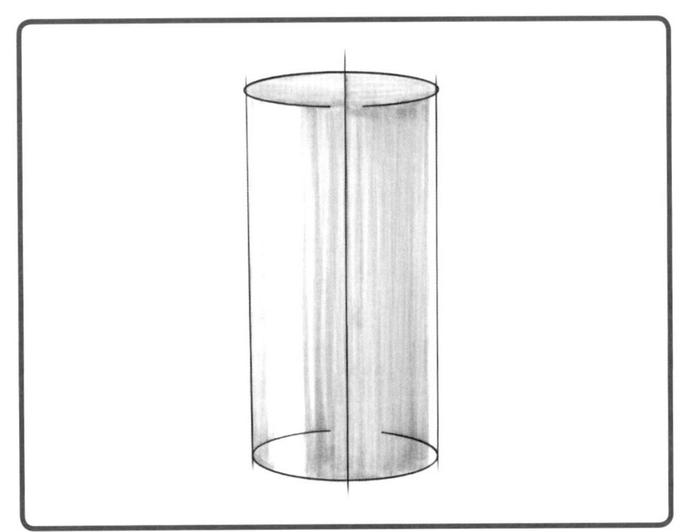

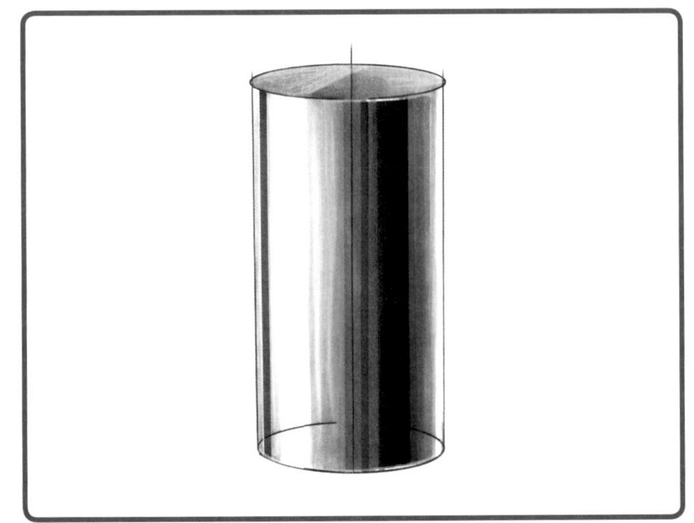

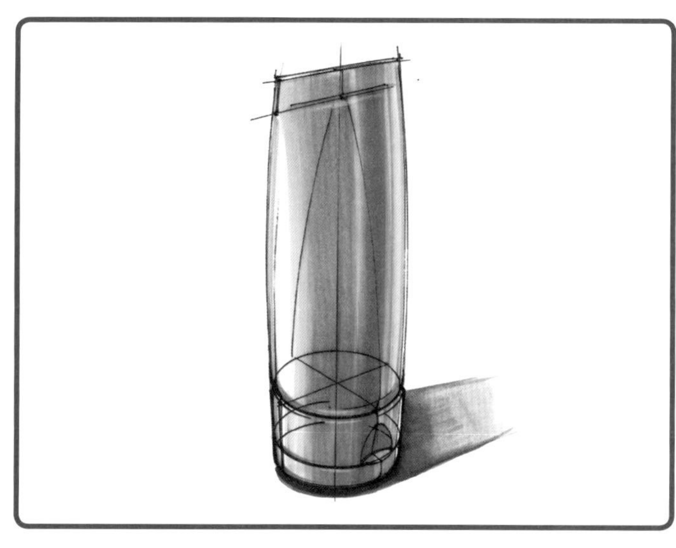

Step 1. 选用一款马克笔从光照面开始上色，笔触保持同一方向，避免笔触重叠，单层轻轻上色的方法让色块不易渗透纸张。

Step 2. 确定光线照射物体的位置。当光线直接落在物体上方时，则不需要用马克笔上色。而对于有阴影的表面，用马克笔上色一到两层，以获得更深的阴影效果。

Step 3. 在暗处和阴影上色可多次叠加马克笔，以突出光线照射物体的效果，不要忘记在地面上加上阴影。

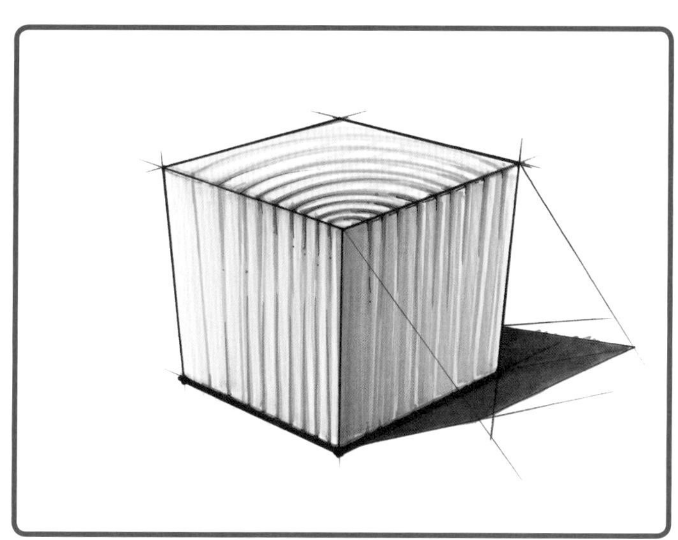

Step 1. 在木块表面进行初步上色，沿着边缘部分添加笔触以增加物体真实感。

Step 2. 使用同色系马克笔，开始添加木材的纹理。纹理通常是从中间的〝眼睛〞开始，然后扩展到最外边的线条，而其余的纹理可以拉伸至侧边。

Step 3. 加深暗部的表现，制造立体感，以及添加地面的投影，更显真实。

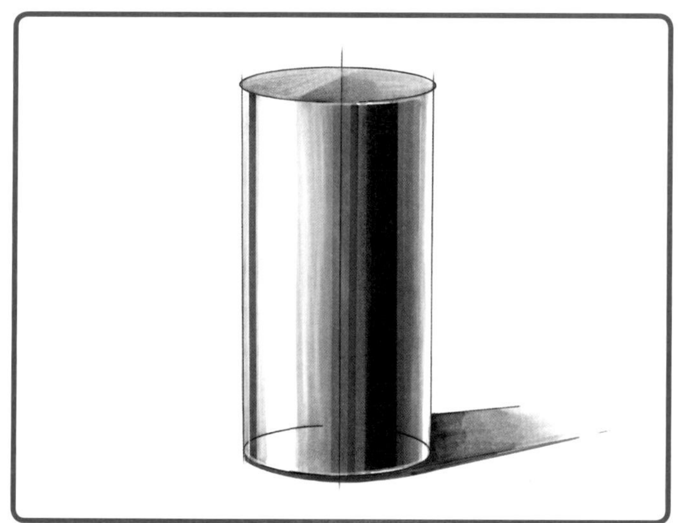

Step 1. 先用马克笔均匀上色亚光金属表面，光照处留白或少量上色。通常光亮的金属更能反映周围环境，上色时，需要先确认光源方向，再使用浅色马克笔绘制光影的部分。

Step 2. 绘制金属的阴影部分，上色时需要保持表面的色调均匀，抛光金属效果需要一些对比色，因此选用更深色的马克笔上色，以获得深色条纹色块。

Step 3. 若有上色需要时，不要害怕使用黑色马克笔，特别是表现抛光圆柱上的深色条纹。在地面上添加阴影有助于表现物体的真实感。

马克笔喷枪

马克笔喷枪使用起来非常简单有趣，不像普通喷枪，它不需要在使用不同颜色之间进行任何清洗，只需要在支架上放置一个马克笔就可以喷画，也方便随时更换其他颜色的马克笔。Copic Airbrush System是可靠的选择，它可跟Copic马克笔搭配使用。

① 选用马克笔喷枪制作色调渐变的层次是非常实用的。即使单个的马克笔色调，也可以通过改变喷枪压力大小的方式达到非常细腻柔和的画面过渡。同时可以混合两种不同颜色的马克笔来创建背景效果，达到直接应用马克笔做不出来的效果。

② 要想获得干净简洁的效果，一定要用纸张遮住你想要喷画的区域。在绘图顶部使用透明的胶带或其他纸张遮住，让其他区域保持不变。如果你把胶带直接贴在纸上，在移走时要特别小心，因为它可能会损坏原来的画纸。在喷画之前，一定要在另一张废纸上进行测试，以确保喷枪在画面上喷涂均匀。

Alessi Tea Rex Kettle

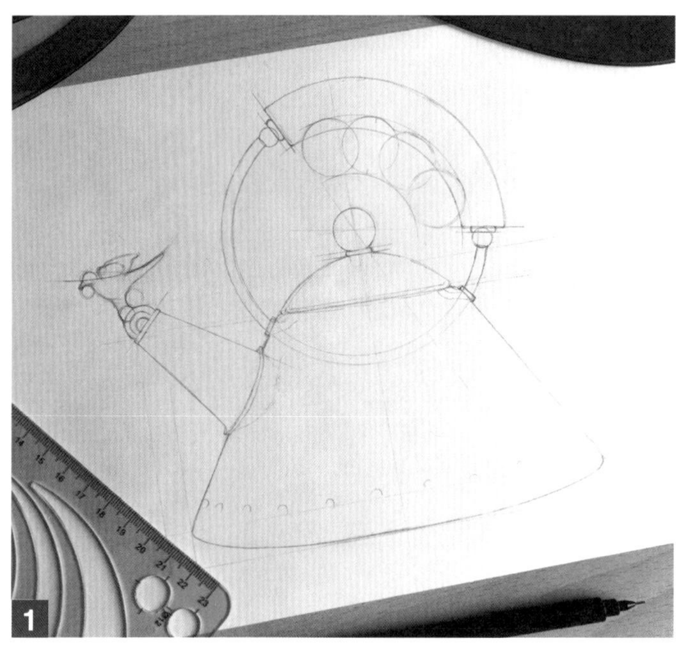

在马克纸上用自动铅笔（0.3 HB）绘制侧面轮廓线条，并分析产品的几何形状和比例，使用标尺、模板和曲线等工具获得清晰的效果。

在开始马克笔上色之前，确定一个光源方向或使用参考图片作为当下光线设定，顺着材料的表面和特性进行上色，反射部分用黑色马克笔绘制和用直尺绘制边缘部分。

每个图形用马克笔上色，并尝试确定产品轮廓。用马克笔先涂一层色，然后等它干燥，再涂上更多层的颜色，以达到马克笔混合的色调，这种方法主要表现草图的质感和立体感。注意如果你在浅色调上使用太多次数的马克笔上色，纸张可能会被渗透。

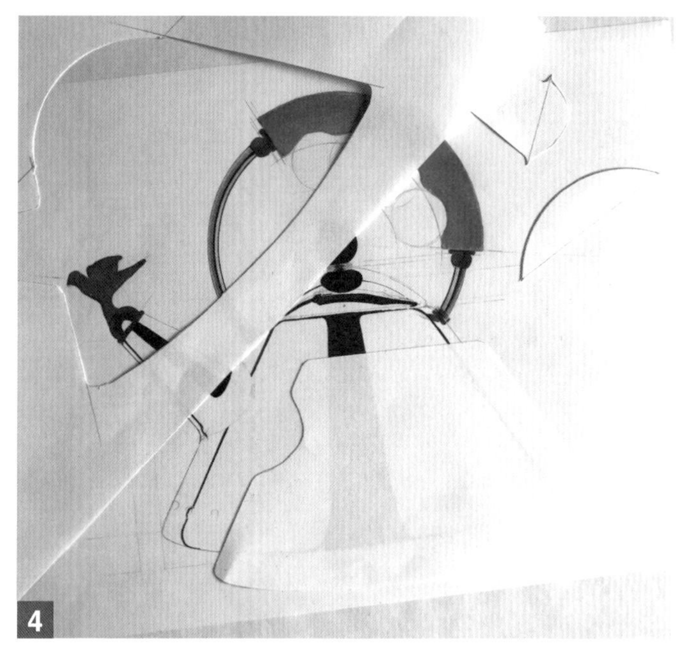

为表现铬合金材料柔和的色调，可考虑使用马克笔喷枪。将不用喷涂的位置复制在一张纸上，剪成对应大小的纸片用于遮盖。由于马克笔不与喷漆干墨混合，在使用喷枪之前，一定要完成所有的马克笔上色的部分。如水壶手柄边缘和反光等细节，也需要先绘制完成。

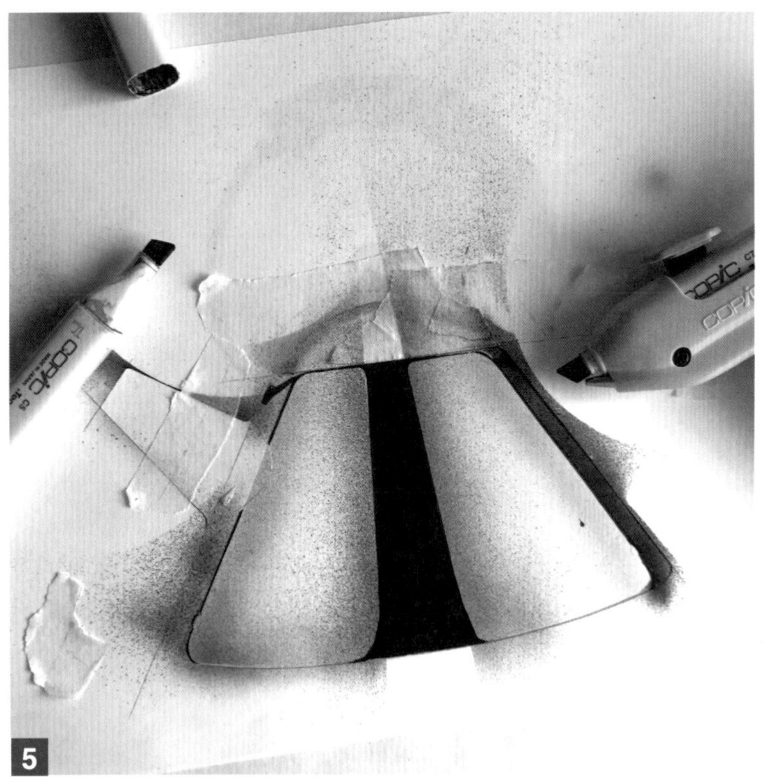

5

粘好遮条，在剩余的区域使用马克笔喷枪上色。灰色调随着草图轮廓的不同而渐变，中间的颜色渐深，两侧色调渐浅，使用稳定的喷头笔触模拟圆锥渐变效果。

6

其他区域继续使用纸条遮挡进行上色。喷枪的优点是，通过改变其压力或与纸张的距离，即使是单色马克笔也可实现宽窄不同的色调。喷枪若从较远的地方喷出时纹理比较粗糙，可以增加金属表面的真实感。

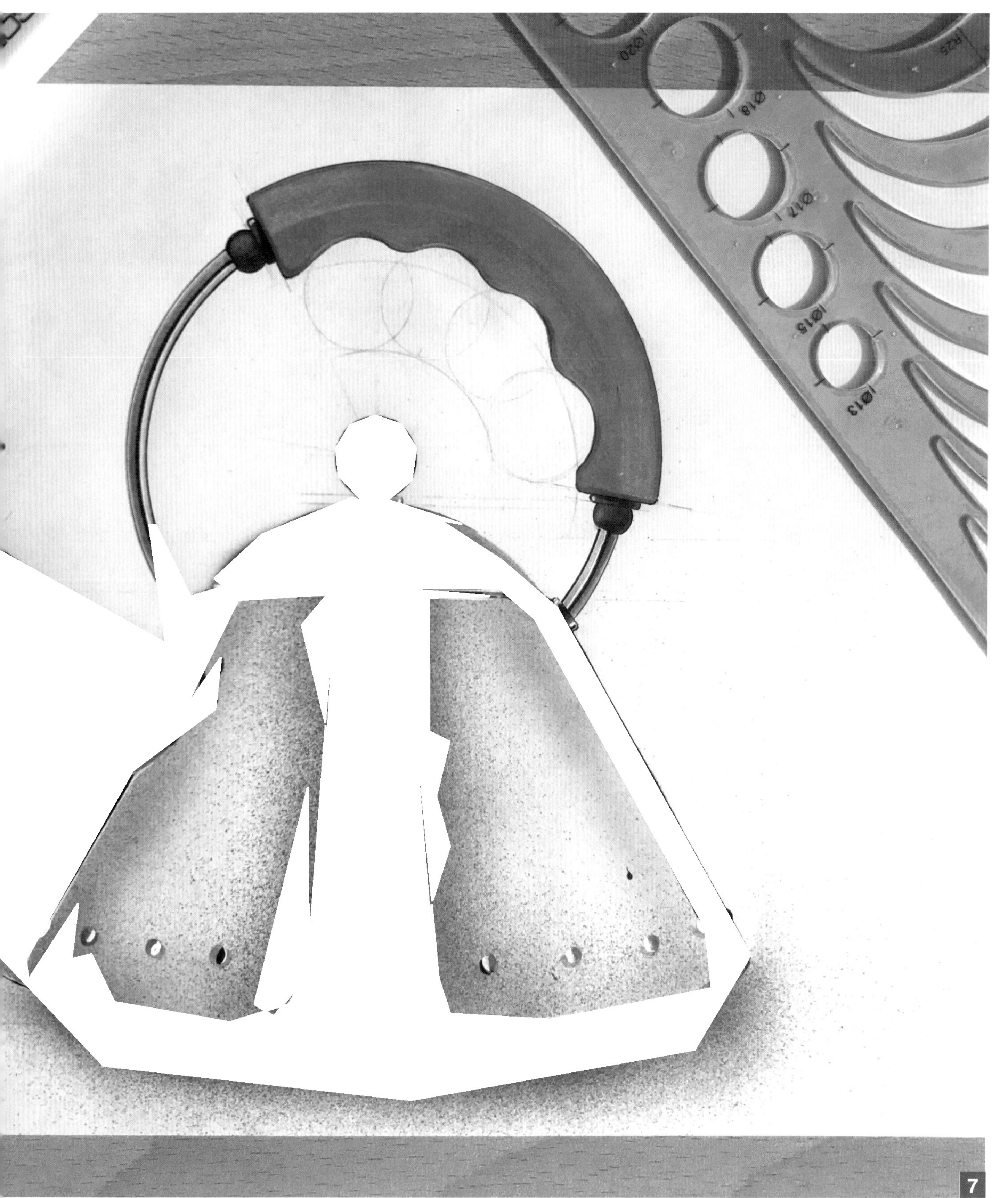

7

最后，用白色钢笔增强高光，用黑色笔突出轮廓线条。用喷枪确定地面阴影，使产品呈现往前移动的视觉效果，这是很重要的一步，因为这样会使最终的草图看起来更加精良。

彩色铅笔

彩色铅笔分为不溶性和水溶性两种，而水溶性彩色铅笔可用做普通彩色铅笔，遇水晕染后也会有类似水彩的效果。水溶彩色铅笔的运用技法还有很多，可先上色再加湿融合，或先将纸面湿润，再用叠加的方法上色。也可将水溶性彩色铅笔在砂纸上磨出粉末，将粉末洒在湿润的纸面上，绘制出具有艺术感的色彩。彩色铅笔常与其他几种绘图工具结合使用，如马克笔、水彩等。以下为彩色铅笔常用的上色技巧。

Steam Iron

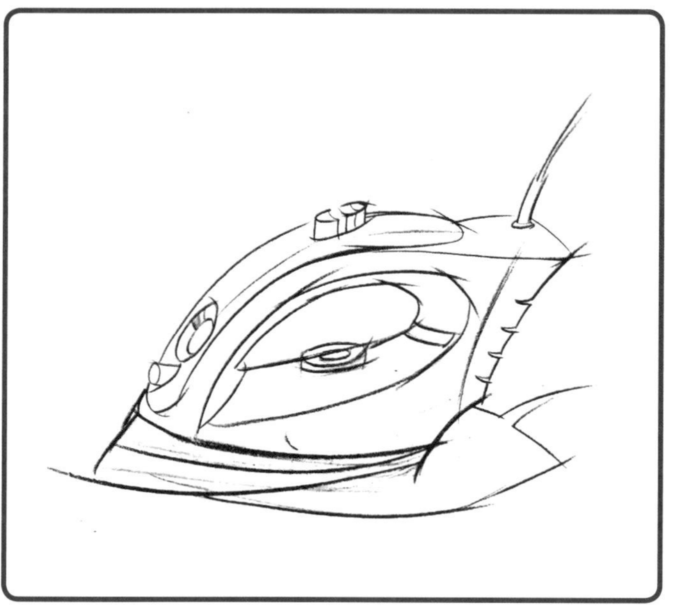

1. 分析产品的几何形状和比例，绘制产品侧面轮廓线条，再进行彩铅上色。

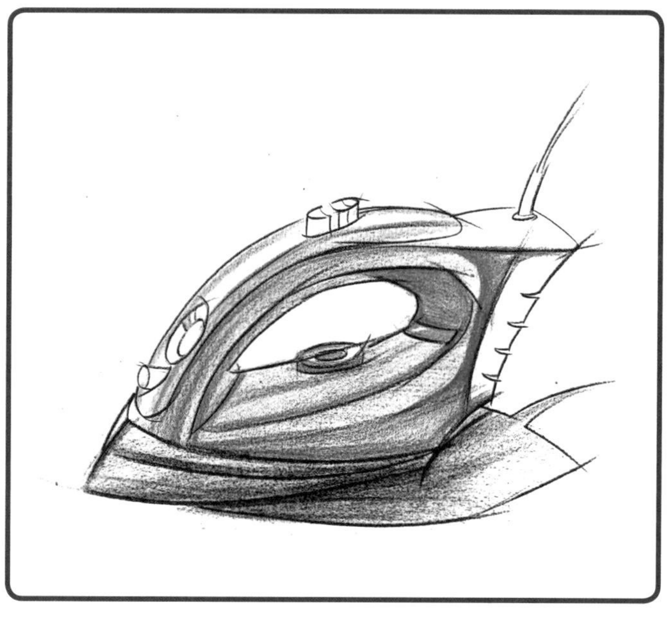

2. 彩铅的上色顺序一般是从浅到深，对一些把握不准的地方可留白再上色。

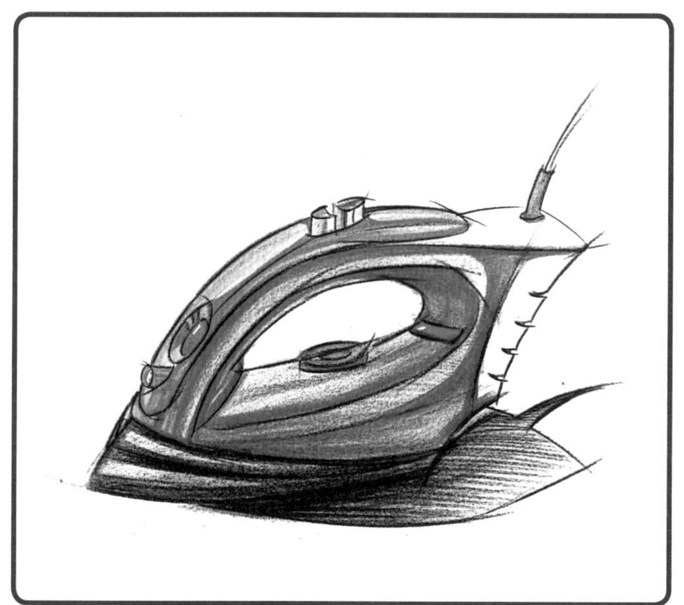

3. 涂色时，不论排线还是平涂线都需要均匀上色一遍，再考虑在需要加深的地方叠加相同颜色。

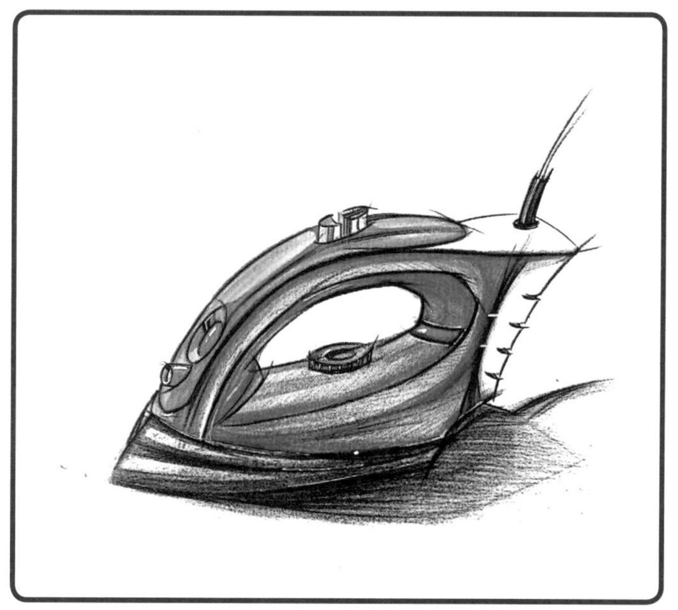

4. 在上深色时，力道要控制好，在靠近遮挡区阴影靠近光源的一边从内向外由深至浅渐变，如果事先涂有浅色层，则用力稍轻，渐变到合适的颜色即可。如果颜色上到轮廓以外（非阴影部分）可以不擦除，保留一些自然画面效果。

电脑绘图软件

绘图工具除了以上常见的传统工具之外，电脑绘图软件也十分实用。通常是在纸张上画出草图并确定最终设计概念后，后期选用绘图软件进行效果的加工渲染。但有时外出不方便携带其他工具时，也可直接在移动设备上直接绘制草图。

产品设计师常用的绘图软件有Adobe Photoshop、Corel Painter、SketchBook Pro等。SketchBook Pro配有一流的笔刷工具及流畅的铅笔工具，它的移动版本在iPad上使用很方便。

Photoshop拥有强大的上色工具，可以创作草图绘制中需要的一切元素，如图案、纹理等。一般在SketchBook Pro上绘制好线条，然后在Photoshop上进行上色。

Medical Device

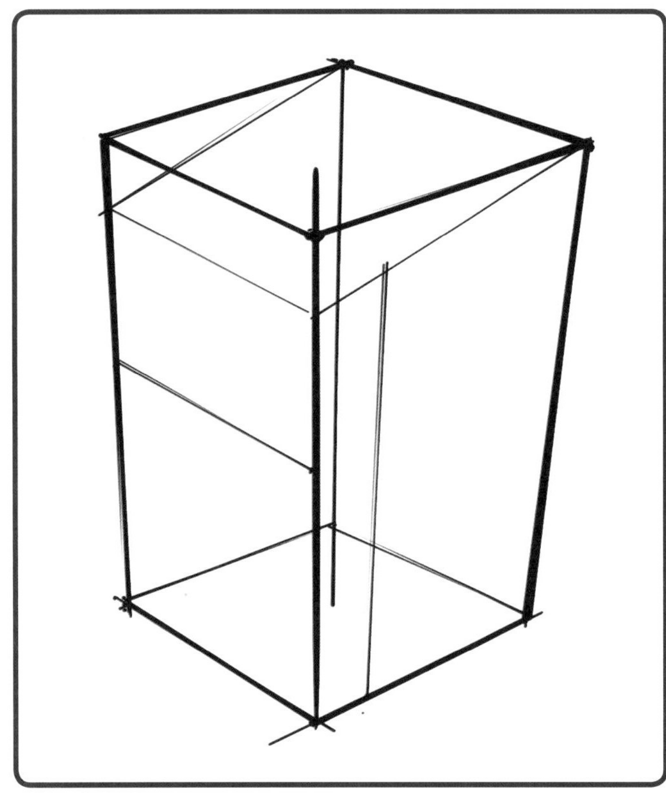

1. 运用 Photoshop 软件新建图层，如“透视”，并粗略绘制产品透视框架，底色是白色，框架线为黑色。

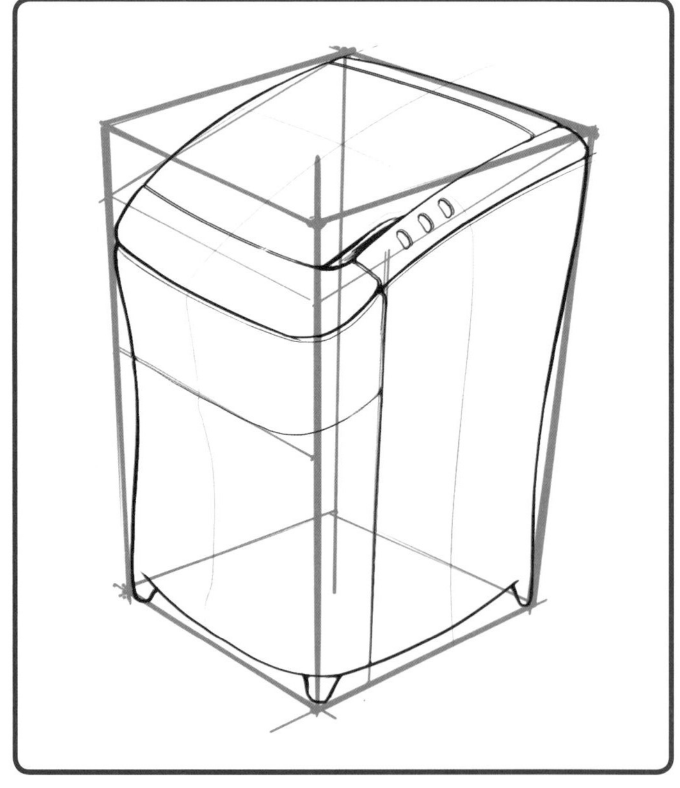

2. 新建图层，如“轮廓”，在透视框架中考虑产品的外形并确定线条的粗细，去除多余的线条完成轮廓线。

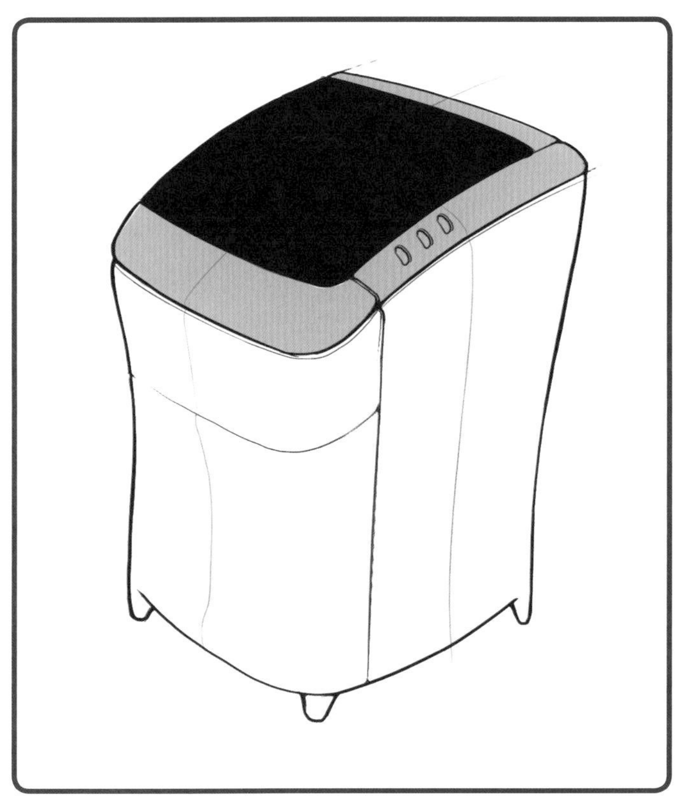

3. 新建图层，如 "背景色"，选用喷笔在不同区域进行平行排笔上色，需要将产品的轮廓线绘制清晰，阴影绘制留到下一步。

4. 新建图层，如 "阴影"，考虑光源方向，调整喷笔的直径和不透明度，利用 "加深" 和 "减淡" 工具把产品的明暗关系绘制出来。

5. 最后新建图层，如 "高光"，在产品固有色表面增加高光效果，调整光面的线条等。

Chapter 4

访谈

案例

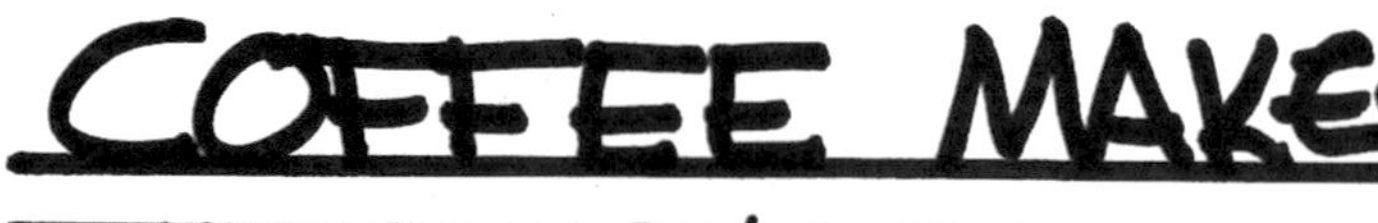

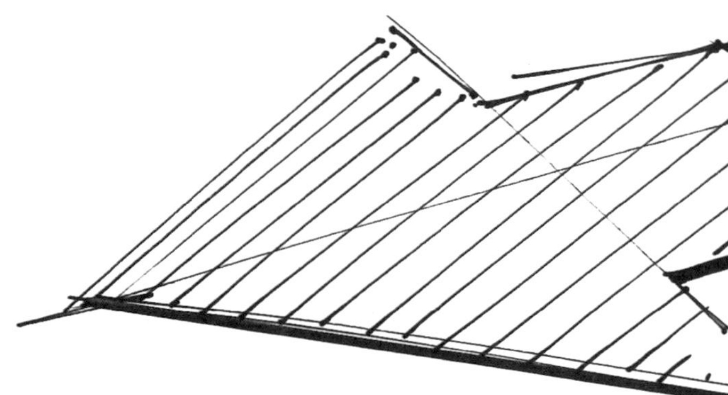

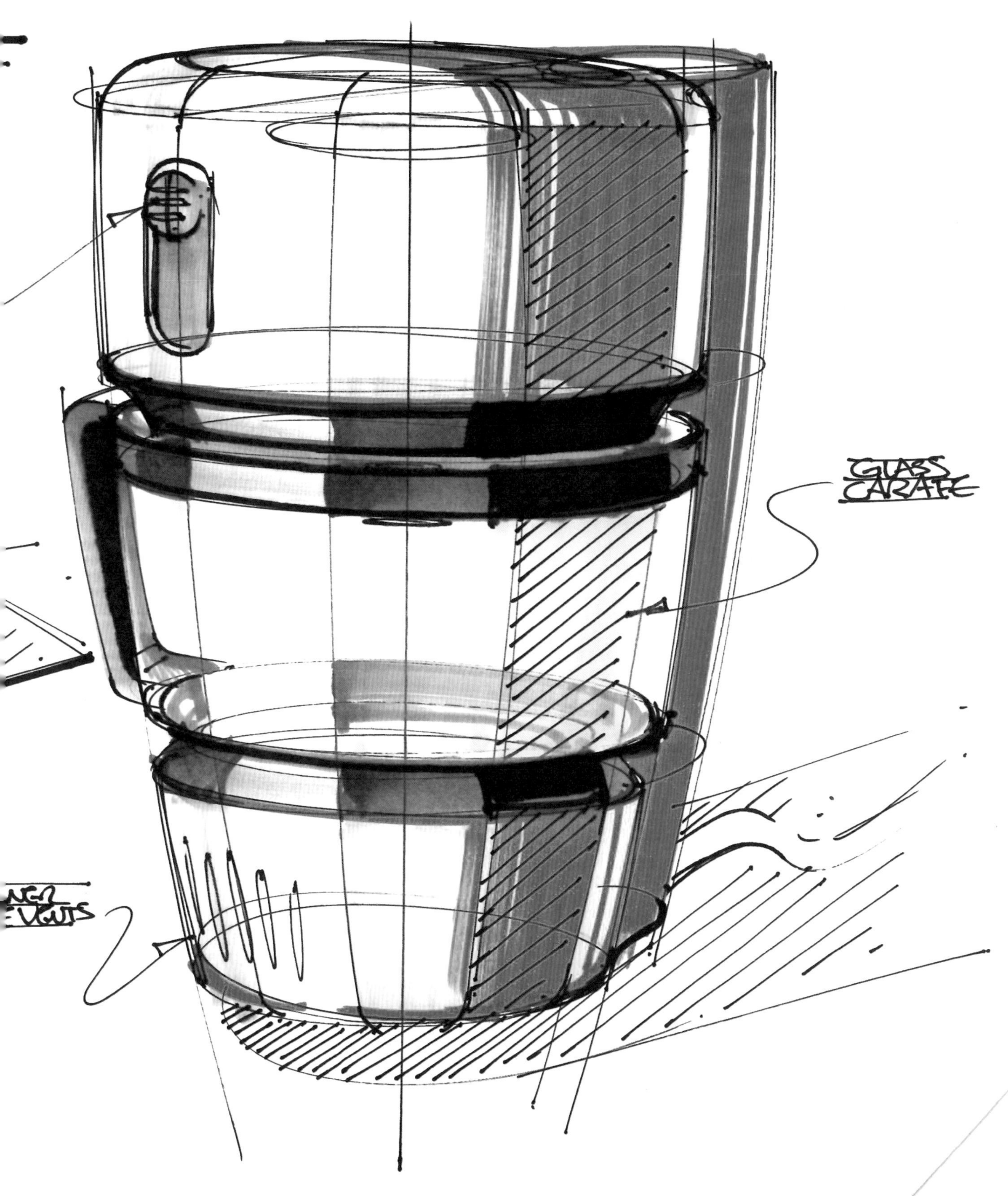
GLASS
CARAFE

访　谈

//// 在设计过程中你是如何将草图作为一种工具的呢？

在产品设计中，草图主要作为一种记录想法和沟通的工具。随着设计过程不同阶段的推进，草图的目的和精准度都会发生变化。在构思阶段，我通过粗略的草图探索设计概念并尽可能快地反复绘制它，重点不在于草图画得有多漂亮，而在于构思、成形以及备选的解决方案；而对于最终草图的展示，希望以一种易懂的方式向观者表达产品开发的想法，这个过程需要花费更多的时间。在概念展示阶段，我会优先考虑草图所想要传达的信息和情感，然后再选择绘制草图本身所包含的要素，如透视、视角、光线设置、颜色、构图和文字等。

Nur Yildirim

工业设计师

//// 除了绘制还在设计中的产品，也会绘制现有的产品和物件，作为一名设计师这些画图练习对你有什么帮助？

绘制现有的产品可以教你很多关于设计和草图的知识。要正确地勾画一个物件，不仅要考虑它的外观，还要分析它的工作原理。我会研究产品或物件的比例、内部的构造和各零件如何组装等，在三维空间中，我会解构产品的每一个组成要素，重点放在物件的设计细节上。

最后，绘制真实的物件有助于我们理解周围的事物。几乎每个产品都会针对一个问题提供特定的解决方案，因此你的方案库将在每一次的画图中得到扩展，并且你可以将这些知识经验结合起来用于解决其他的设计问题。审美是需要增加的另一个维度，草图画得好将提高产品的形式感和比例感，这在设计中也是很宝贵的。

//// 在画草图时，你是用什么方式来处理产品和物件？你的绘图过程是怎样的？

我通常喜欢以真实且详细的超现实方式来绘制产品，但草图都具有说明性的表现主义的特征，因此你可以立即辨识这不是照片，而是一幅手绘作品。为了做到尽可能逼真，我选择一种无法用肉眼观察到的透视方式，比如物件的特写视图或侧面视图，这些草图混合了正视和透视元素，画透视像是在摄影中选择镜头，你可以结合实际情况，使物件看起来如你想要给观者呈现的那样。

Il Conico Kettle

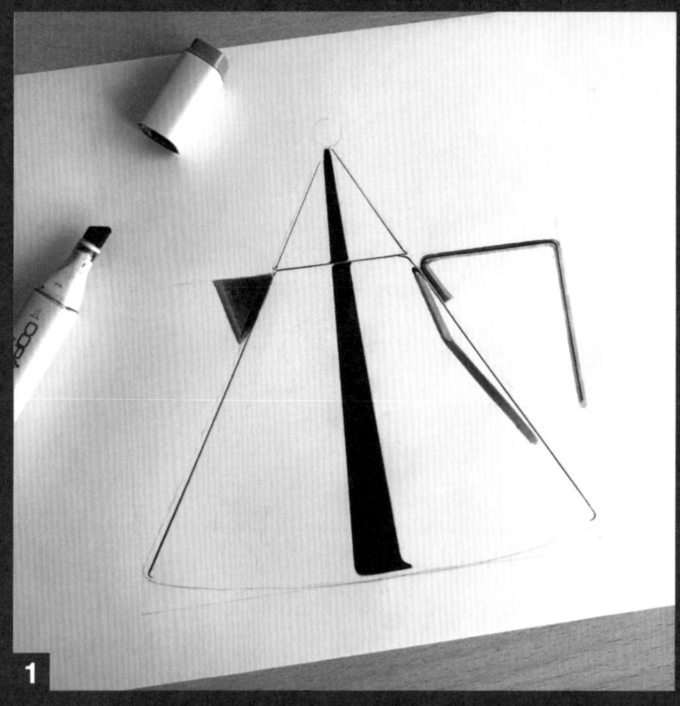
1

在开始马克笔上色前，先分析产品的形状并规划草图的绘制过程，以节省时间，防止上色过程中出现错误。黑色用于产品部分固有色，手柄和喷口用冷灰色号 CG3、CG5和CG7 进行上色。

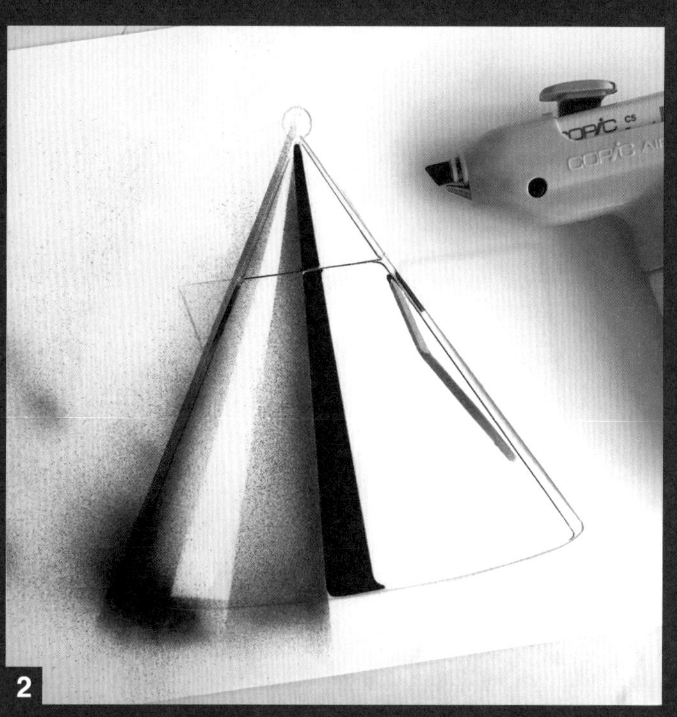
2

在壶身处进行马克笔喷枪上色。其他区域为了不受喷枪的影响，可将这些区域复制在纸上剪出对应大小的遮盖纸条，显示喷漆的区域即可。

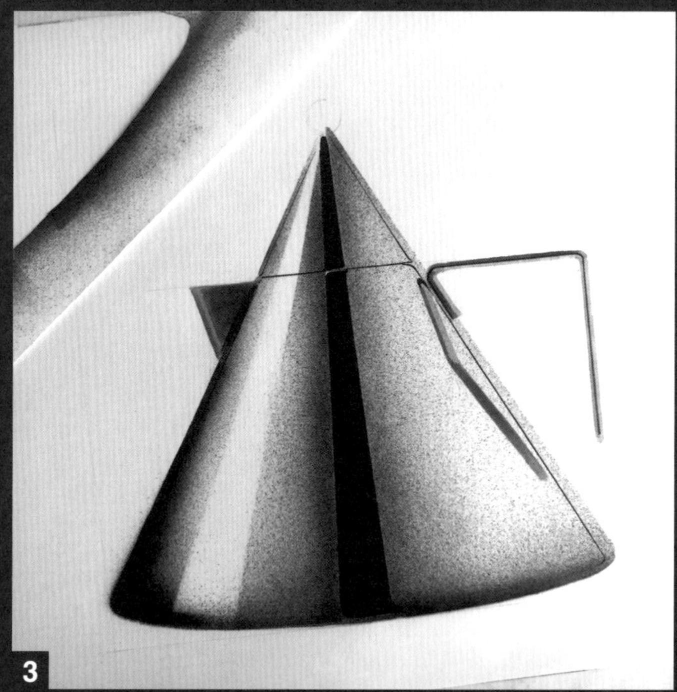
3

在圆锥形状区域使用马克笔喷枪，使两侧达到渐变的效果。采用另一张纸作为遮罩，留白处作为光源反射效果。喷枪在纸上垂直喷刷后，为表现倾斜的壶身形状，加深壶底的阴影。

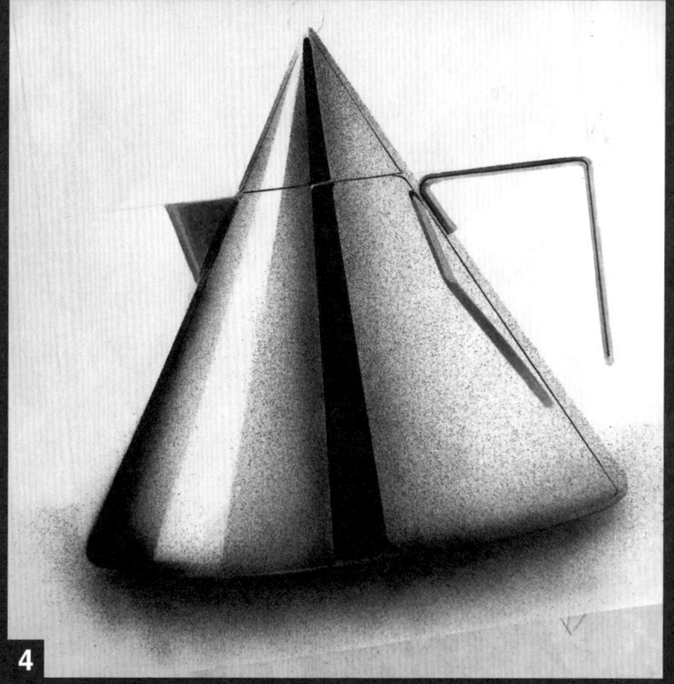
4

采用喷枪在产品地平面上添加柔和的阴影。越靠近产品阴影越暗，远离产品的区域阴影逐渐变浅，这样的喷刷技巧使产品看起来更加明显和逼真。

草图可用来描述任何事物，首先需要做的是检查图画的透视和比例。我是从分析物件开始我的绘图过程，将物件简化为基本的形状，然后在透视中精确地画出这些形状。基础的图画是决定一个草图是否良好的关键点。如果线条绘制准确，将使草图看起来正确，包括后期的阴影或上色。基于时间和目的，我可以使用铅笔或马克笔和空气刷为体积和材质特征进行快速上色，我也运用高光和阴影来增加草图的趣味和逼真感，并突出对比的部分。此外，我总是事先考虑整体构图，以决定选用水平还是垂直的纸张，采用单个或多个视图等，这种做法让我能够创建画面以吸引观者的视觉焦点、方向和层次。

//// 在学习如何画草图时，将会面临的困难有什么？你是如何克服这些困难的呢？

我认为透视的绘制是草图中最关键的。透视的基本知识容易了解，但它却难以练习和掌握。加深对透视的理解可以让你在三维几何学中获得指引，以控制画面上的每一个部分。我的教学经验告诉我，学生们会急着绘制逼真的物件和产品，他们很可能忽略了透视这一点。我建议不要把透视看作是一套规则，而应该把它看作是一种不可或缺的，能够让你掌握和颠覆规则的工具。

//// 你认为模拟绘图的好处是什么？如今，设计中的很多东西都已经变得数字化，你认为纸上思考还重要吗？

我认为手绘草图和数字化绘图都有各自的优点，但我个人认为手绘工具更有价值，因为它有更多的空间来表达创意，以反映你独特的风格和个性。在产品设计方面，数字化绘图让我在创作、传输、存储等过程中使用非常灵活，尤其是平板电脑在旅行时非常实用，因为它包含了各种不同的工具、材料、颜色等软件工具。通常，在专业工作环境中，数字化绘图更适合用于产品设计的概念演示。然而，对于思维方式锻炼，手绘草图仍然是首选，适用于小组工作，用纸笔记录头脑风暴的想法与概念也十分便捷。一张张草图可以让你把任何一面墙壁或桌面变成一个演示板，并与其他人共同讨论设计想法。因此，不管绘图技术如何进步，总是有手绘工具可供我们选择使用。通常传统媒体的真实反馈提供更丰富的体验，有一点需要我们记住的是，草图技巧几乎适用于任何数字媒体，反之亦然。因此，建议先在传统的工具中掌握你的画图技巧，而不是直接进入数字化绘制。

→ 最后，增强高光以使产品造型更加立体，呈现吸引眼球的草图效果。可使用尺子调整线条和修饰草图细节。

COPIC
MULTILINER
WATER & COPIC PROOF PIGMENT INK

Bialetti Moka Alpina

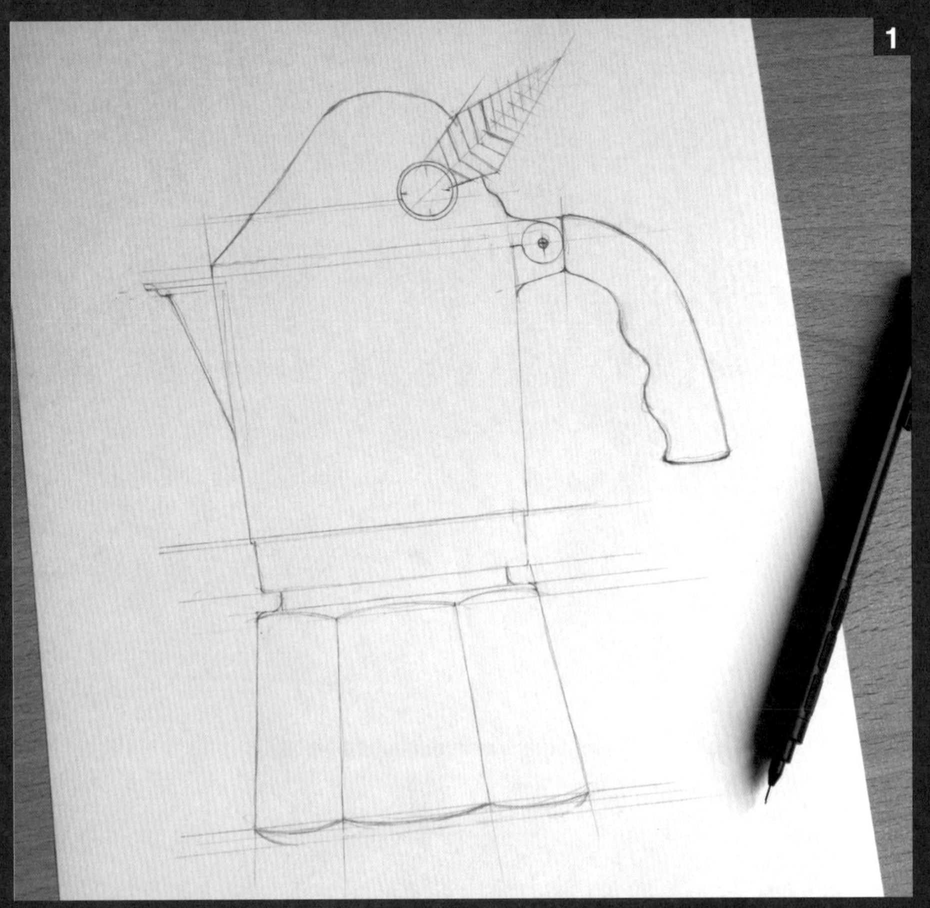

1 绘制引人注目的草图第一步是选择一个最能突出产品的视点和角度。左图为产品的侧面图，是基于侧面可清晰展示咖啡壶的造型。在线条绘制中需要添加如圆角曲线和倒角等细节。

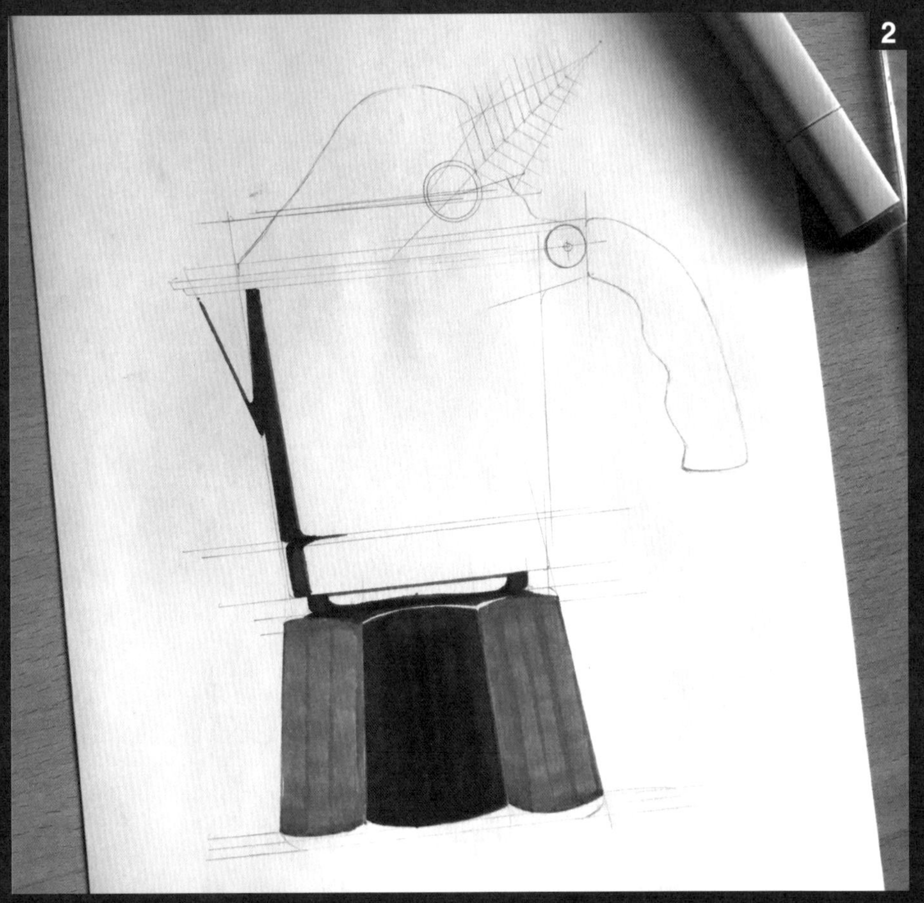

2 选用亮色马克笔以展示壶的造型和材料质地。光源设定在两边，因此中间的壶身看起来更暗，两侧看起来比较亮，于是在中间形成了一个视觉焦点。在茶壶底部的表面选用浅绿色和深绿色的马克笔进行上色。

3 深绿色马克笔表现圆柱形两侧的暗部，使用深灰色马克笔CG7和CG9色号绘制塑料零件。若保持手柄光洁度，则不需要留白。铁钉部分采用红色马克笔上色。

4 马克笔上色完成后，在其他零件上贴好遮掩的贴纸，喷枪笔头沿着柱形壶身垂直的方向进行喷画，留下部分白色区域作为金属铝的光泽反射。

5

壶盖同样使用马克笔喷枪进行上色。通过马克笔与喷枪相结合，可以实现大范围的上色效果，也可表现不同的材料质感。

6

最后，对草图画面进行修饰，如高光、线条粗细和阴影等。需要注意的是，由于圆角和半径的关系，每条分隔线上的黑色线旁边都有白色线，大部分边缘也都留有白色的反射线，同时也包括壶的底部，像这样的细节处理可让草图显得非凡。

Bialetti Moka Pot

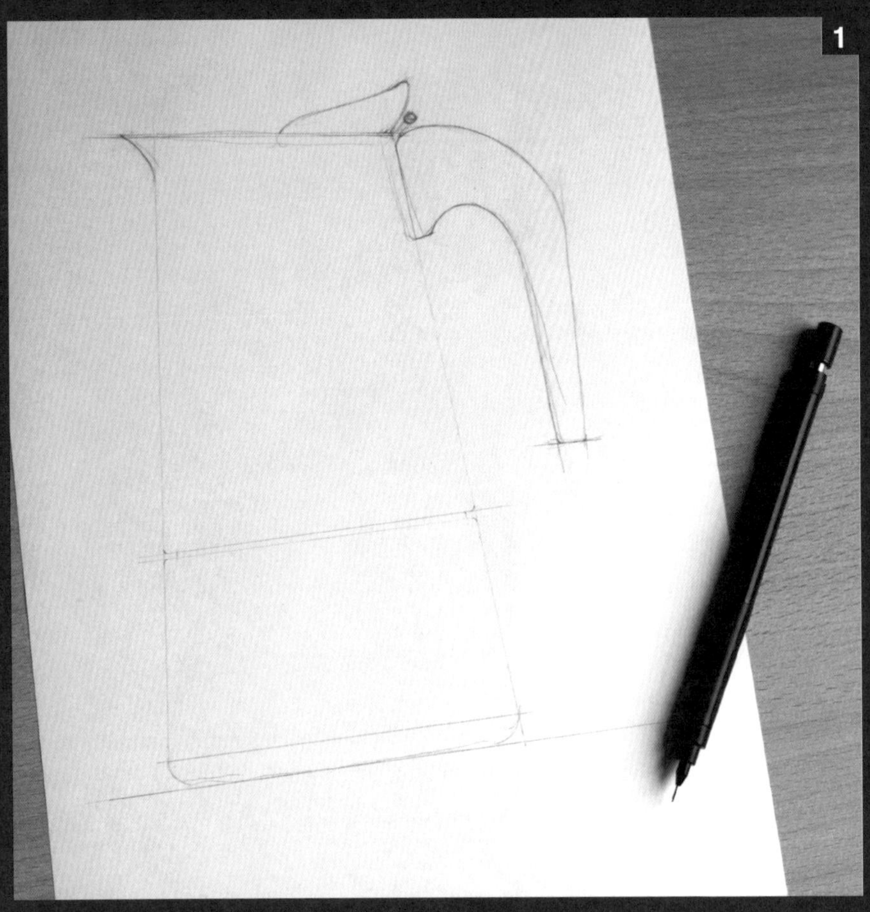

1 左图为一个具有对称感的锥形圆柱，因此选用侧面视图来展示其造型。从产品的轮廓线开始着手，必要时可使用标尺工具，采用自动铅笔（0.3 HB）在马克纸上进行绘制。

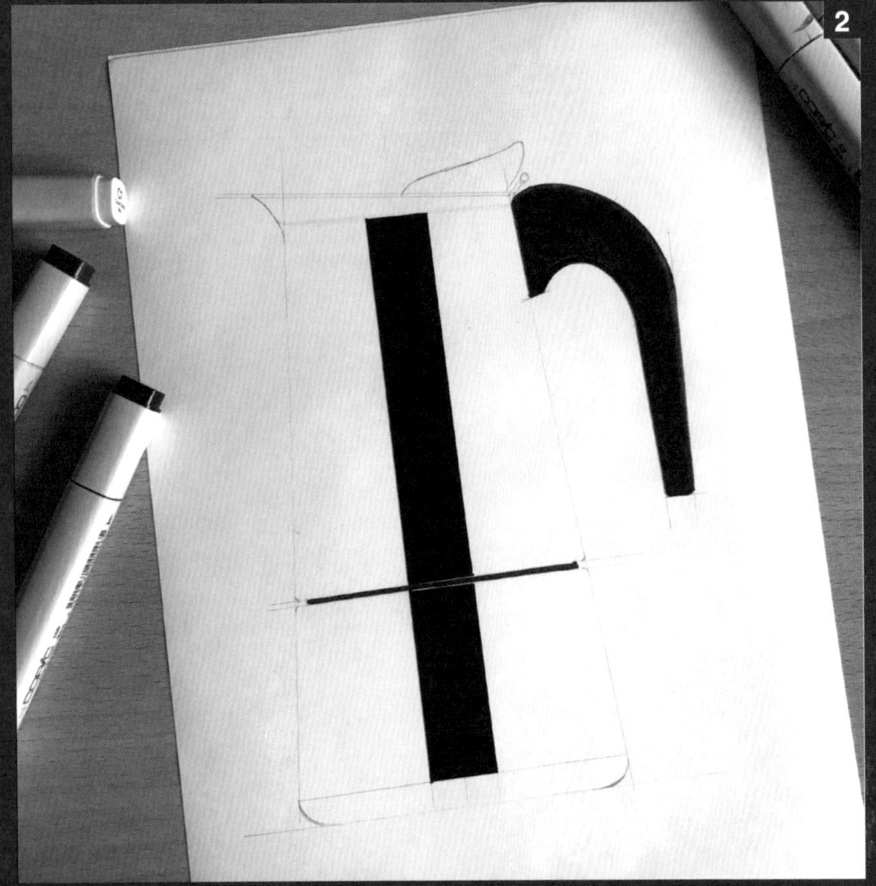

2 马克笔处理产品的阴影部分，抛光的钢材料表面如镜子一样反光，因此上色的色调值选用介于纯白色（有光照射）和纯黑色（无光照射）之间，其余区域则选用马克笔色调CG1、CG3、CG5、CG7、CG9以及黑色实现渐变的效果。

3

接下来是高光的处理。其中两个光源分别设定在左侧和右侧，像摄影棚的灯光。开始用马克笔上色以遮住暗部，让反射光集中在产品的中间部分，同时在侧面也有一些暗反射，如手柄。其他塑料零件采用 CG7 和 CG9 灰色马克笔上色。

4

两侧喷画渐变的效果，而这种技法也可用于常规上色。其中要实现柔和的渐变效果，关键在于平稳地混合色调，尝试采用所有笔的冷灰色马克笔（CG1-CG10）将获得更好的渐变效果。

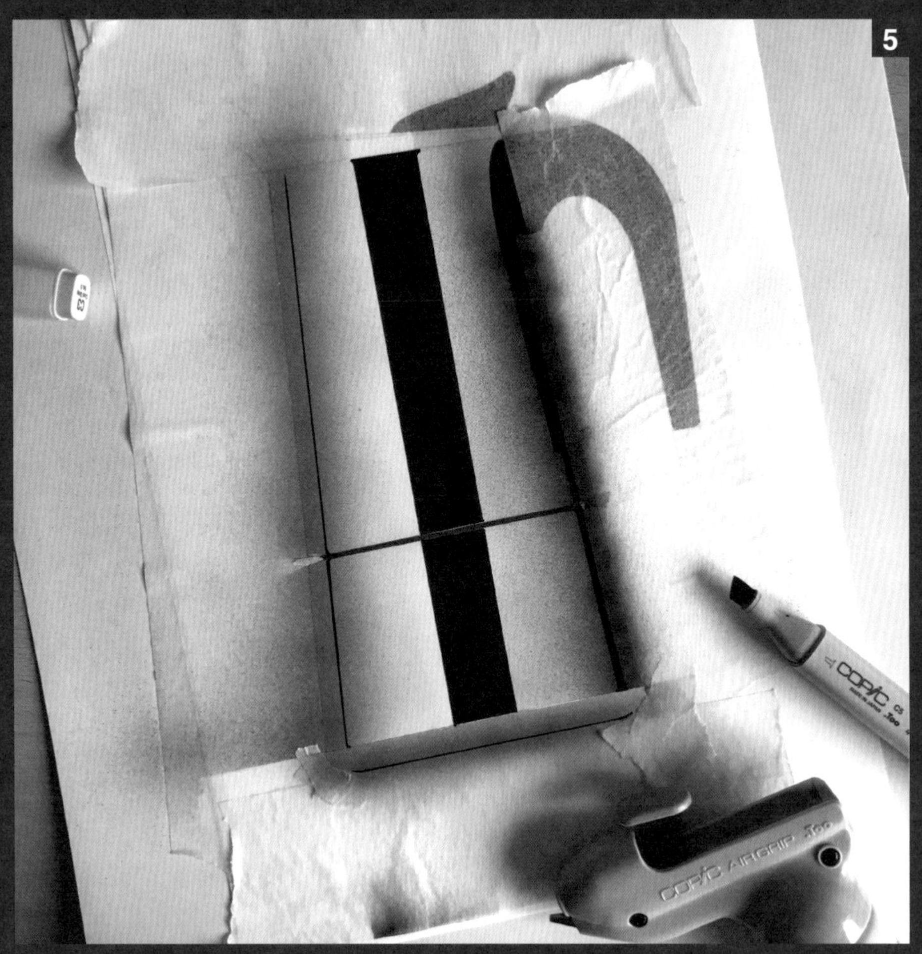

5 顺着产品表面垂直圆筒的方向进行上色，并保持笔触的垂直，以突显产品造型。如图，色调总是由浅到深混合在一起，左侧为 CG3 到 CG1 的色调渐变效果，而右侧则是 CG7 到 CG5 较暗的渐变效果。

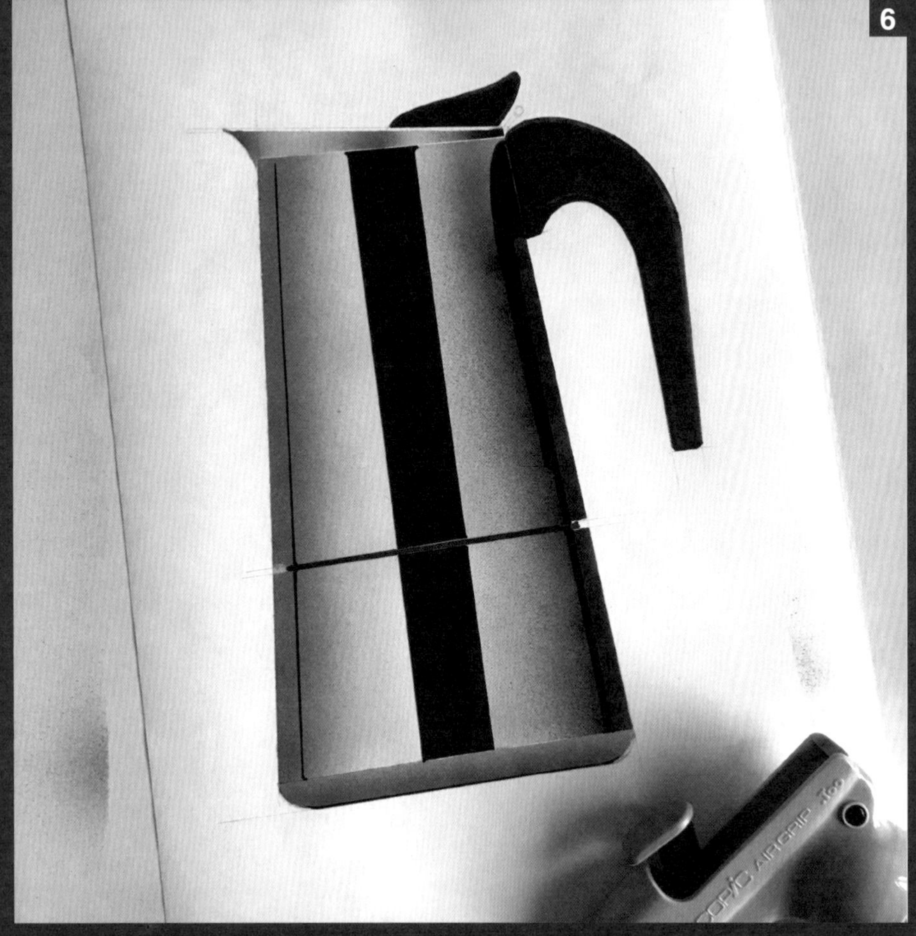

6 其他区域根据光线的投射进行马克笔上色处理。注意两边的渐变效果是逐渐变轻的，中间偏白色。采用亮色调（白色）搭配旁边的暗色调（黑色）以形成对比，目的是将观者的视线吸引至这一区域。

7

白色马克笔添加高光。由于产品材质反光明显，边缘和半径处会出现较猛烈的高光。减弱部分线条，使用尺子拉直轮廓线以达到粗细线条的动感。最后，添加产品阴影，让其看起来像在地

AUDIOINFINITY

设计师：Abhishek Yenji

绘图工具：圆珠笔、马克笔、Wacom 手绘板、Adobe 套件

这是一款互联网收音机，目的是给用户一种更有触感的体验。它的特点是拥有一系列的拨号盘，用户可通过转动按键来转换频道。这款收音机不是通过屏幕就能发现音乐，它需要用户通过手动扫描获得，而运用这种复古的方式可追溯到旧式的超大收音机。

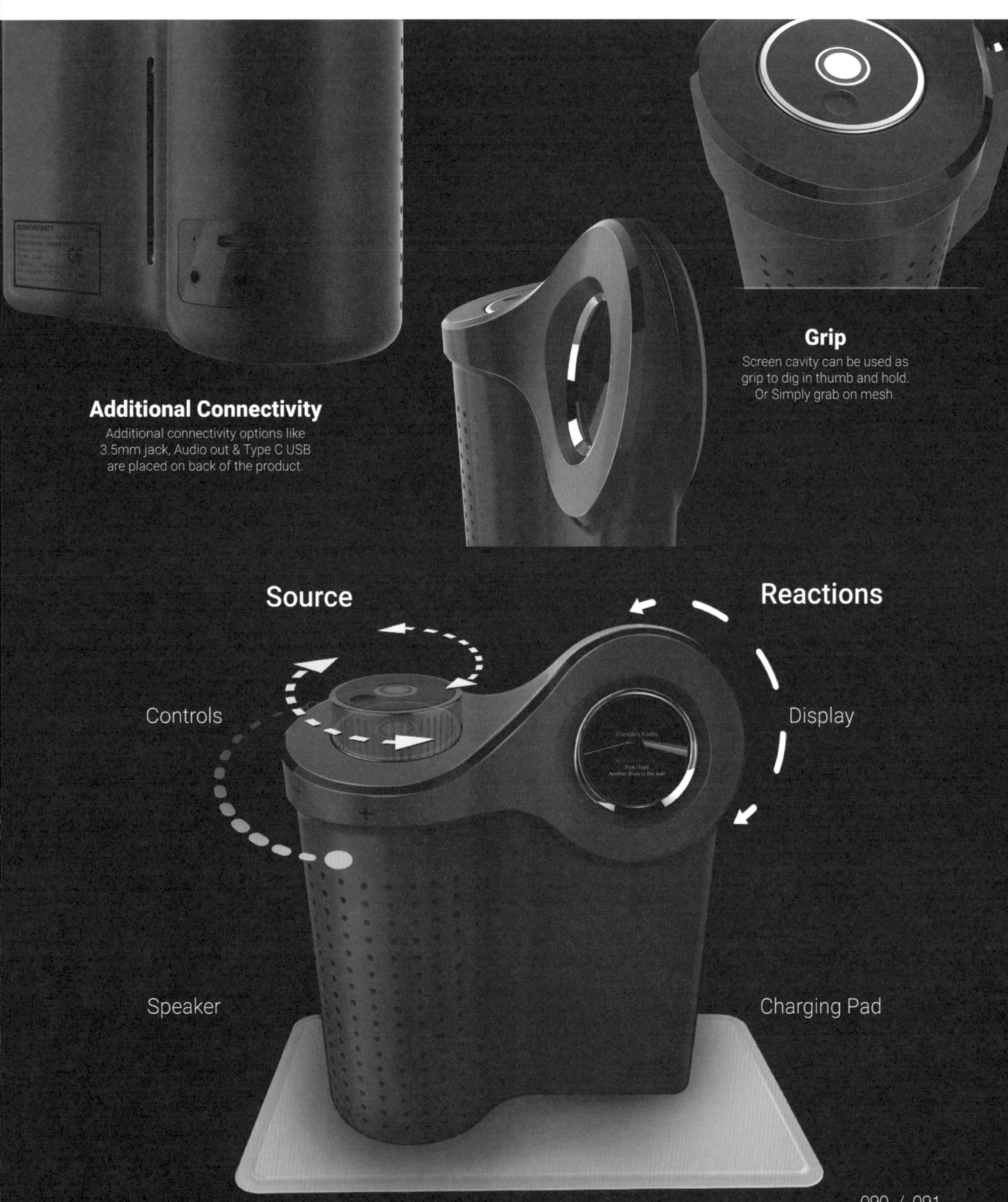

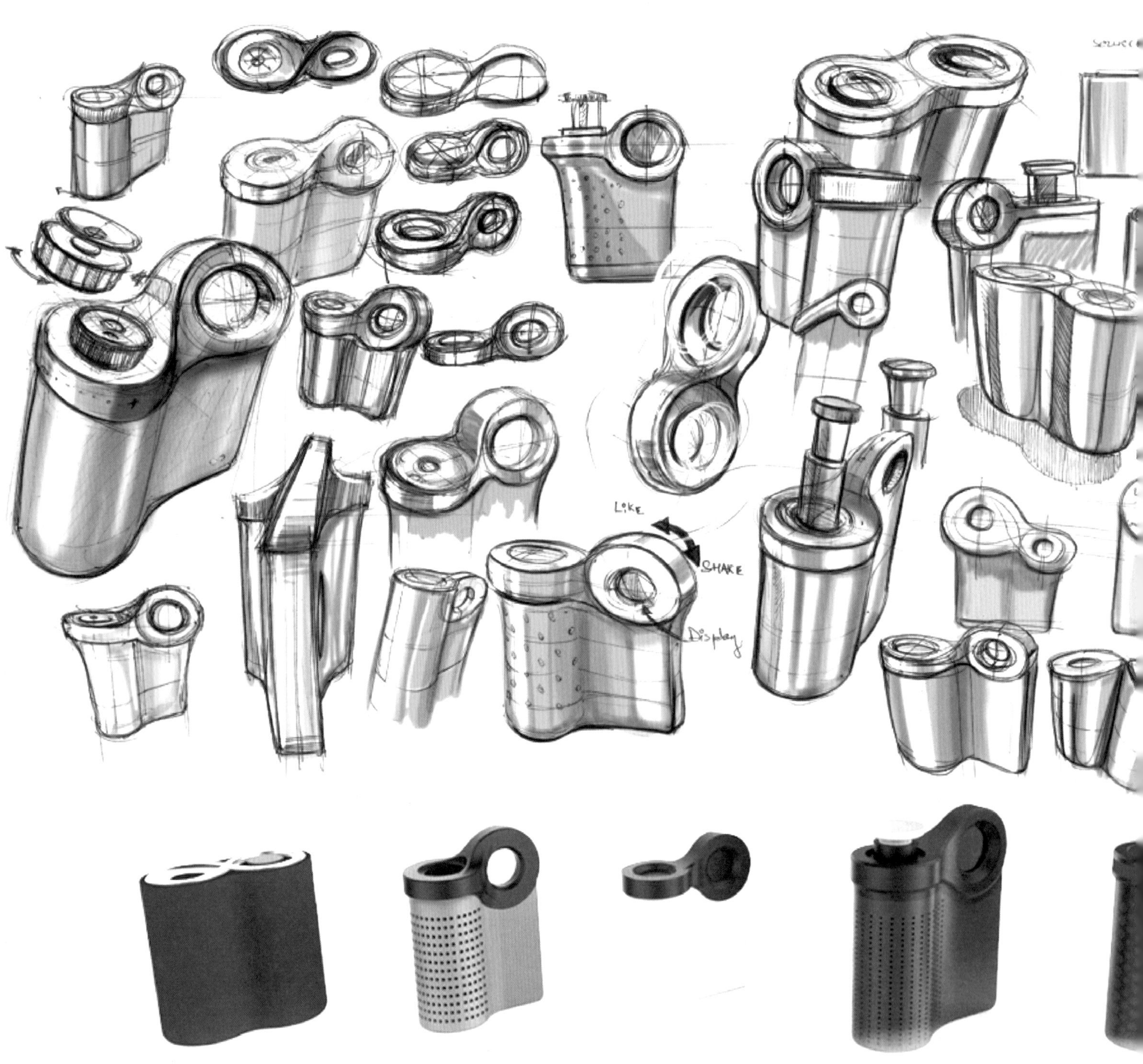
LIKE
SHAKE
Display

Sketch to 3D

对收音机外形进行定位，运用两点透视原理，从立方体开始绘图。

运用铅笔画出产品主体轮廓线。

增加必要辅助线，补充线条细节，让草图更易于理解。

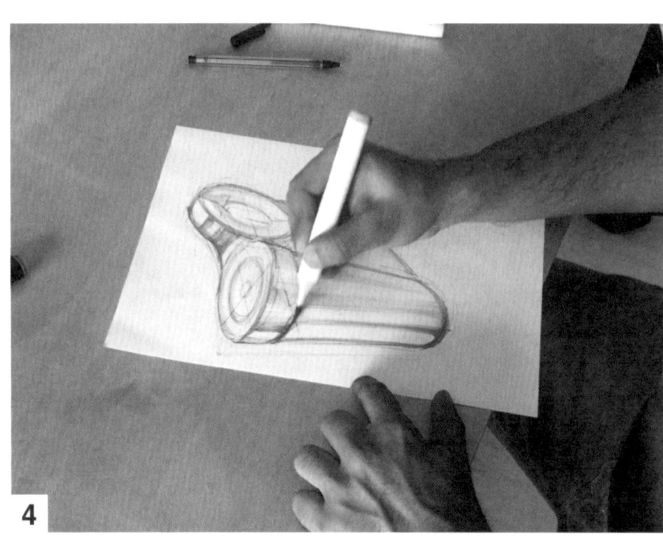

确定光源方向，运用浅灰色马克笔画出收音机表面的明暗效果。

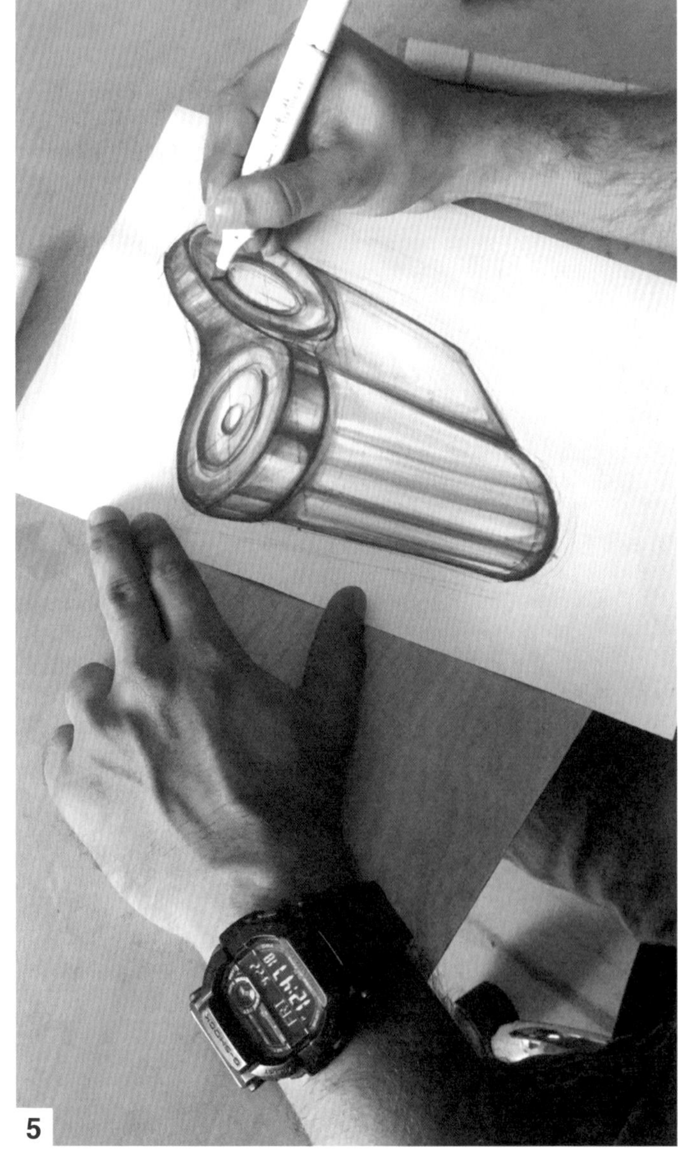

使用较深灰色马克笔加强暗部效果，留白处为高光，体现产品立体感。

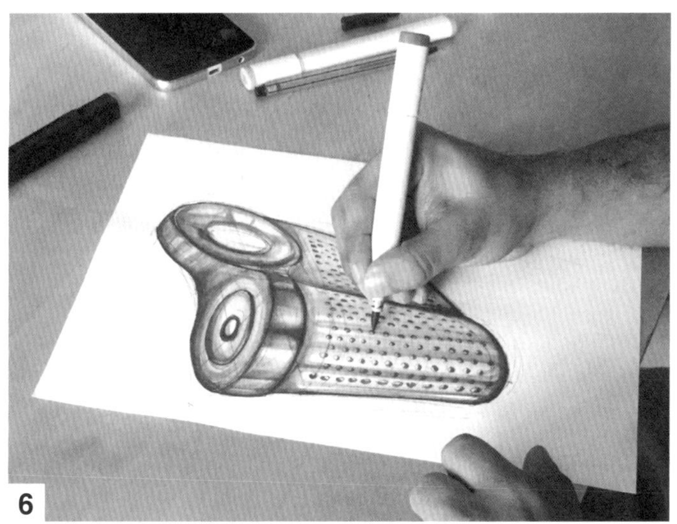

6

继续补充产品外部材质的肌理细节。

7

绘制投影，并选用红色背景衬托，体现空间感。

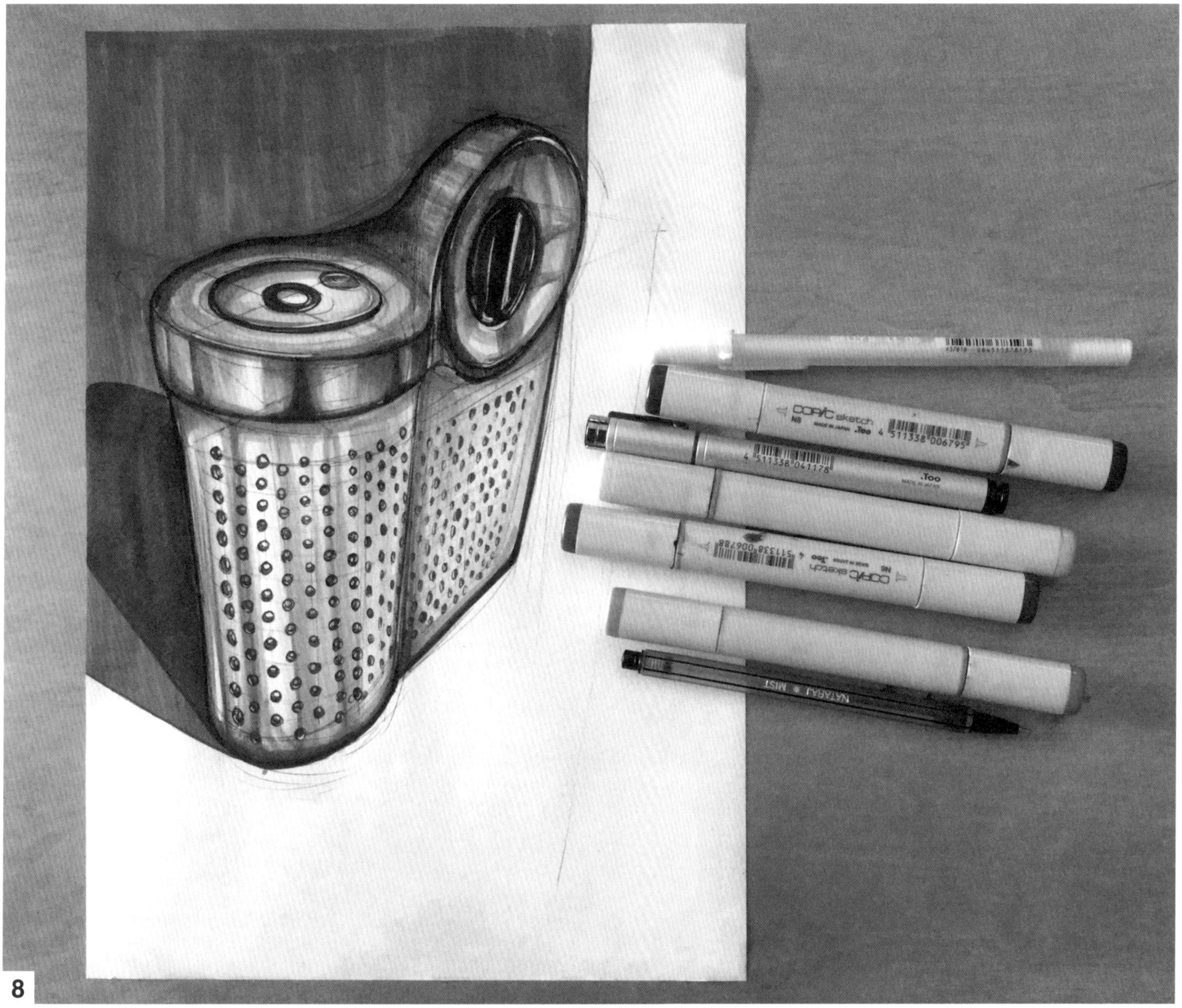

8

完成产品草图绘制。

Hair Dryer

工作室：STUDIODWAS、Begüm Tomruk & Mirko Goetzen
设计师：Begüm Tomruk

绘图工具：Copic 防水针管笔、Copic 马克笔

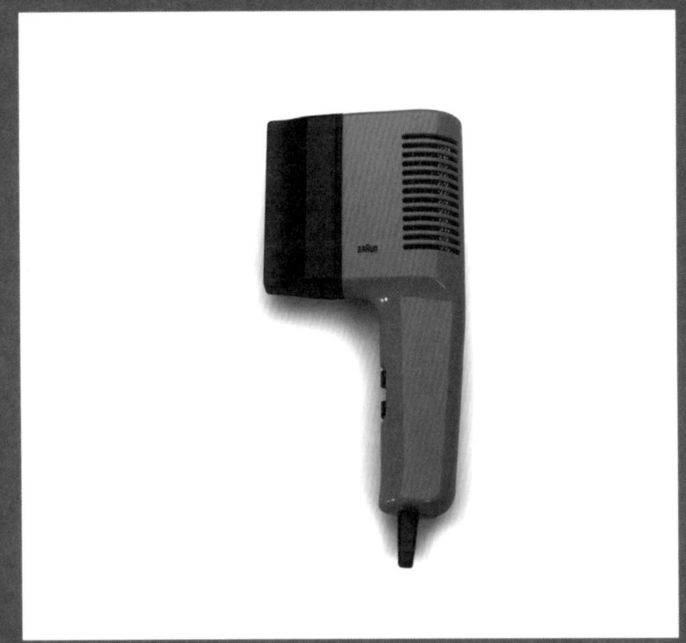

草图是一个重要的工具，它可以帮助设计师记录设计过程中不同的概念，在这一过程中的草图目的不是绘制一件艺术品，而是帮助设计师表达设计的想法，包括产品的形状、材质及表面处理方式等。吹风机草图的目的是展示实用的可视化的产品本身以及产品多样的材料、形状和颜色效果。

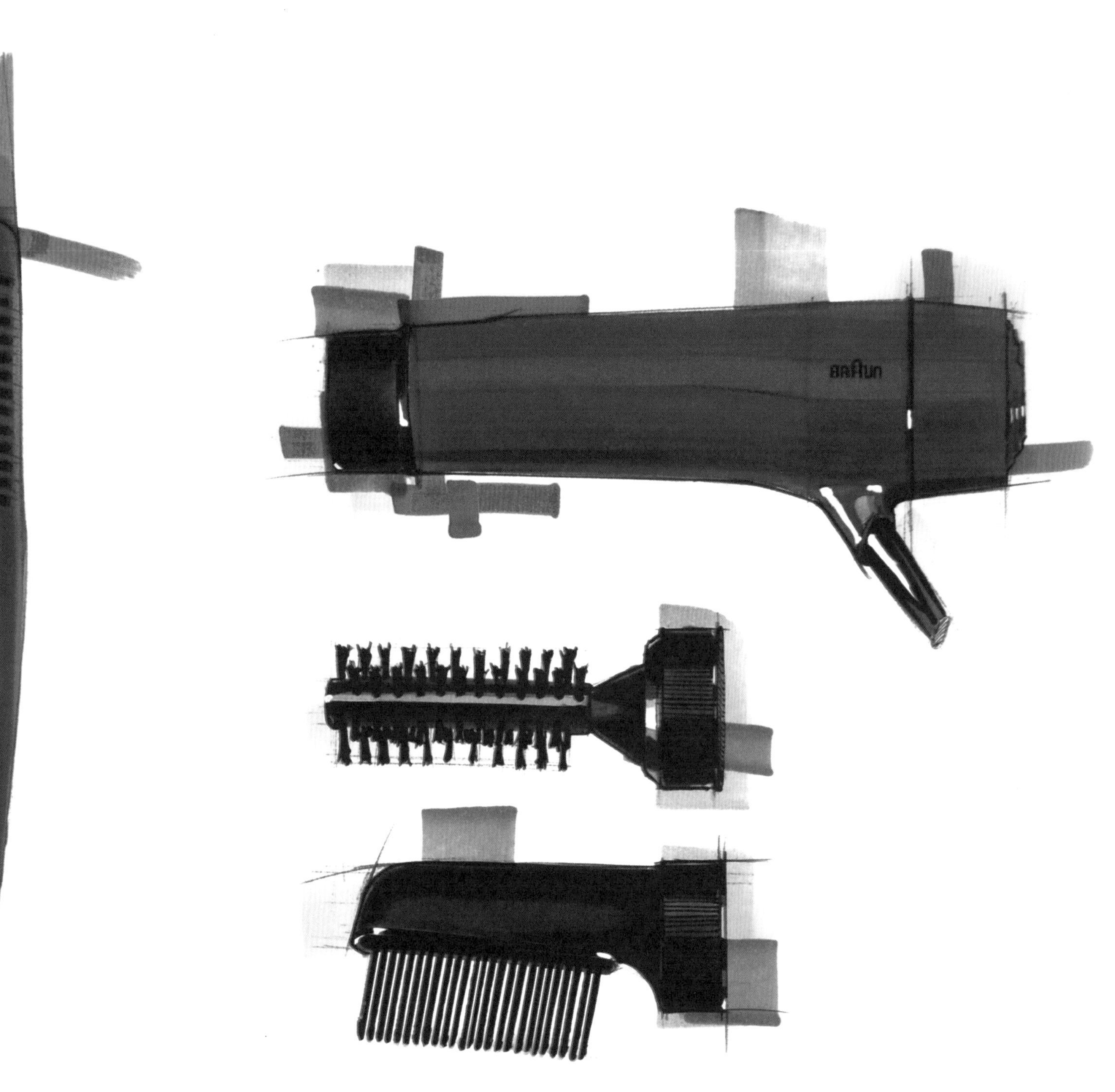
BRAUN

用铅笔画出风筒外形后，对需要上色的部分进行分析，用淡灰色马克笔画下某些部位进行上色定位。

确定风筒的固有色，马克笔笔触顺着产品表面透视去绘画会增加透视的效果。

主要暗面区域填满红色，留白部分留作光影效果，画上较浅的颜色。

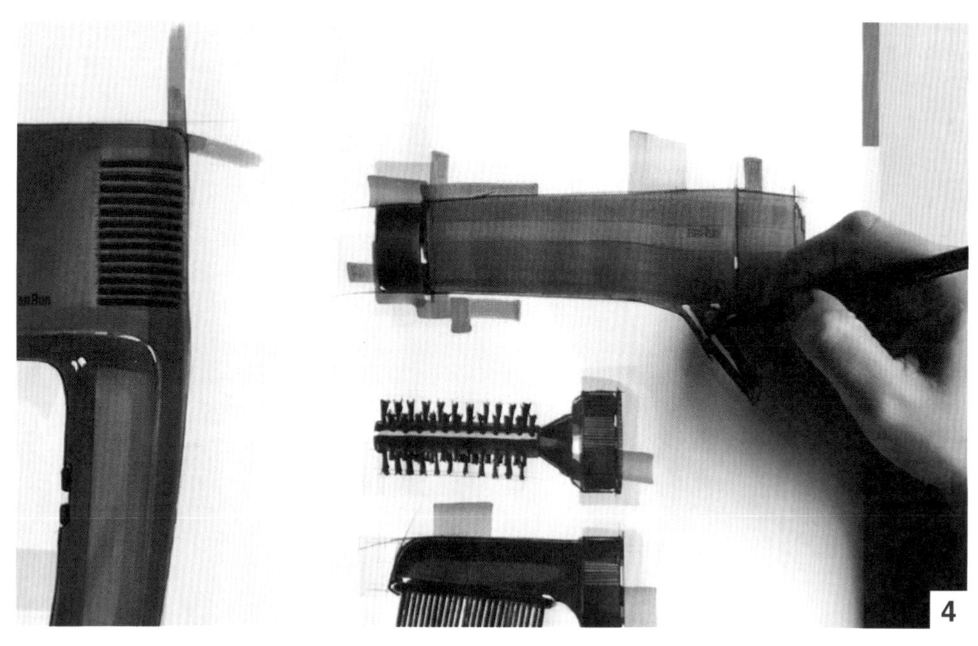

4 继续用黑色笔加深风筒色调，用灰色马克笔叠加暗部，表现立体感，风筒轮廓外多余的马克笔笔触，让画面更加活跃。

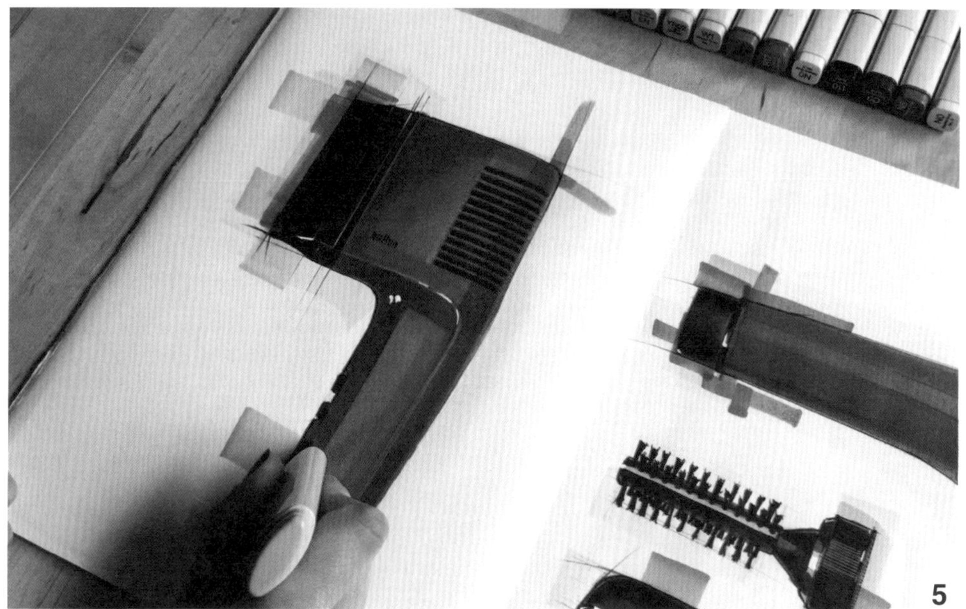

5 增加块状背景，突显产品效果。

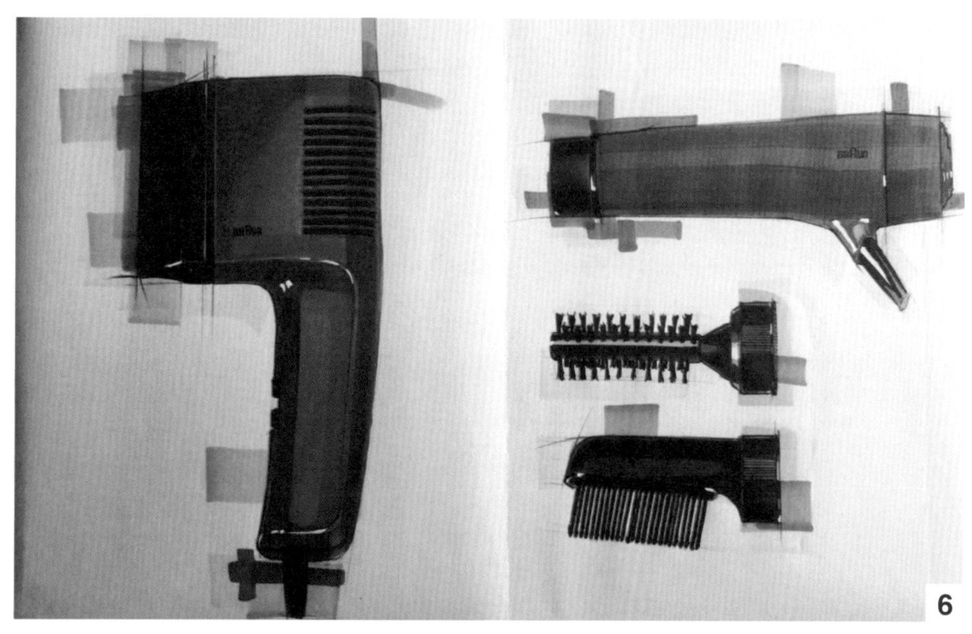

6 调整草图细节，完成草图。

InnoCare-S Patient Monitor

工作室：IgenDesign Studio
设计师：Alberto Vasquez

绘图工具：rOtring 2B 自动铅笔、Copic 马克笔

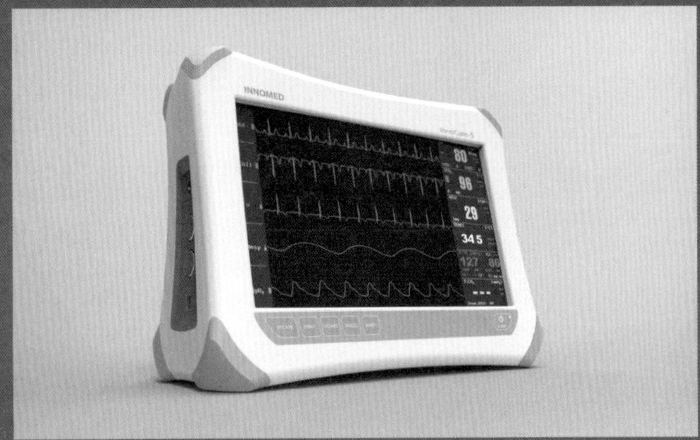

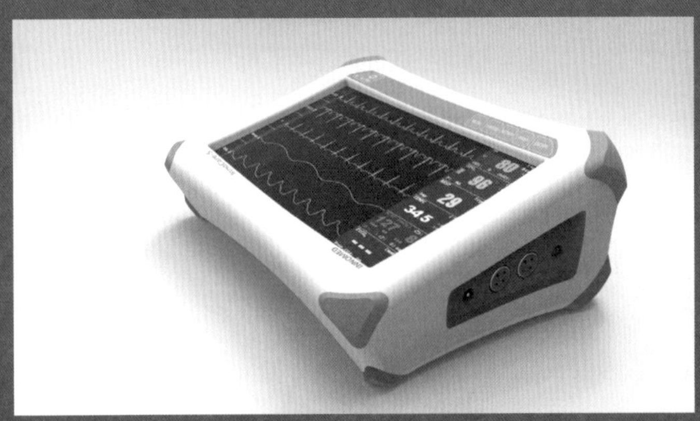

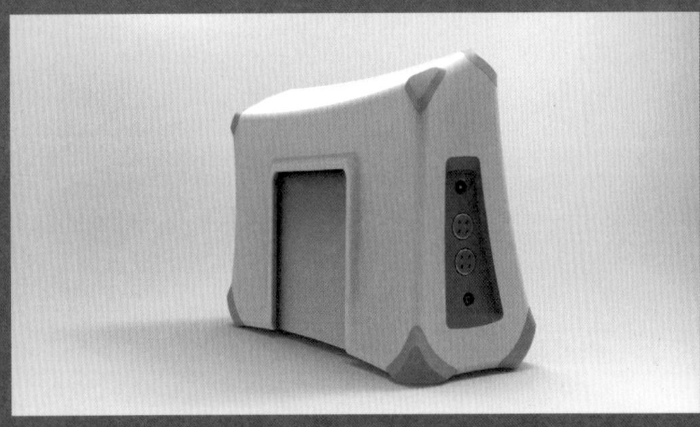

InnoCare-S 是一个小型的便携式监护仪，它适用于室内临床以及救护车。显示器外壳由纤细的骨头状外壳包围，边角处由8个橡胶底垫固定，具有强度防震防撞的功能。此监护仪有两种放置方式：若在事故中，可轻易斜放在地面上以便靠近病人进行及时救治；若在室内医疗室优先选择竖放监护器。

INNO-CARE
TÖBB FÉLE SKIN
TÖBB FÉLE FELHASZNÁLÁSRA

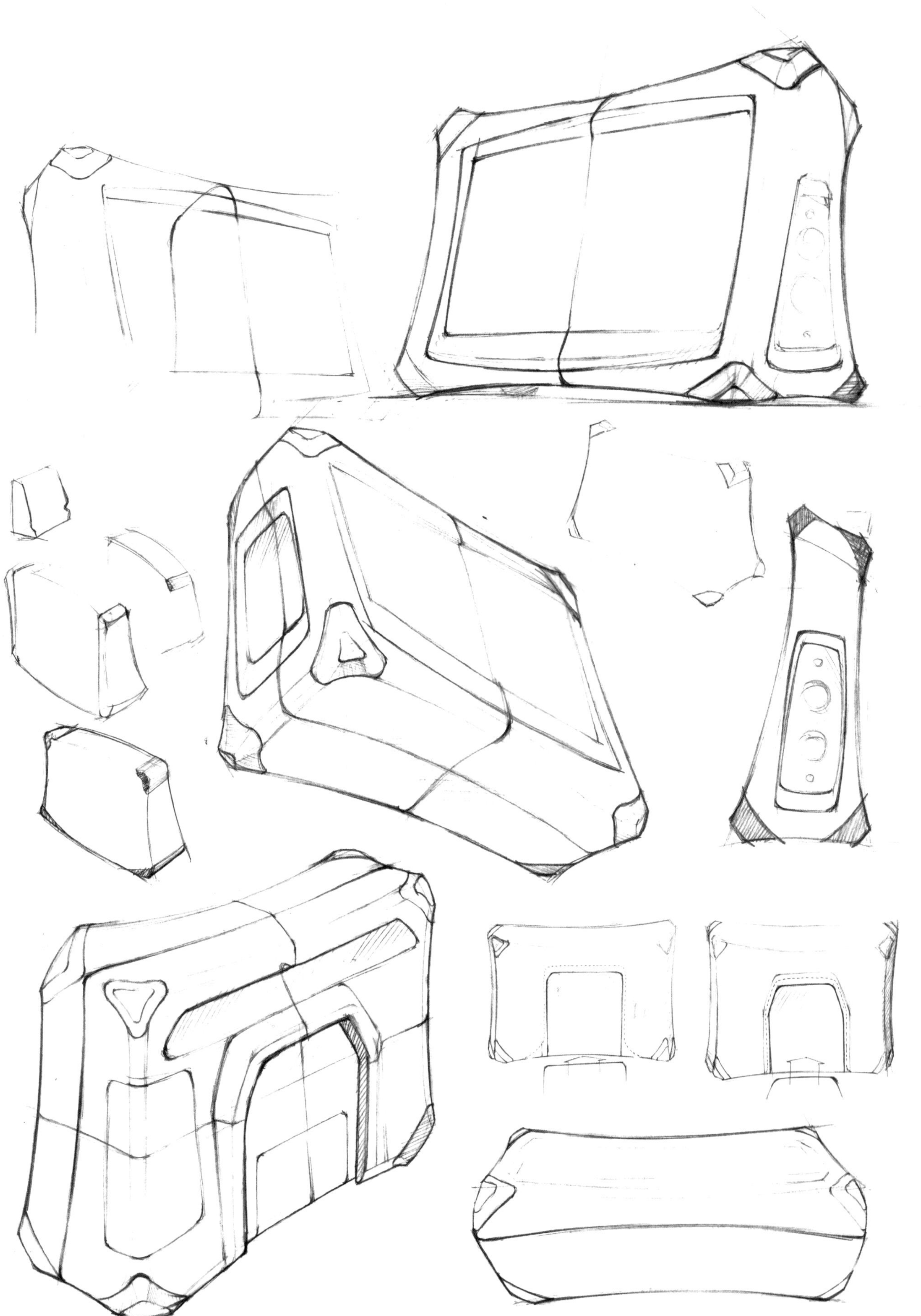

1

用 2B 铅笔画出产品的基本造型框架。

2

添加内部构造的细节，保留透视的辅助线。

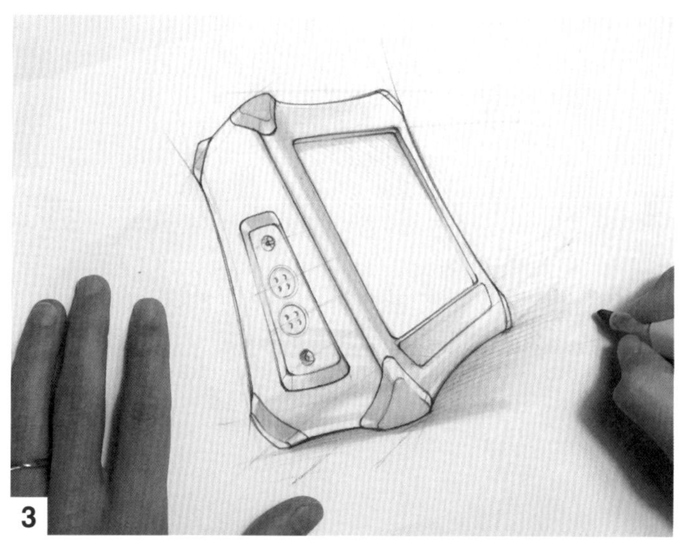

3

用淡灰色上色，突出表现光影变化的效果。

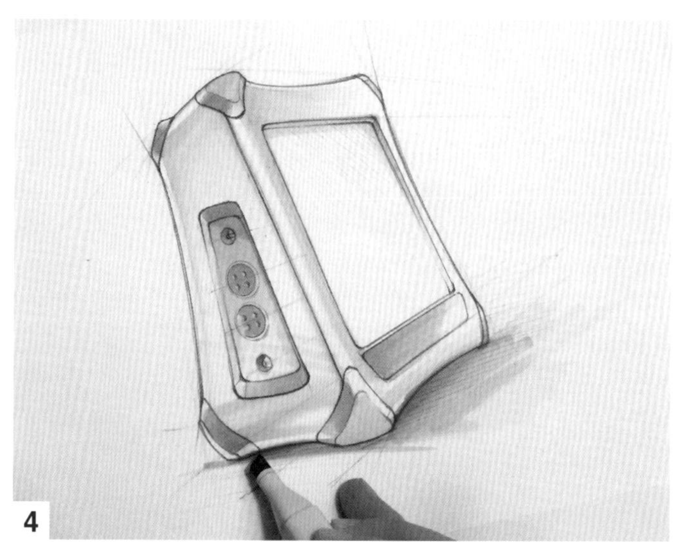

4

用更深色的灰色马克笔叠加上色，表现明暗以及光影细节，增加产品的立体感。

5

用高光笔修饰轮廓的边缘部分。

6

检查整体画面效果，补充细节，完成草图。

Body Engine Toy

设计师：Michal Markiewicz

绘图工具：针管笔、Copic 马克笔、Letraset 马克笔、彩色中性笔

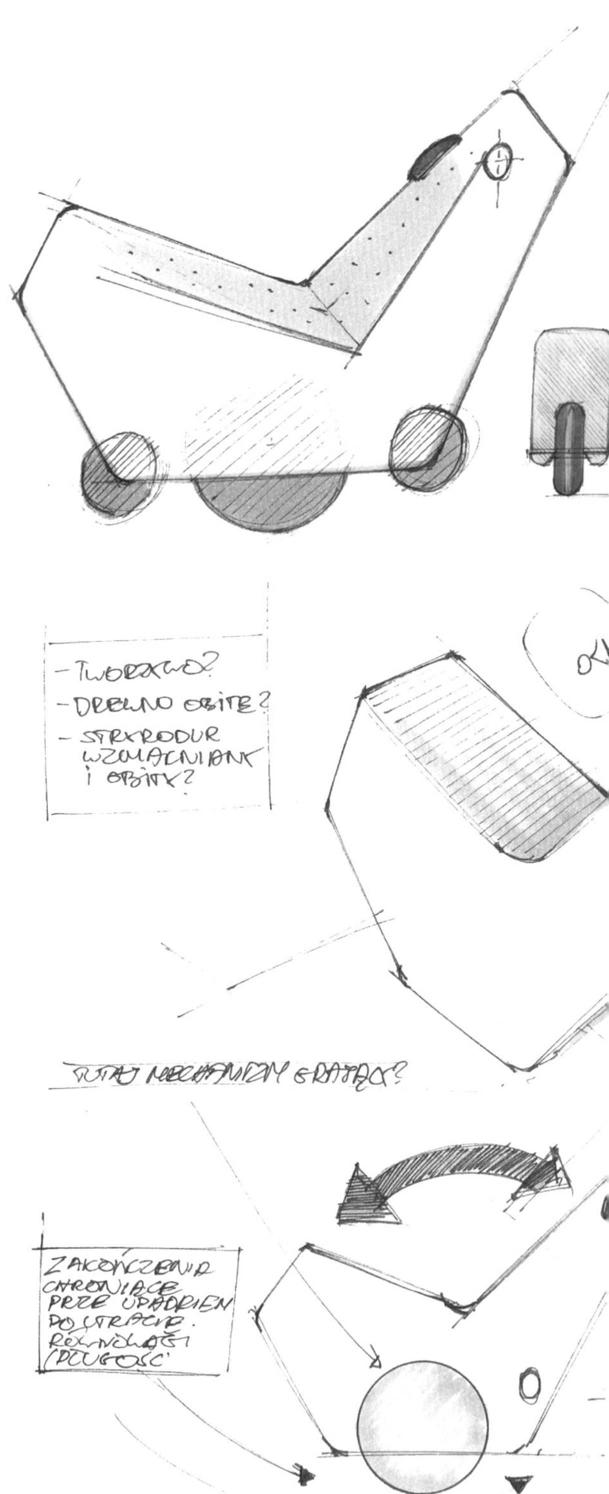

这是一台儿童玩具车，考虑到小朋友在玩耍时的安全性和趣味性，由一开始的单轮到前后端增加的辅助轮子，设计师尝试了多种材质与造型的车子绘图，最终确定一款形似动物的小滑轮车，赋予小车快乐活泼的形象。

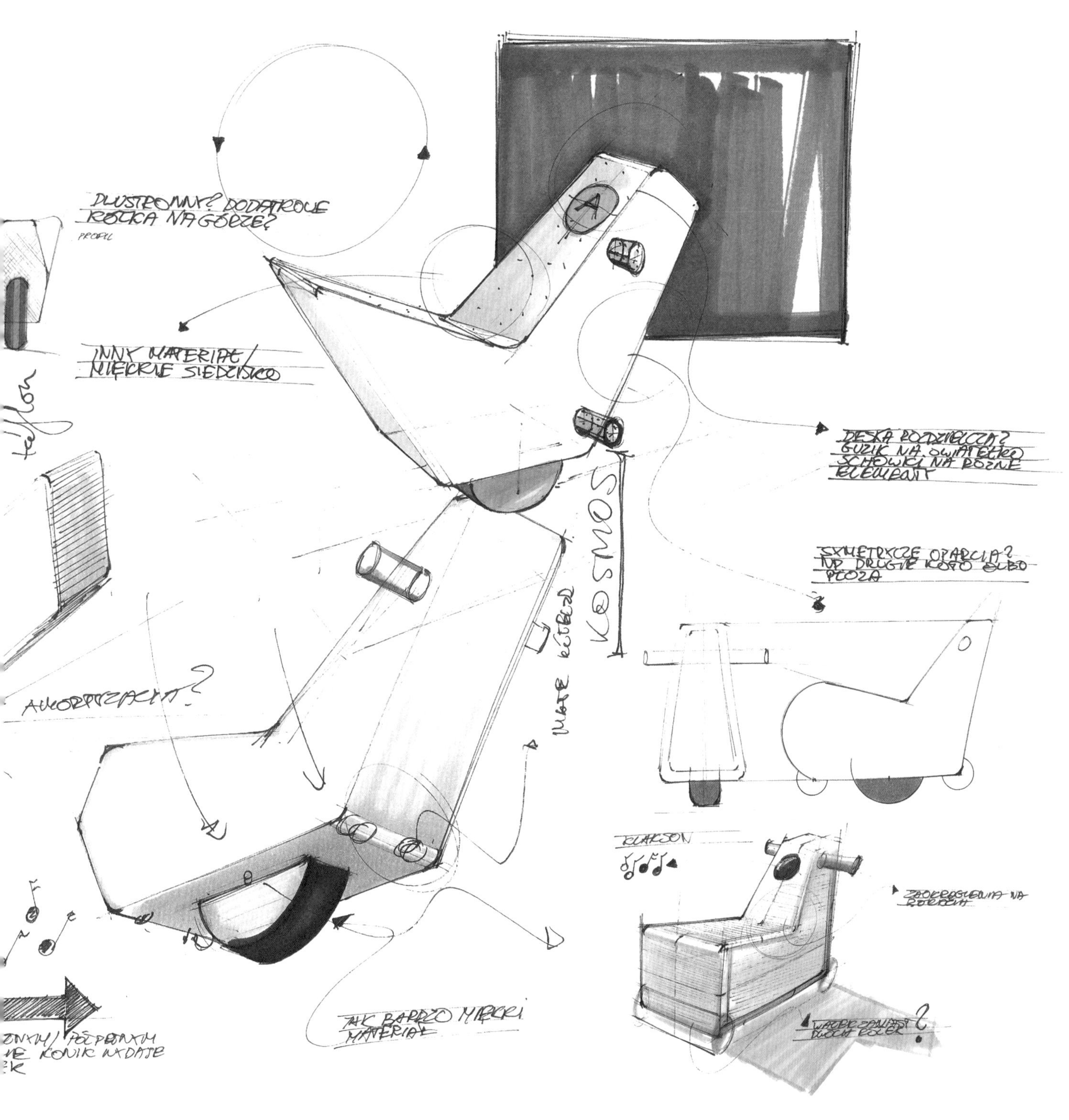

1 确定效果图的构图及产品造型。产品初步构想采用侧面视角的方法绘制产品的透视形状，用冷灰色马克笔画出背景与投影效果。

1. WYŚRODKOWANIE
2. OBICIE
3. PODCIĘCIA
4. SKALA / WYSKOŚĆ
5. MAŁE KÓŁKA / WA
6. WIELKOŚĆ GŁÓWNA
7. SCHOWEK W SKRZ
8. ZBIJANIE / → A
9. WIDOCZNE ŚRUBY

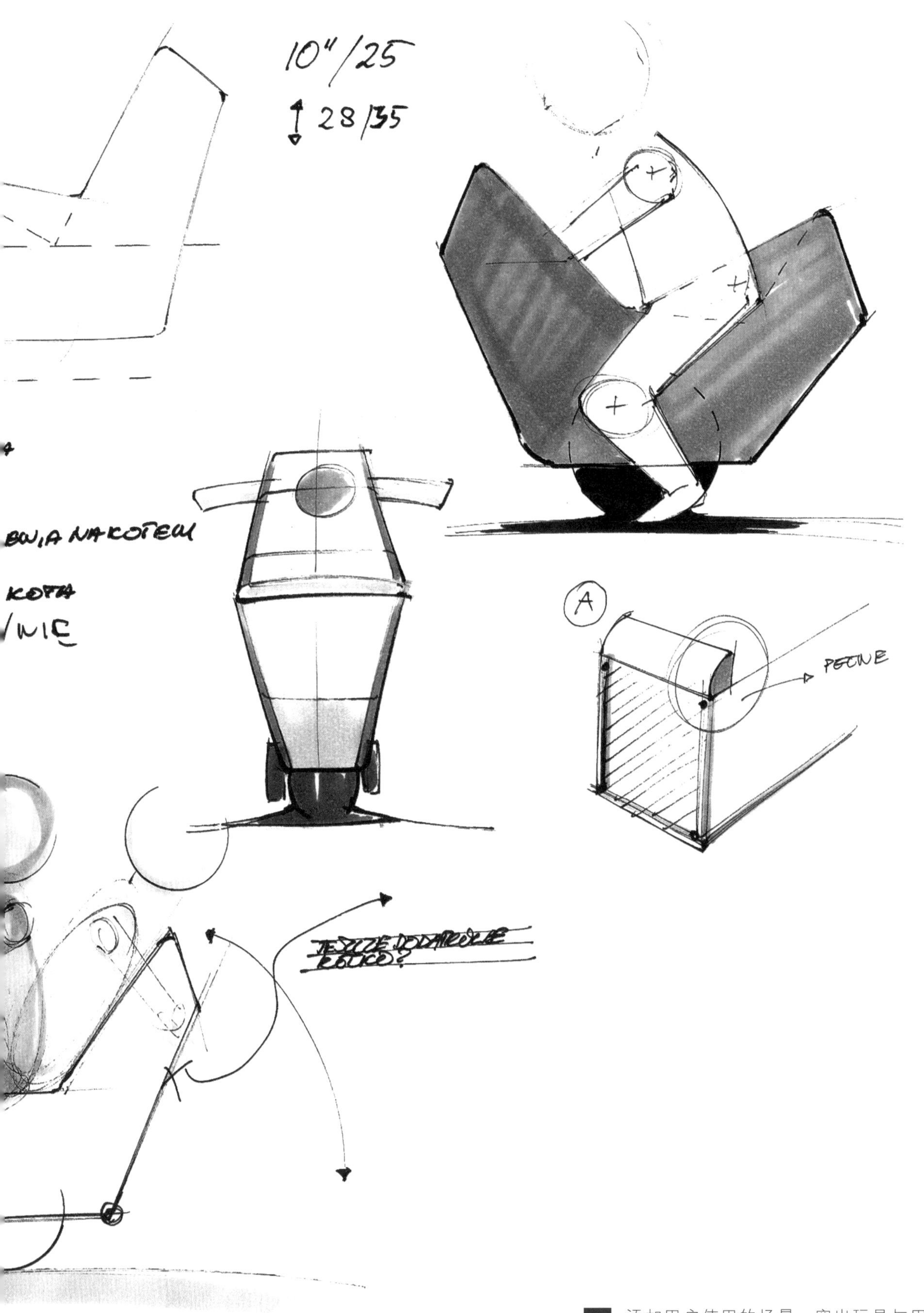

2 添加用户使用的场景，突出玩具与用户的关系及绘图比例。先用浅灰色马克笔绘制，后用较深的灰色以单色叠加的方法绘制轮廓以表现阴暗关系，需要重新考量的细节在旁边添加文字标示。

GĄBKA /
SIEDZISK
DODA
DO P
UCHWYT
KOŁO

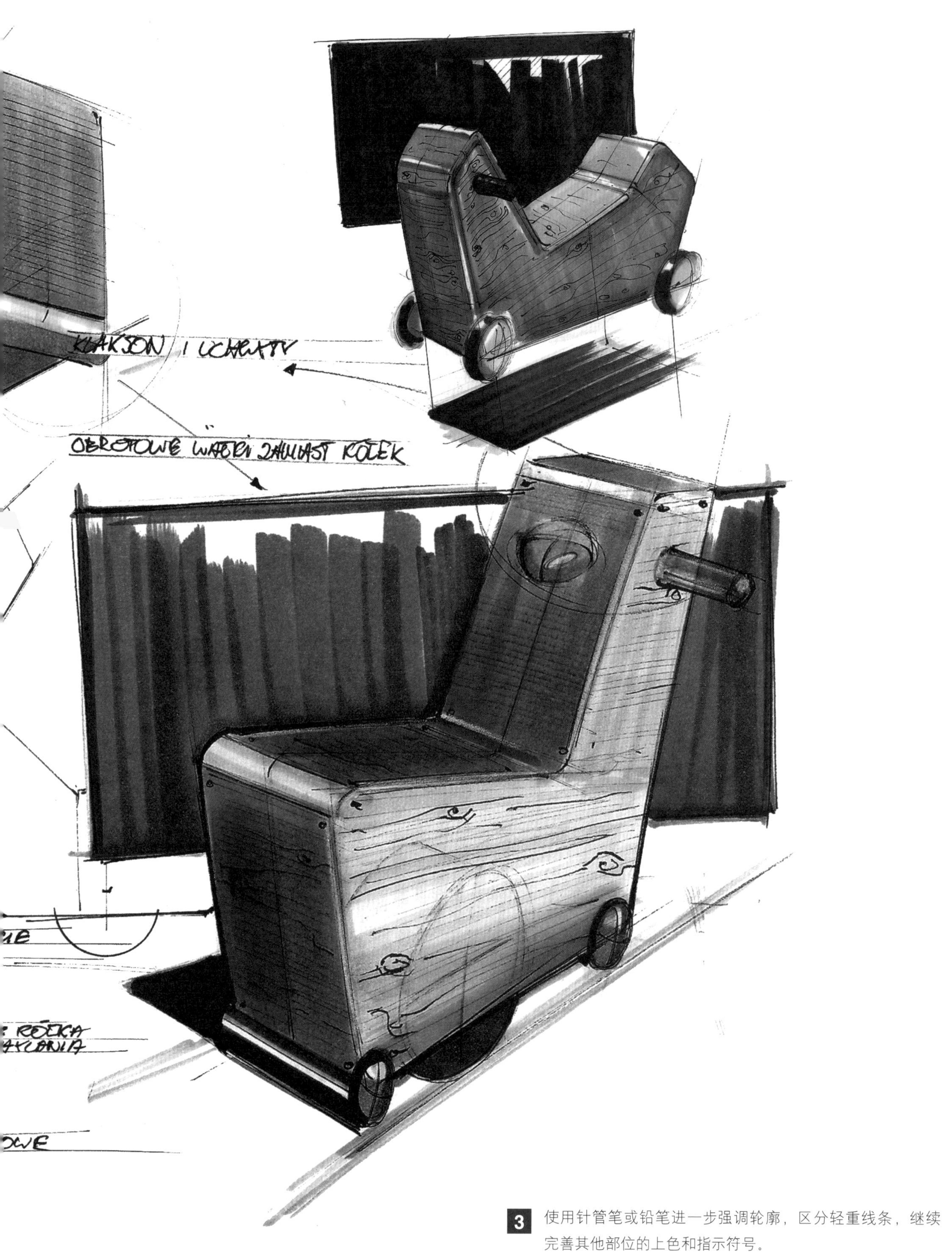

3 使用针管笔或铅笔进一步强调轮廓，区分轻重线条，继续完善其他部位的上色和指示符号。

SKALA

"MIĘKKIE" ZAKOŃCZENIA

RÓŻNICA WYSOKOŚCI "NAC
KOŁO - ŚREDNICA 20C
POWNIEJSZKO?

TYŁ

PODATKOWE "PODCIĘCIE"
DLA WIĘKSZEGO "HUŚTANIA"

ŚCIĘCIE DO DOŁU POD
SIEDZENIEM / MIEJSCE NA NOGI

POWIĘKSZONE OPARCIE?
BEZPIECZEŃSTWO

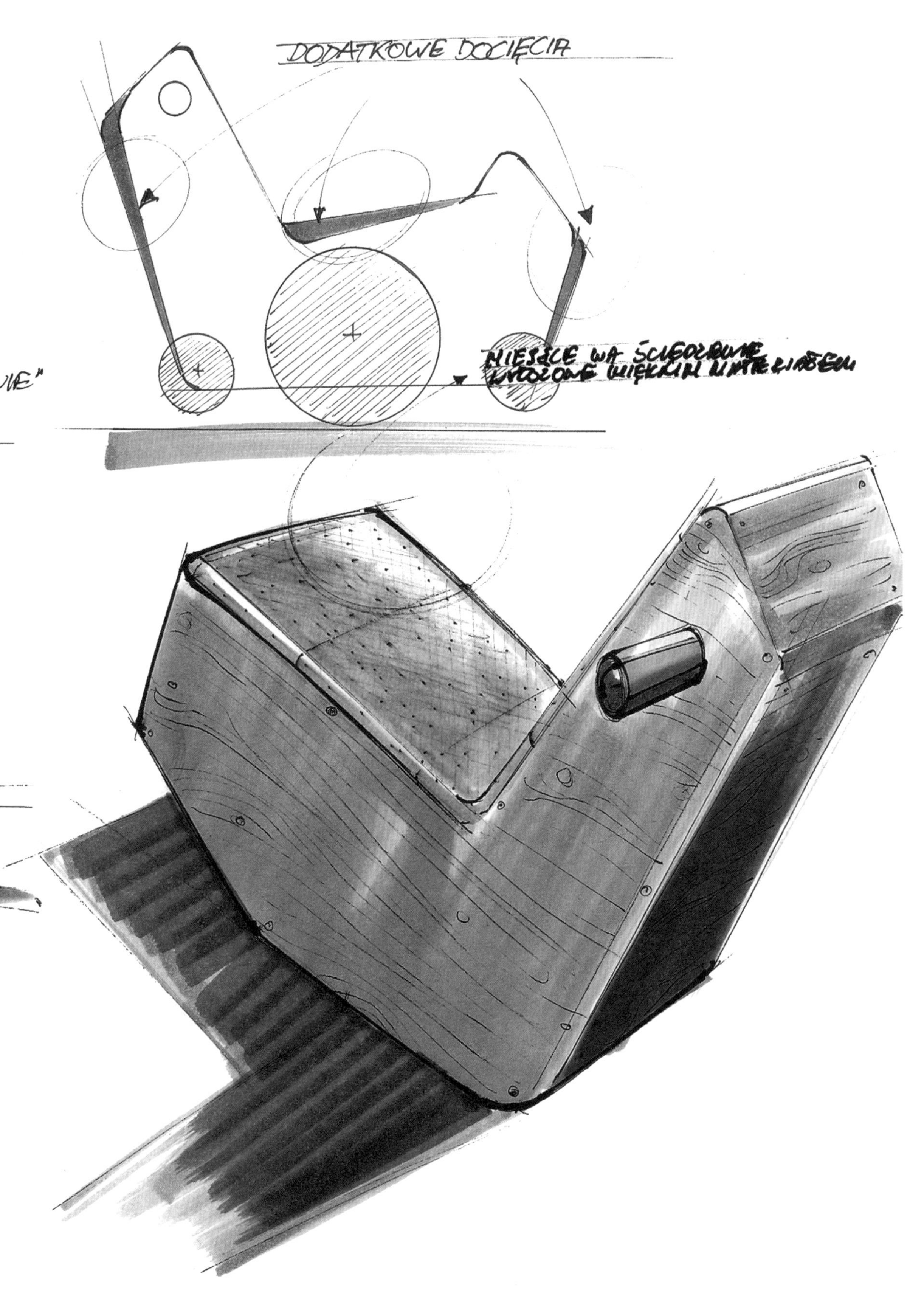

4 留白以提高产品亮部，调整画面细节，运用土黄色和深棕色的马克笔突出木质材质的颜色和质感，以不同的笔触表现投影及阴暗效果。

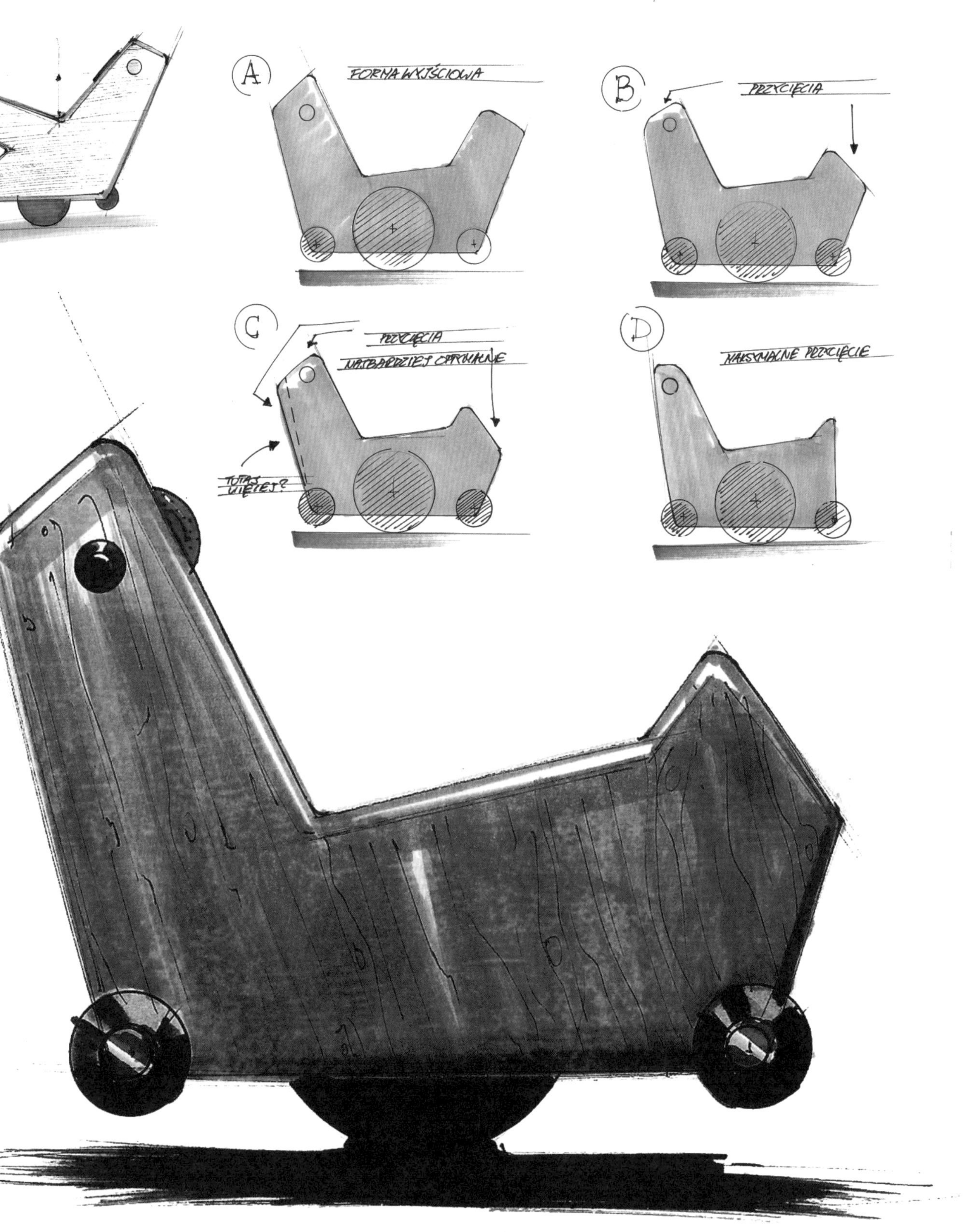

5 将产品可能的造型集中绘制，以不同的颜色和纹理加以区分，突出表达产品设计的情感和主次效果，最终完成绘制。

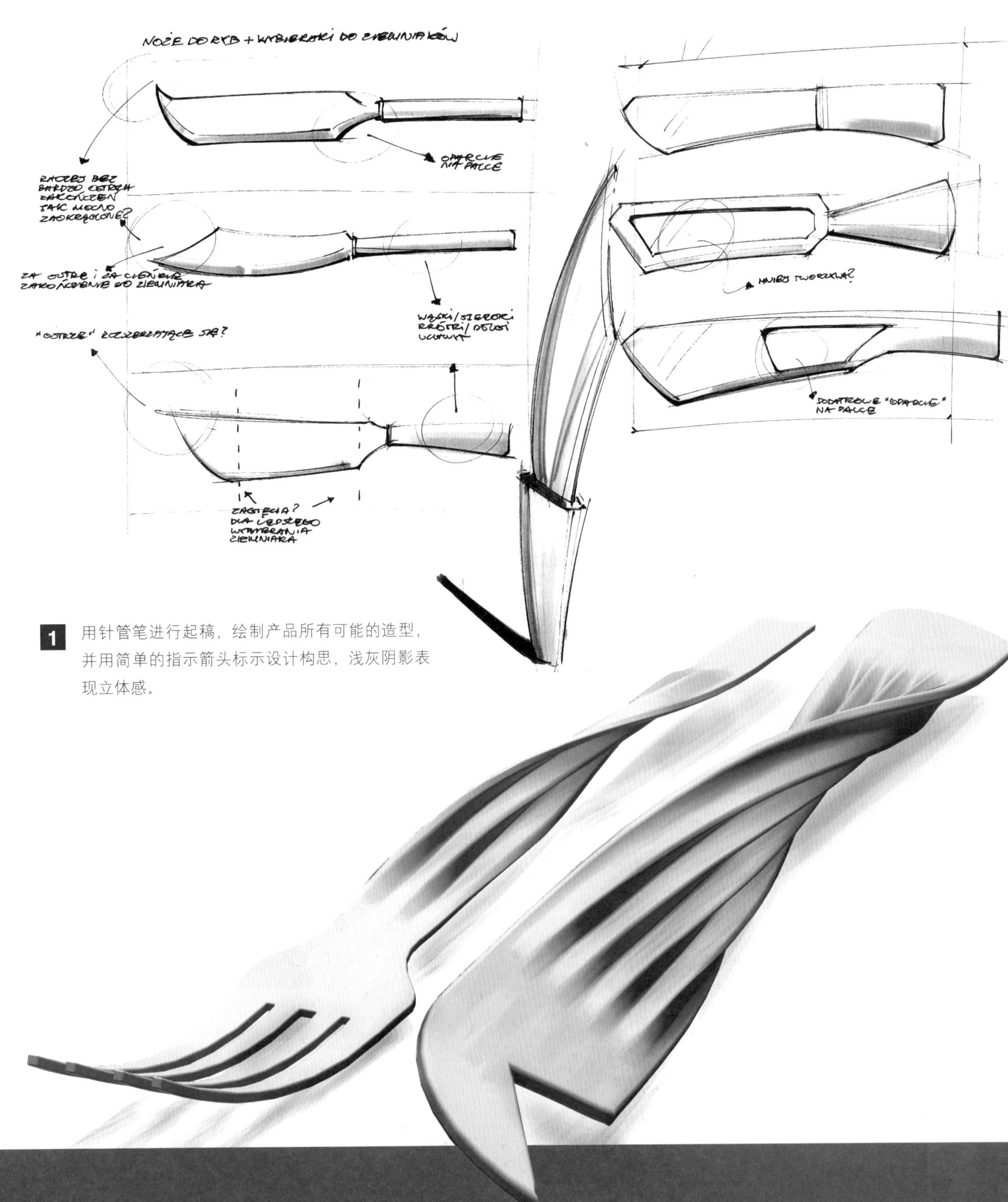

1 用针管笔进行起稿，绘制产品所有可能的造型，并用简单的指示箭头标示设计构思，浅灰阴影表现立体感。

Cutlery Fish

设计师：Michal Markiewicz

绘图工具：针管笔、Copic 马克笔、Letraset 马克笔、彩色中性笔

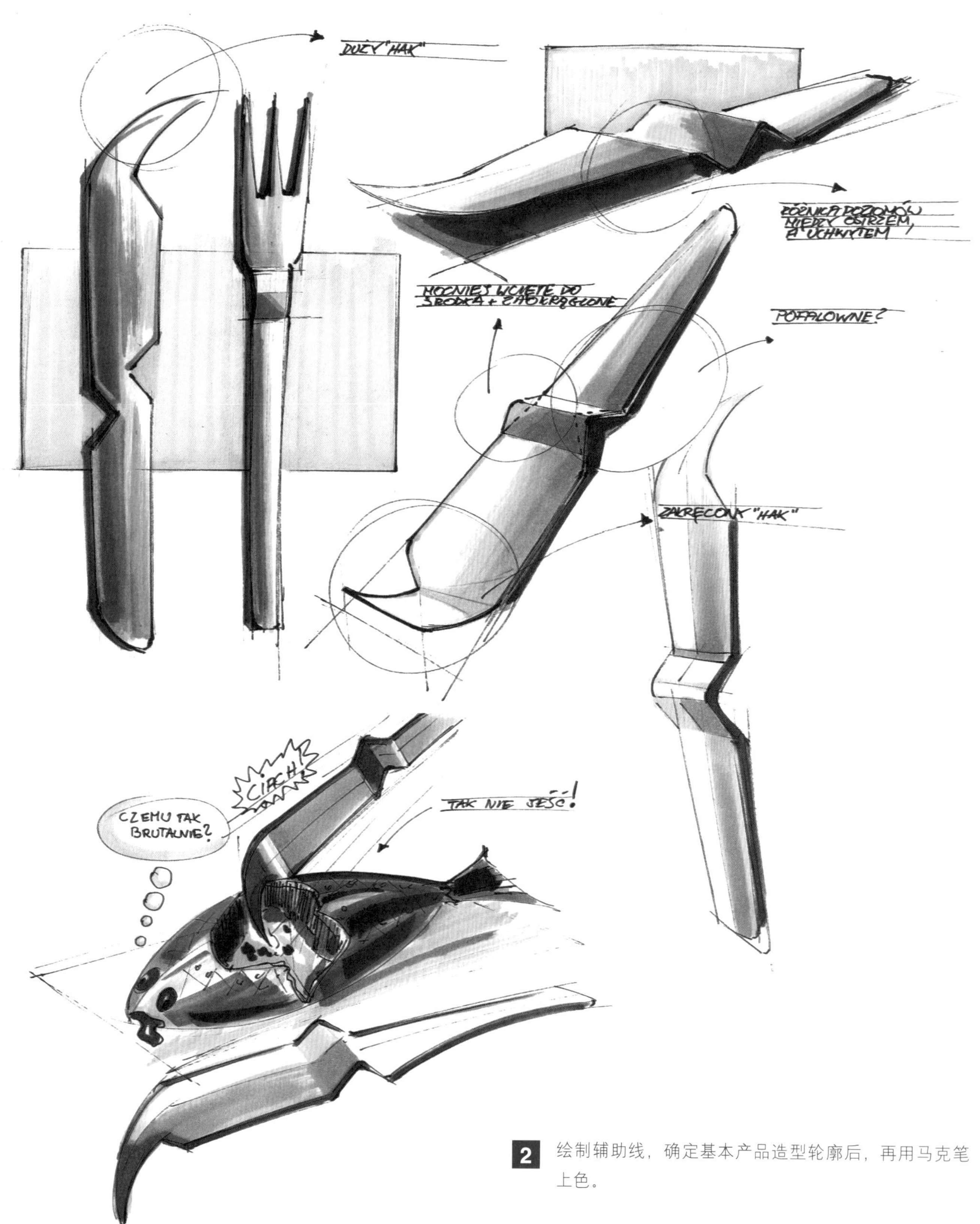

2 绘制辅助线，确定基本产品造型轮廓后，再用马克笔上色。

这是一款切肉的刀叉组合，考虑使用者手动的习惯与使用舒适感，设计师对其握手部位进行改良，旋转的把柄和尖锐的刀口设计更贴合手动的姿势，便于精准而不费力地切取大面积的肉，此款刀叉最终的形状也有别于普通的刀叉。

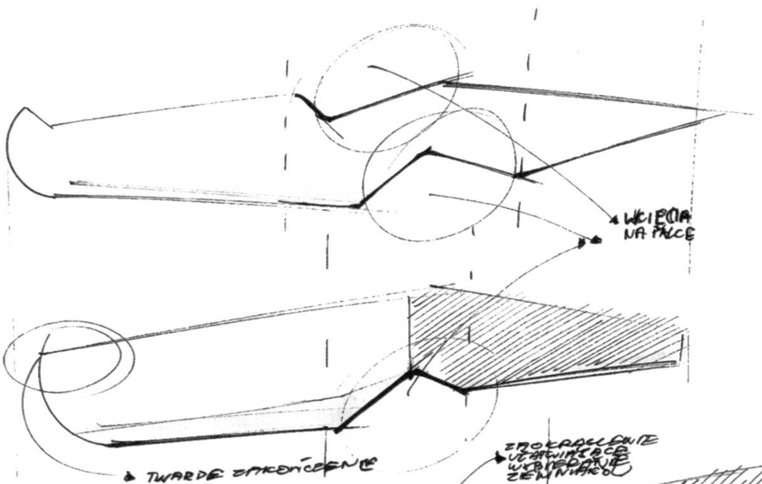

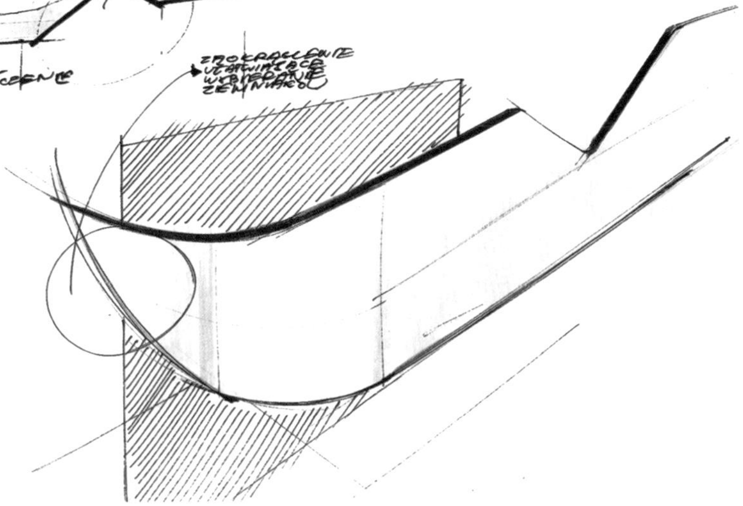

3 调整刀口的角度与形状，采用纵向的绘图方式以便于进行比较，并确定产品最终造型。

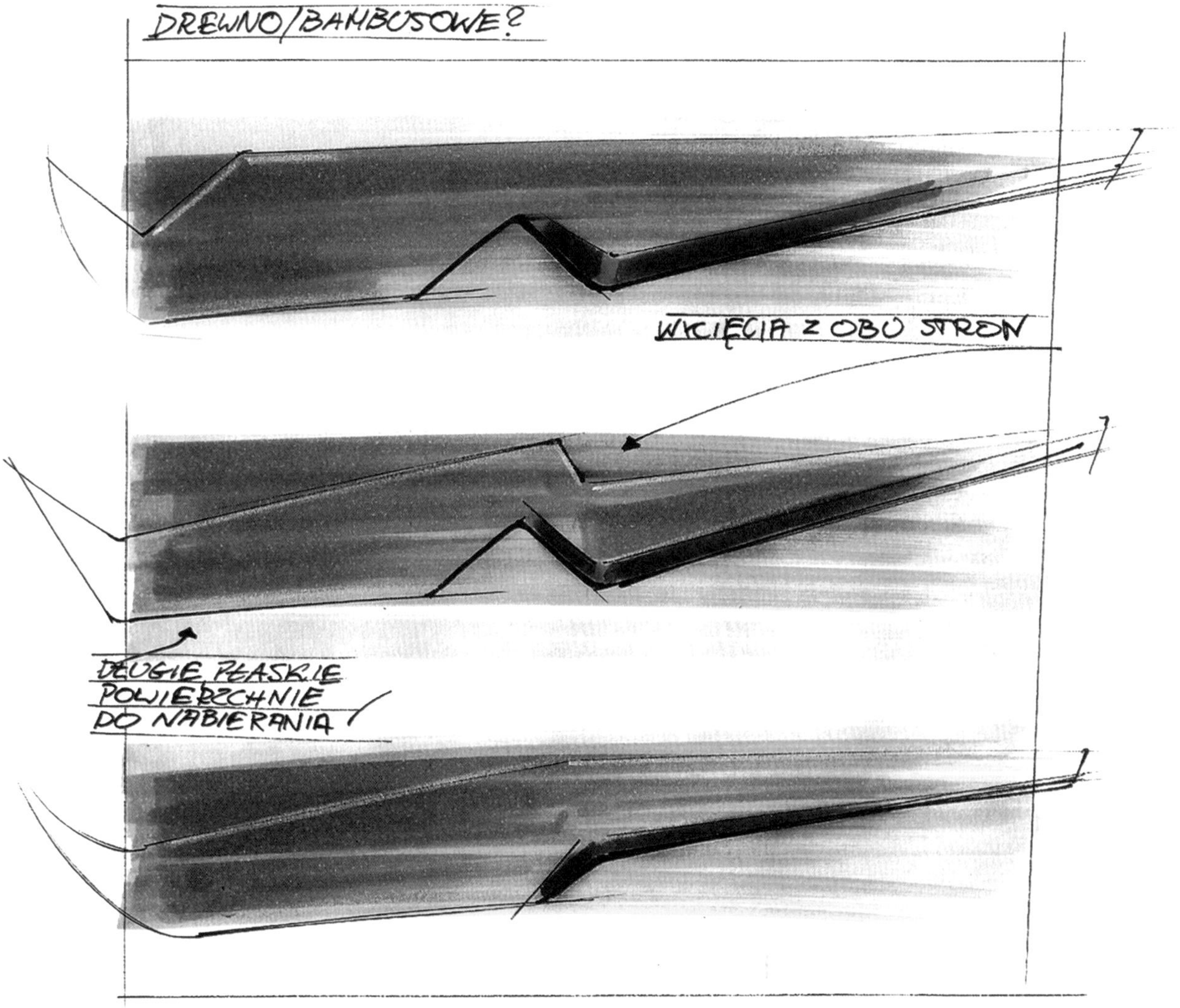

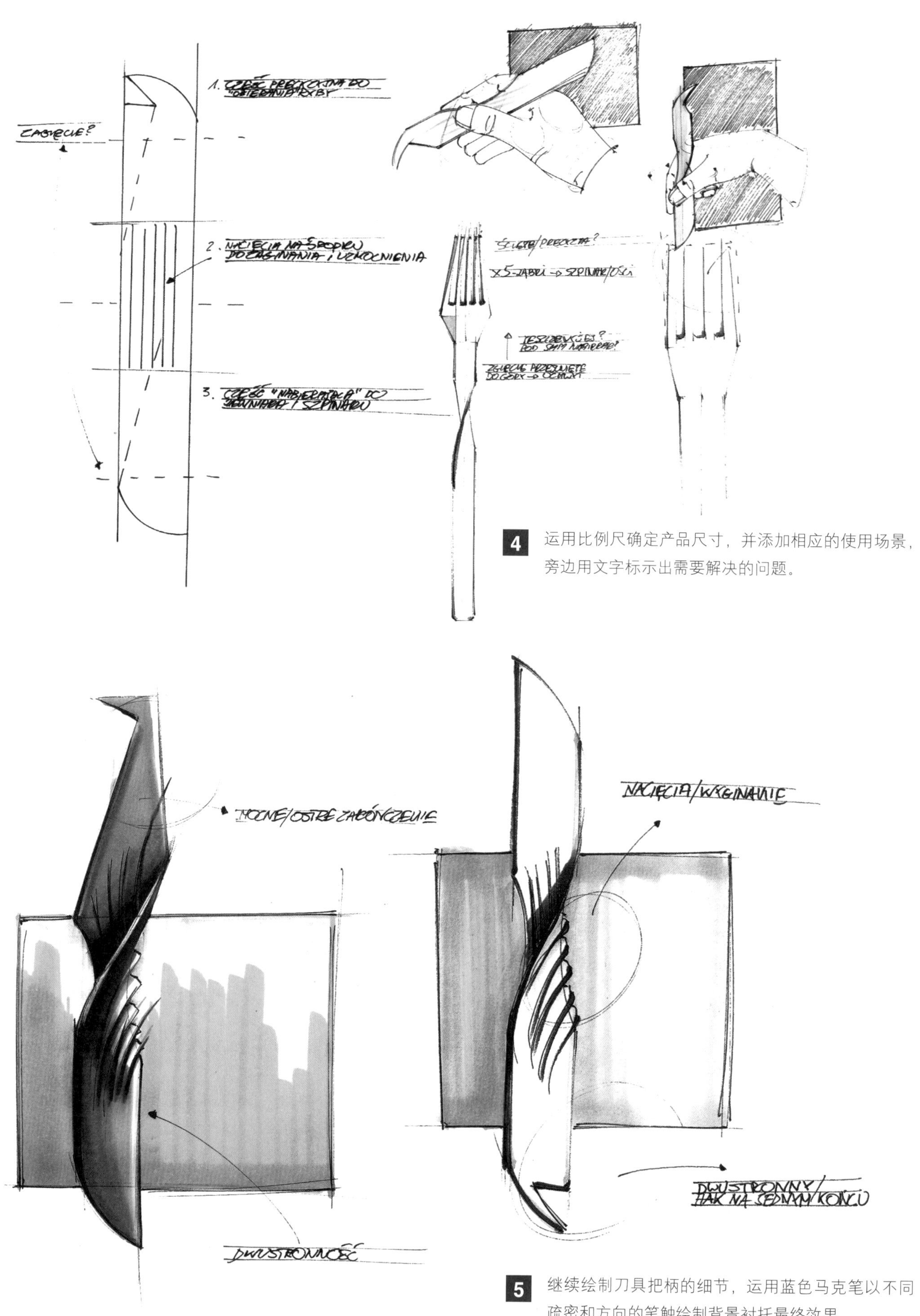

4 运用比例尺确定产品尺寸，并添加相应的使用场景，旁边用文字标示出需要解决的问题。

5 继续绘制刀具把柄的细节，运用蓝色马克笔以不同疏密和方向的笔触绘制背景衬托最终效果。

DIPLOMA

设计师：Michal Markiewicz

绘图工具：针管笔、Copic 马克笔、Letraset 马克笔、彩色中性笔

这是一台多功能废物回收车，构思源于不同功能的城市车辆之间的组合。设计师从对城市车辆的全面研究和分析开始，确定关键的特征和问题，将重点放在该车的细节和对特定功能的开发上，最终以草图的形式完成对整个项目的展示。

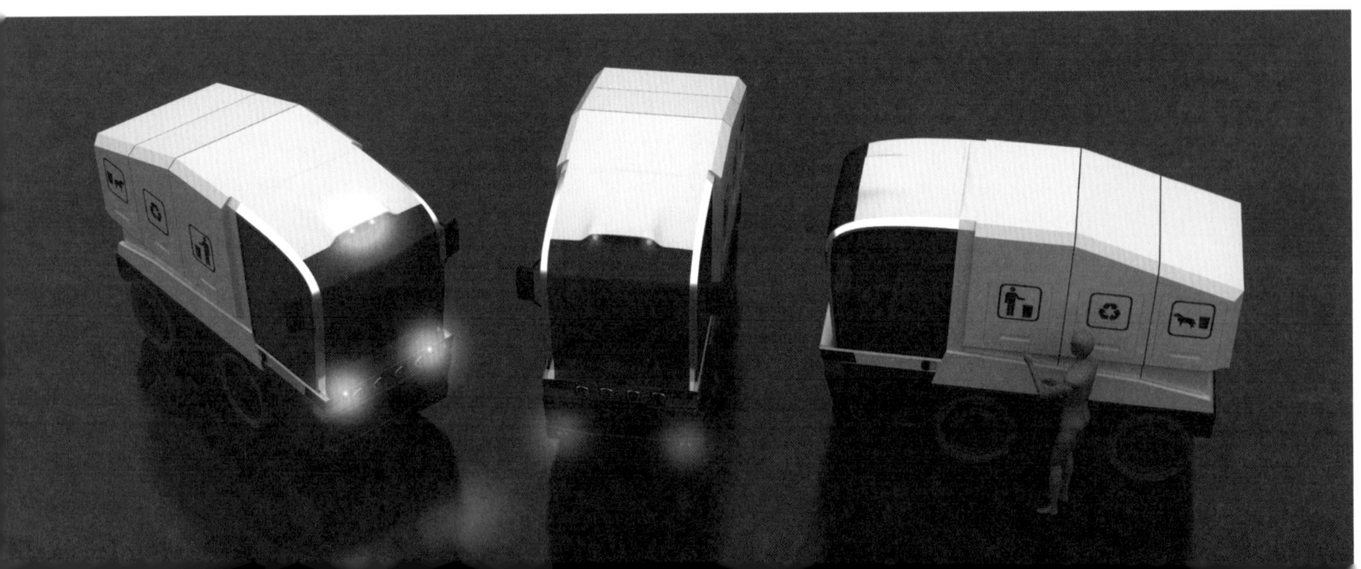

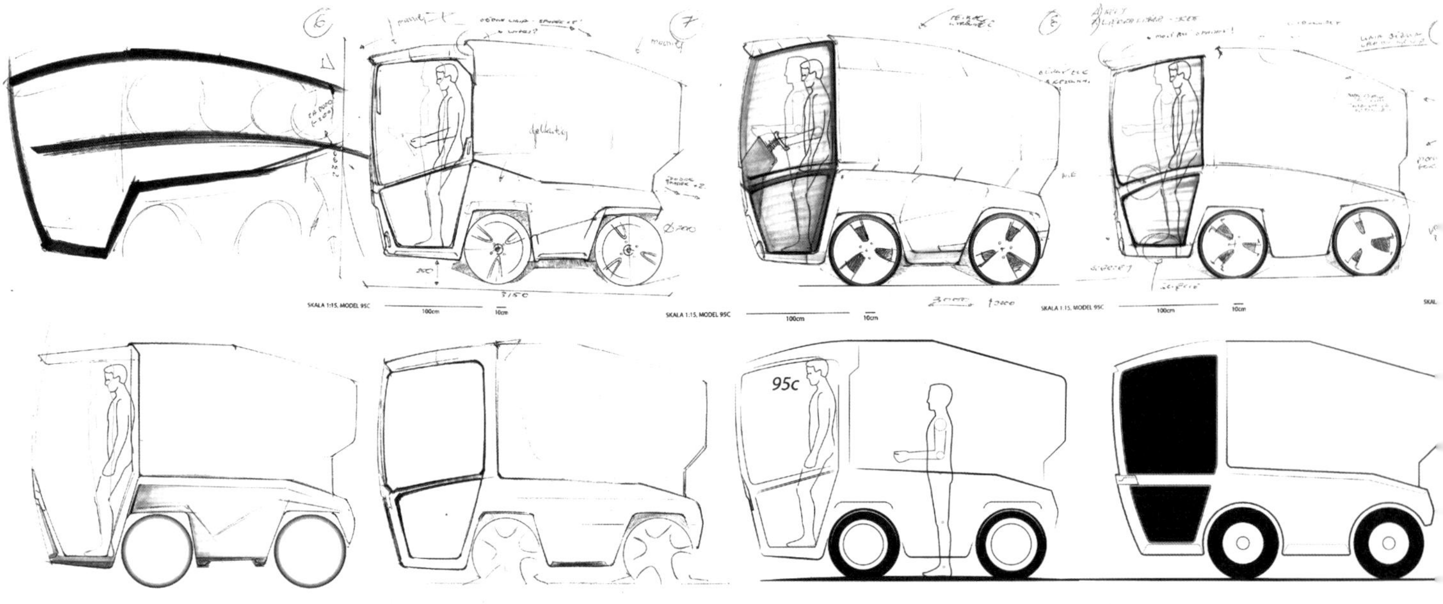

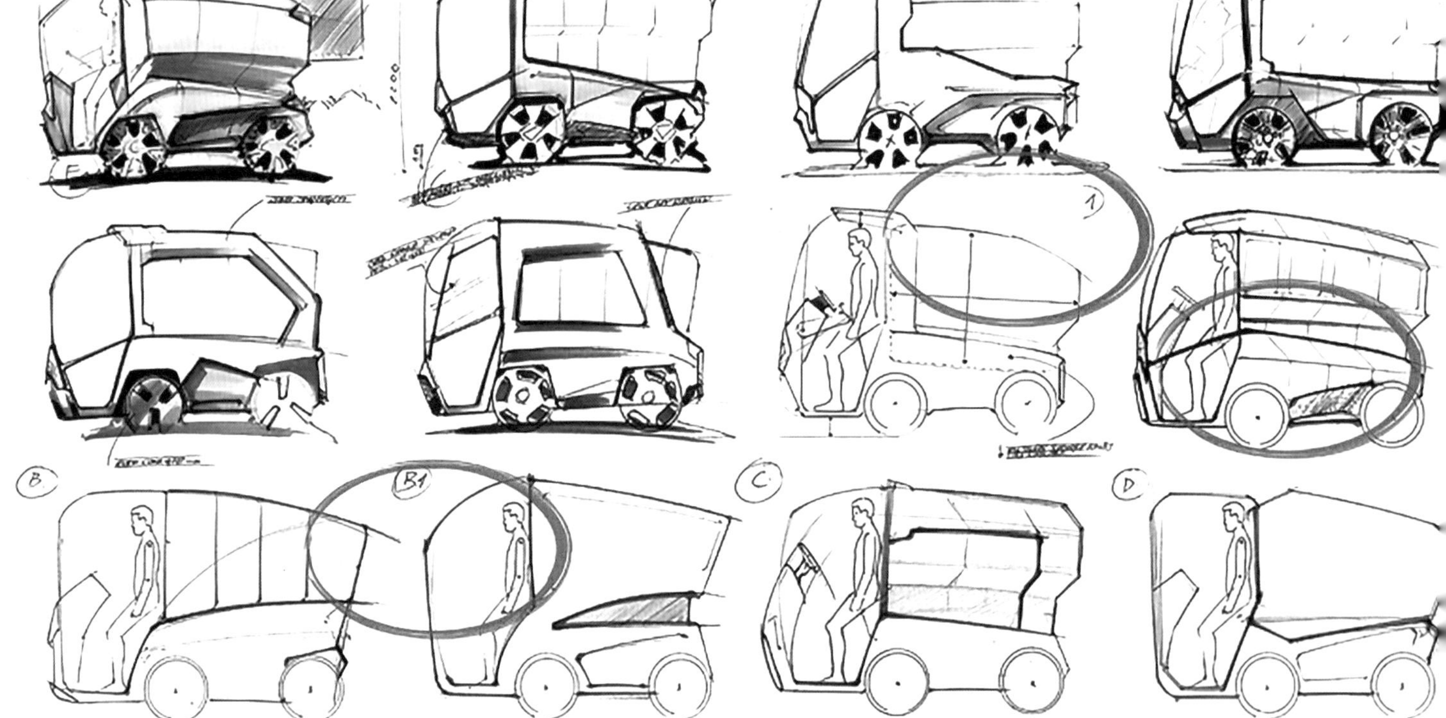

1 使用铅笔起稿，然后用针管笔确定汽车轮廓；调整汽车外部造型，标出需要重点考虑的架构细节。

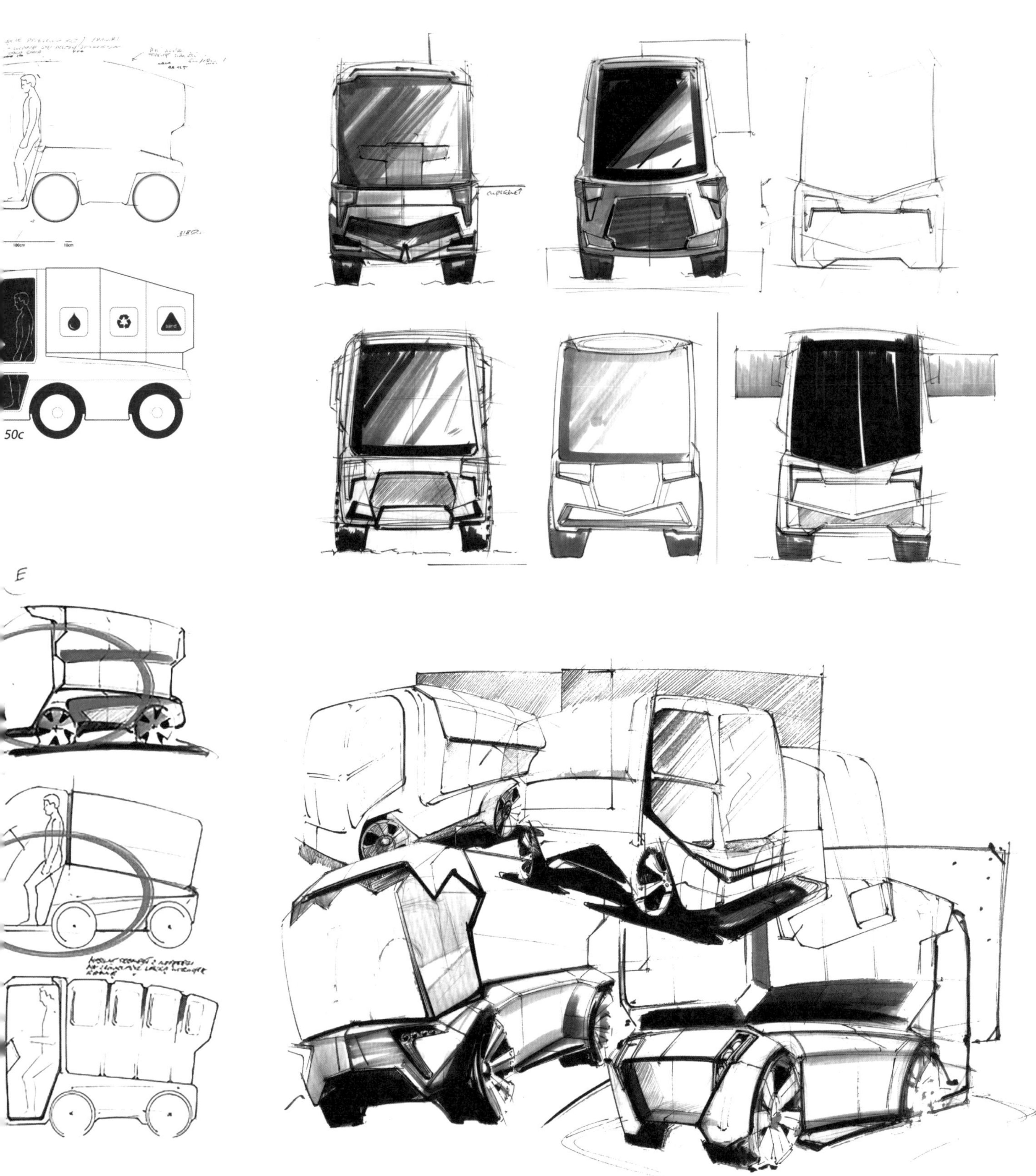

2 用马克笔给可见场景和汽车金属部件上色，强调金属的质感；添加人物场景以及车辆阴影细节。

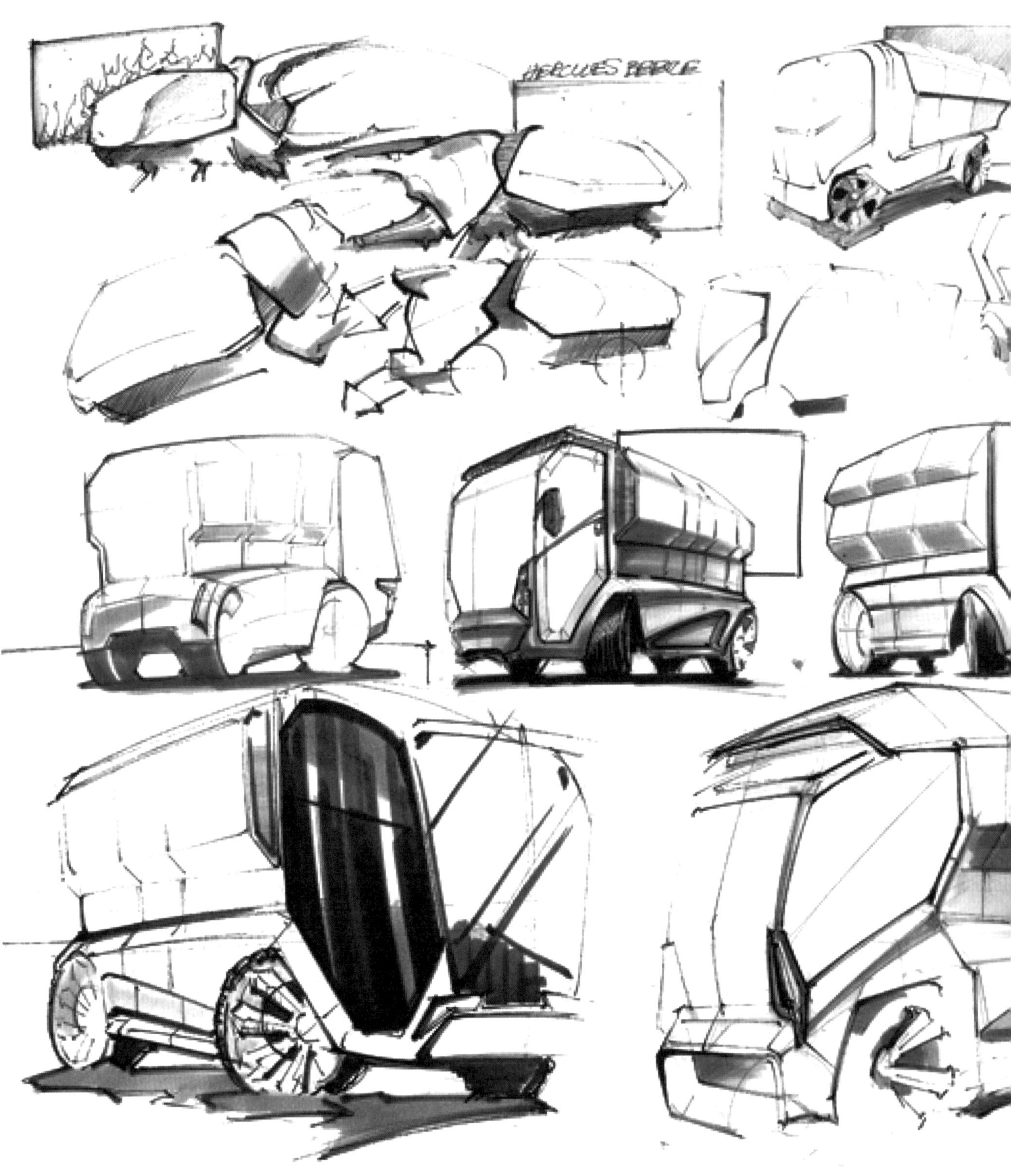

3 画出高光和投影，完成基本造型效果图的表现。

Kids Scooter

设计师：Michal Markiewicz

绘图工具：针管笔、Copic 马克笔、Letraset 马克笔、彩色中性笔

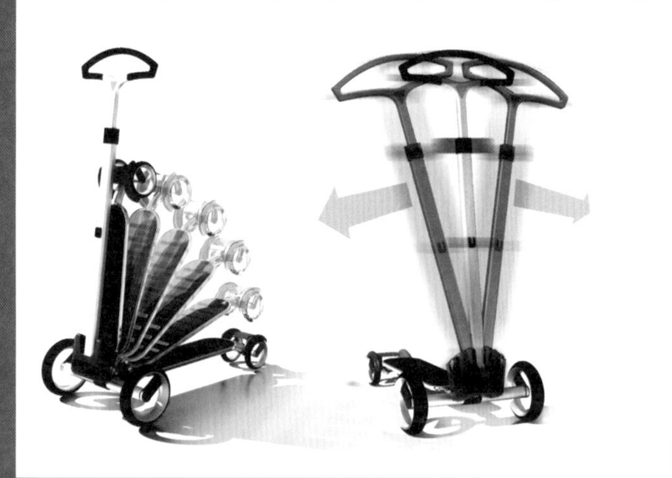

这是一款可折叠便携式儿童踏板车，意在让小朋友轻松地到达目的地。车型为典型的“L”型，车架可安全放置背包。设计师重点考量车架与踏板的刚度和承重能力，多次测试背包与车体之间运行的平衡感，搭配合金与碳纤的车体材质完成设计。

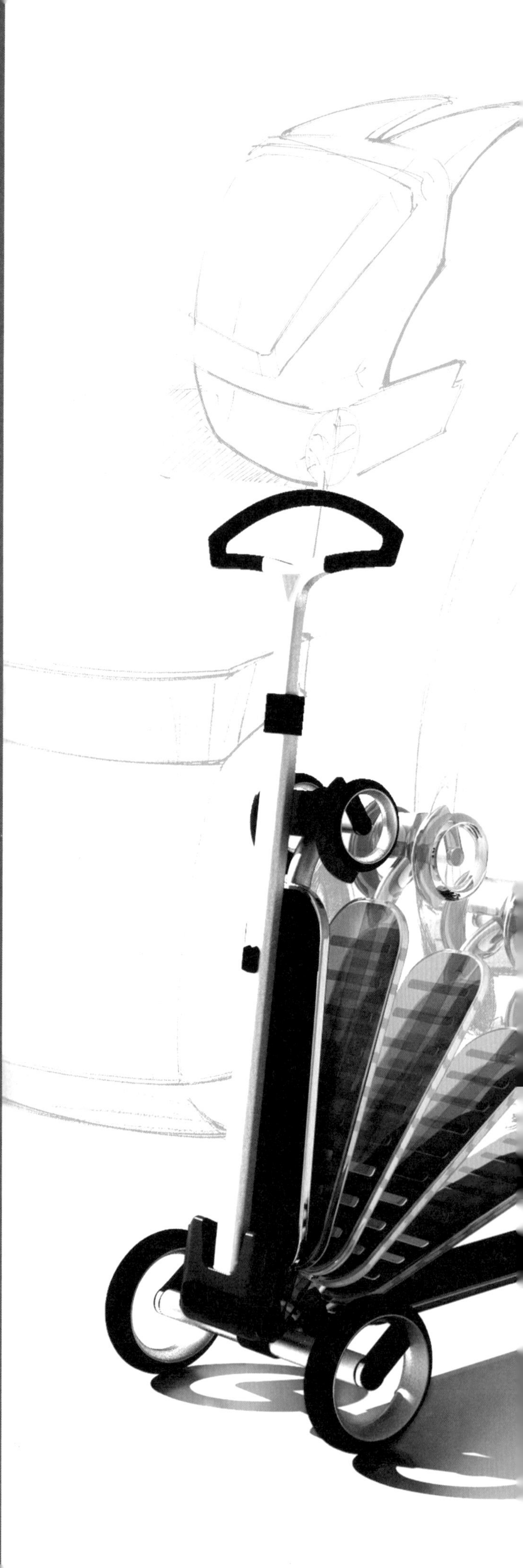

1 分析踏板车主要的构成零件，布局画面构图与内容。依据透视与人体工学原理绘制辅助线，画出产品的尺寸与人物的比例关系，用马克笔简单绘制出明暗效果。

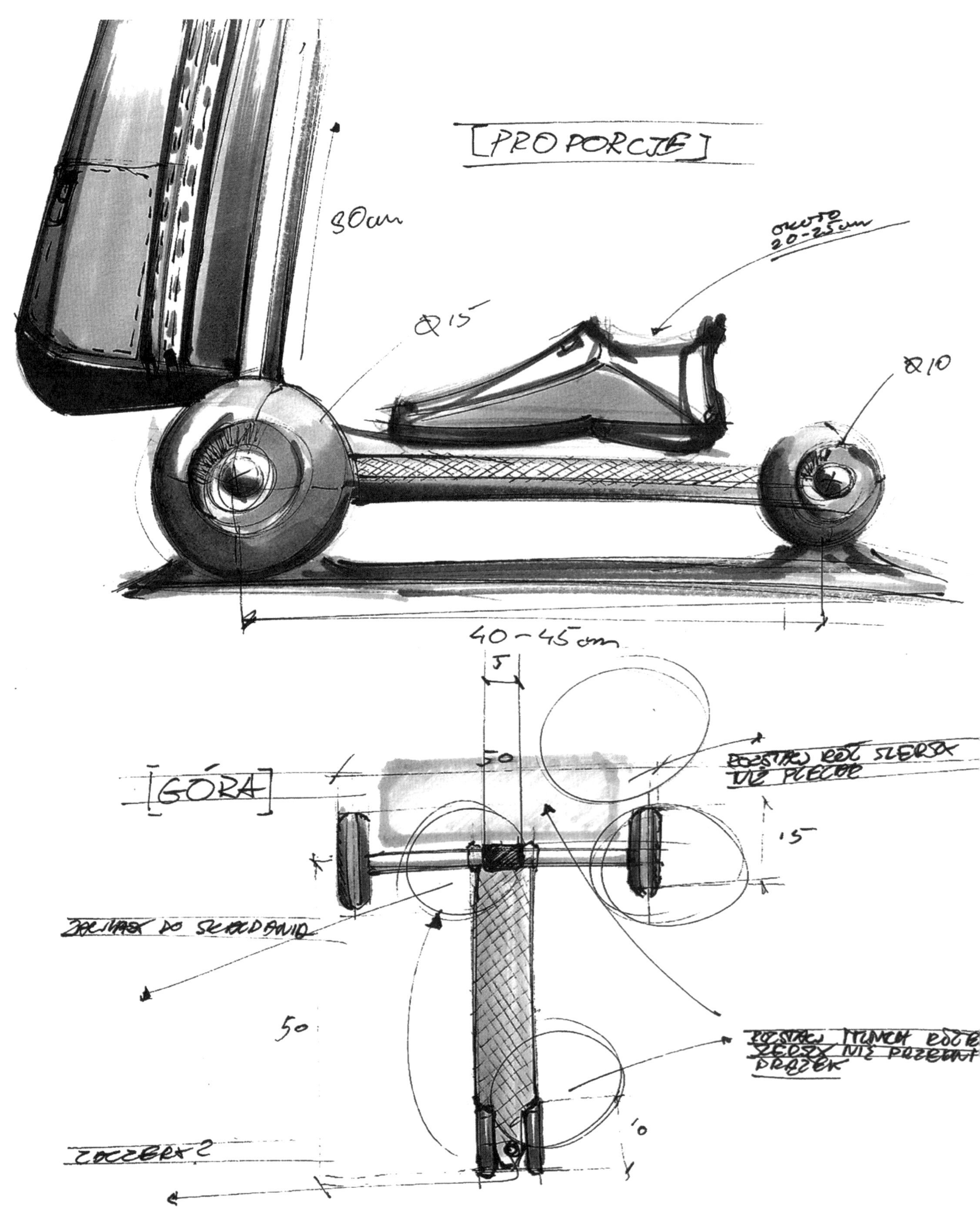

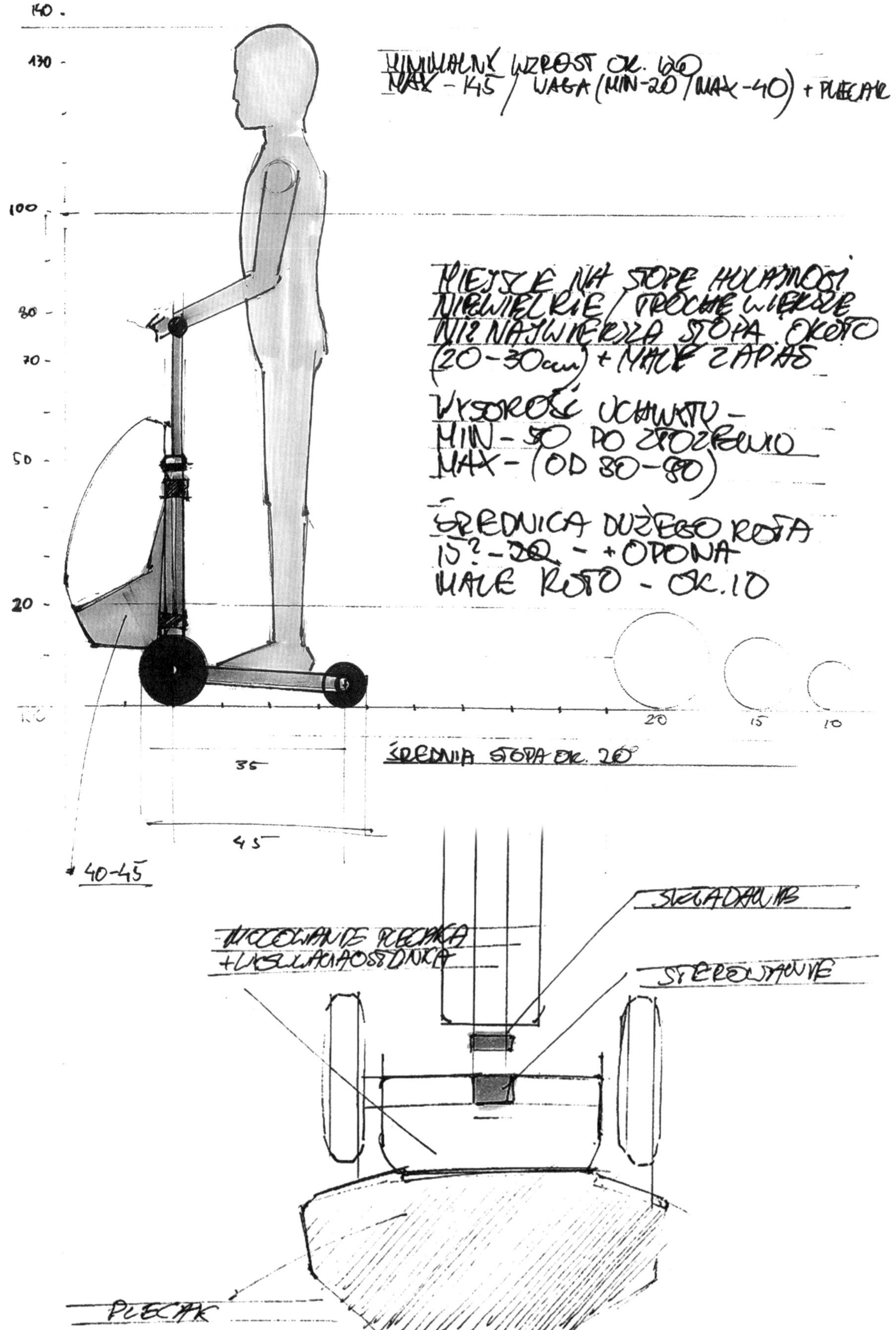
140
130
100
80
70
50
20
MINIMALNY WZROST OK. 120
MAX - 145 / WAGA (MIN-20 / MAX-40) + PLECAK.
WYSOKOŚĆ UCHWYTU -
MIN - 50 PO ZŁOŻENIU
MAX - (OD 80-90)
ŚREDNICA DUŻEGO KOŁA
15? - 20 - + OPONA
MAŁE KOŁO - OK. 10
20
15
10
ŚREDNIA STOPA OK. 20
35
45
40-45
SKŁADANIE
STEROWANIE
PLECAK

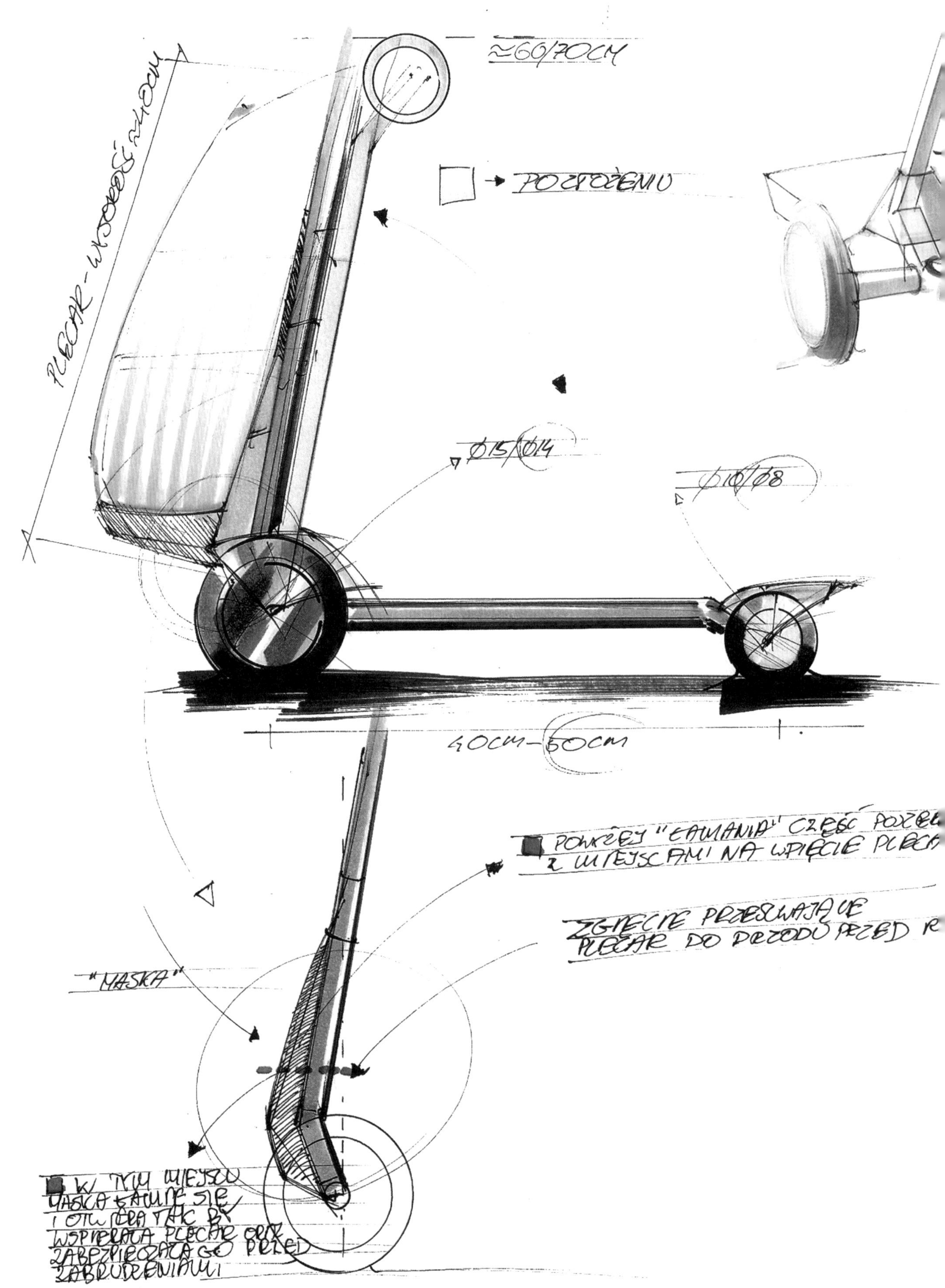

≈60/70CM
PLECAR - WYSOKOŚĆ ≈40CM
POŁOŻENIU
Ø15/Ø14
Ø10/Ø8
40CM-50CM
POKRĘTŁO "ŁAMANIA" CZĘŚĆ POZIOM
Z MIEJSCAMI NA WPIĘCIE PLECA
ZGIĘCIE PRZESUWAJĄCE
PLECAR DO PRZODU PRZED R
"MASKA"
W TYM MIEJSCU
MASKA ŁAMIE SIĘ
I OTWIERA TAK BY
WSPIERAŁA PLECAK ORAZ
ZABEZPIECZAŁA GO PRZED
ZABRUDZENIAMI

2 绘制滑板车的细节及其结构线，金属材质一般用冷灰，适当留白作为高光，方便之后上色。

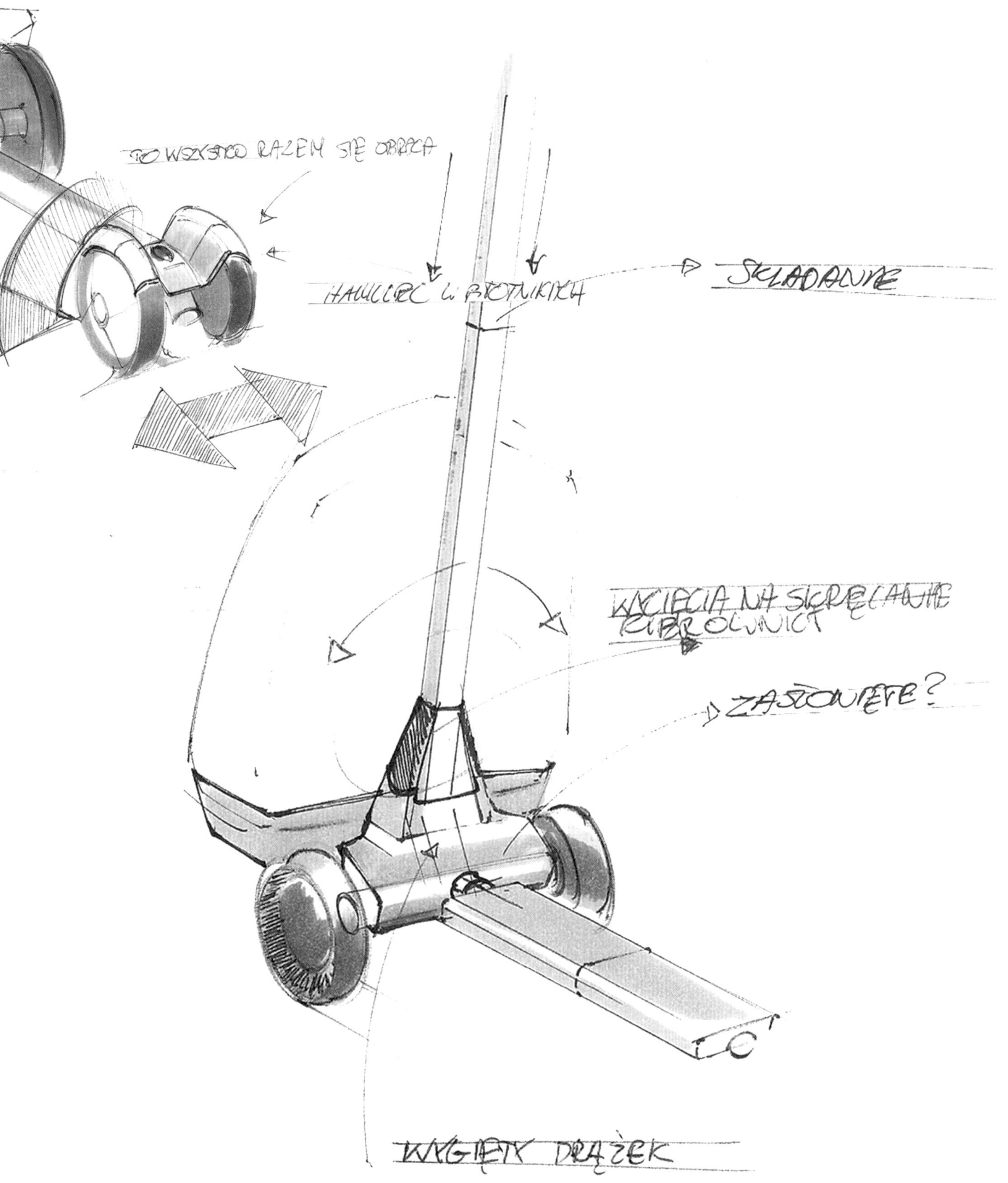

3 用侧图视角表现踏板车整体，运用指示箭头标示产品功能，适当加深轮子的颜色，由底部略重到上面略浅过渡，画出材质的厚度感。

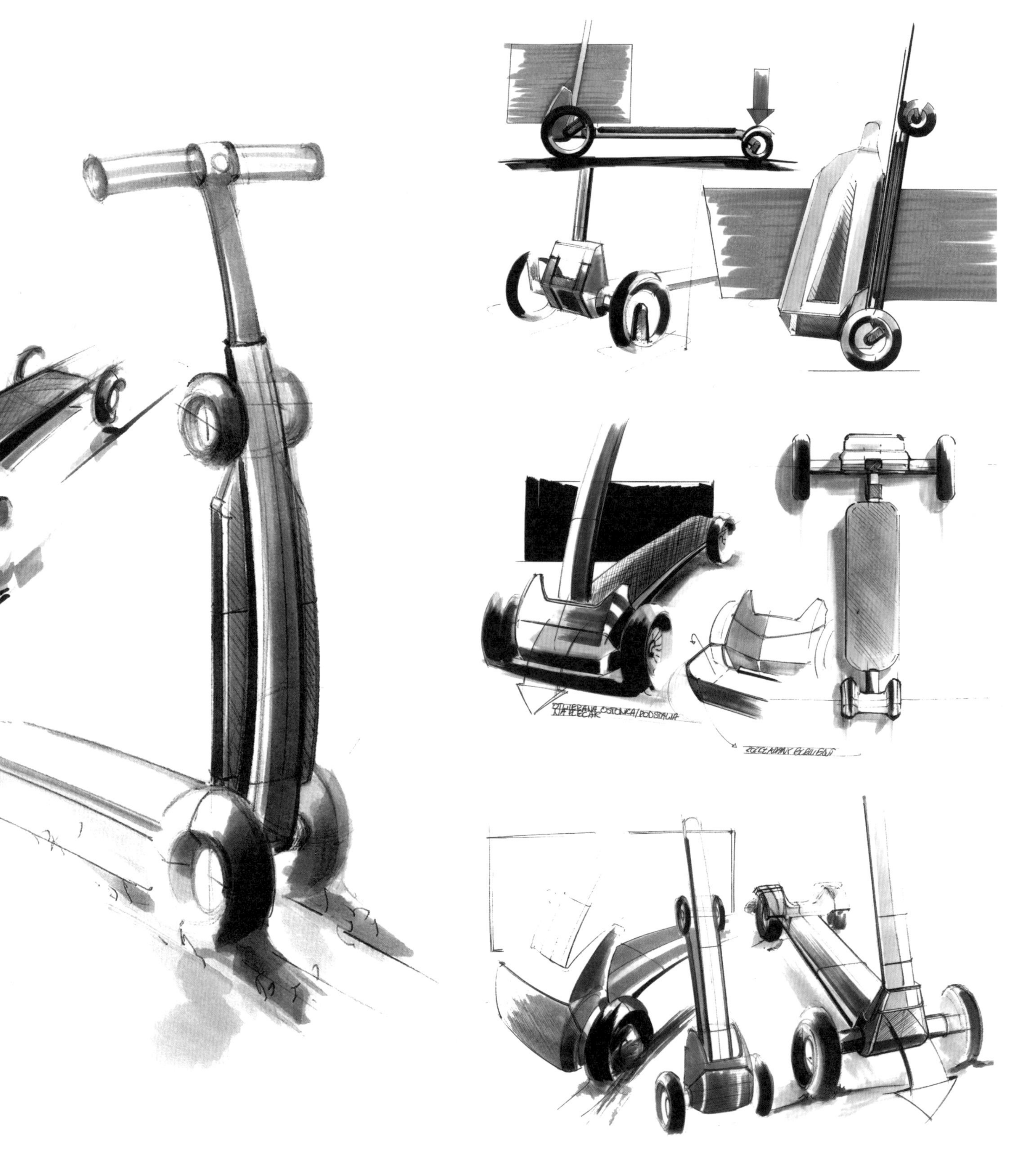

4 多视角绘制，对滑板车进行诠释，调整画面色调，统一色彩表现，表现最终滑板车的质地与情感。

Spice Rack

设计师：Michal Markiewicz

绘图工具：针管笔、Copic 马克笔、Letraset 马克笔、彩色中性笔

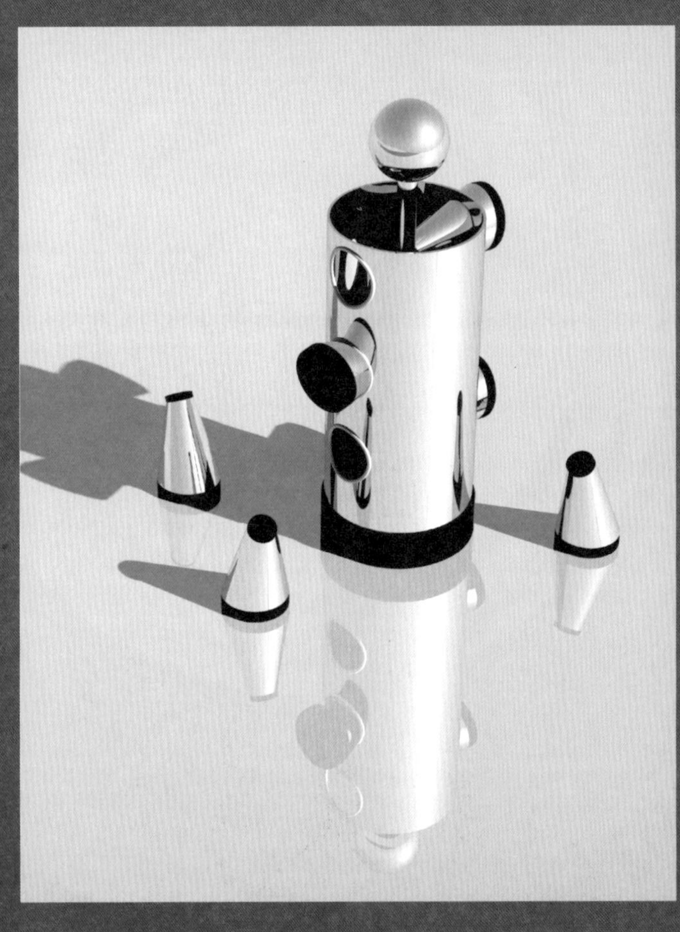

取用多种调味料时往往不太方便，设计师为此构想了多款不同造型以及不同数量调味瓶的架子，最终打造出一款圆柱形的调味料架子。手指轻轻一按一吸的设置让调味料取用更方便，而且可存放多种食物调味料。

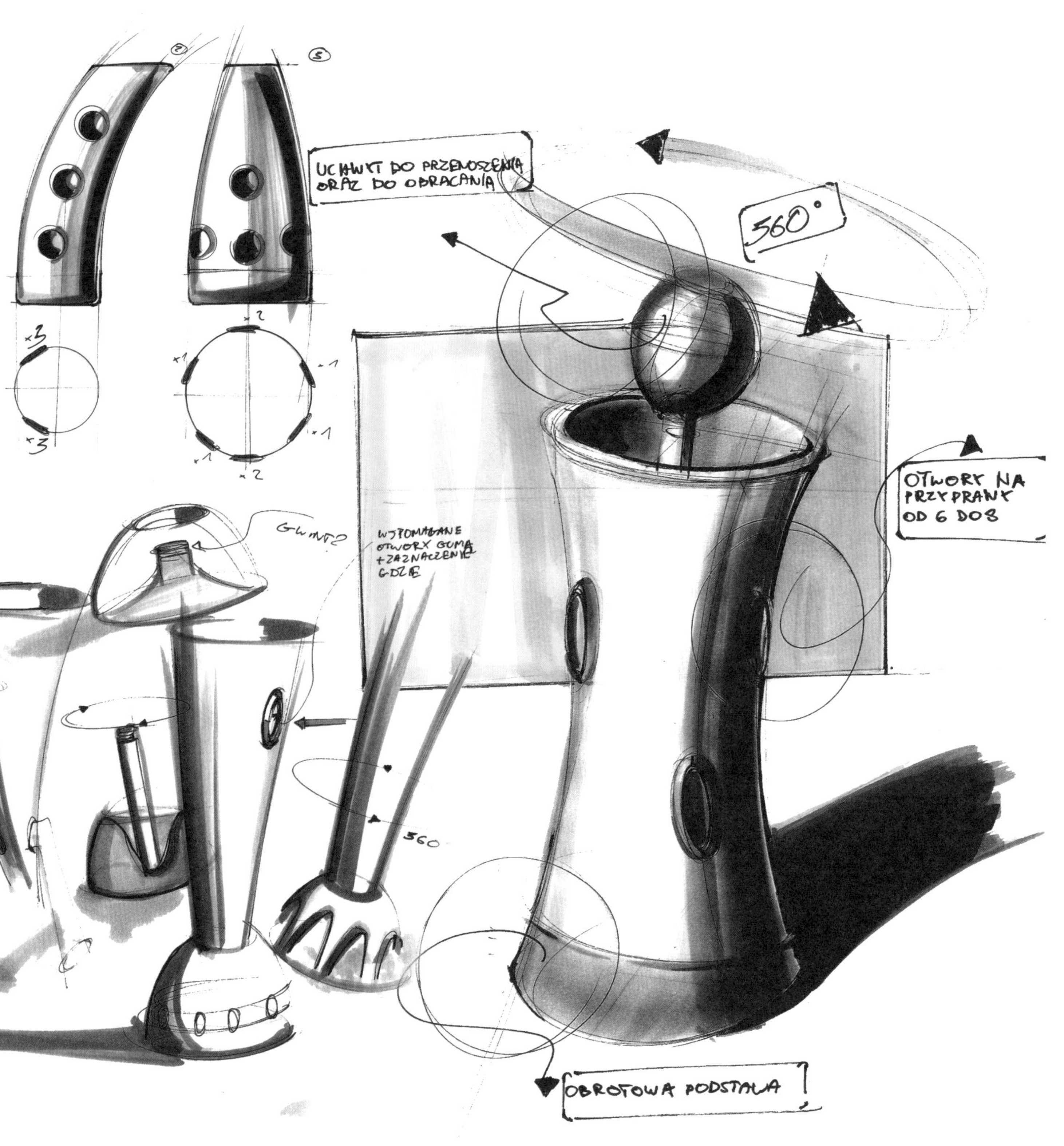

1 设计构想图选用灰色马克笔简单绘制出调味架的材质效果图，以明暗的效果表现立体感。

2 绘制调味架的突出造型，用针管笔画出产品轮廓线和用法示意图，马克笔加深投影，用绿色的背景图和指示箭头点缀画面。

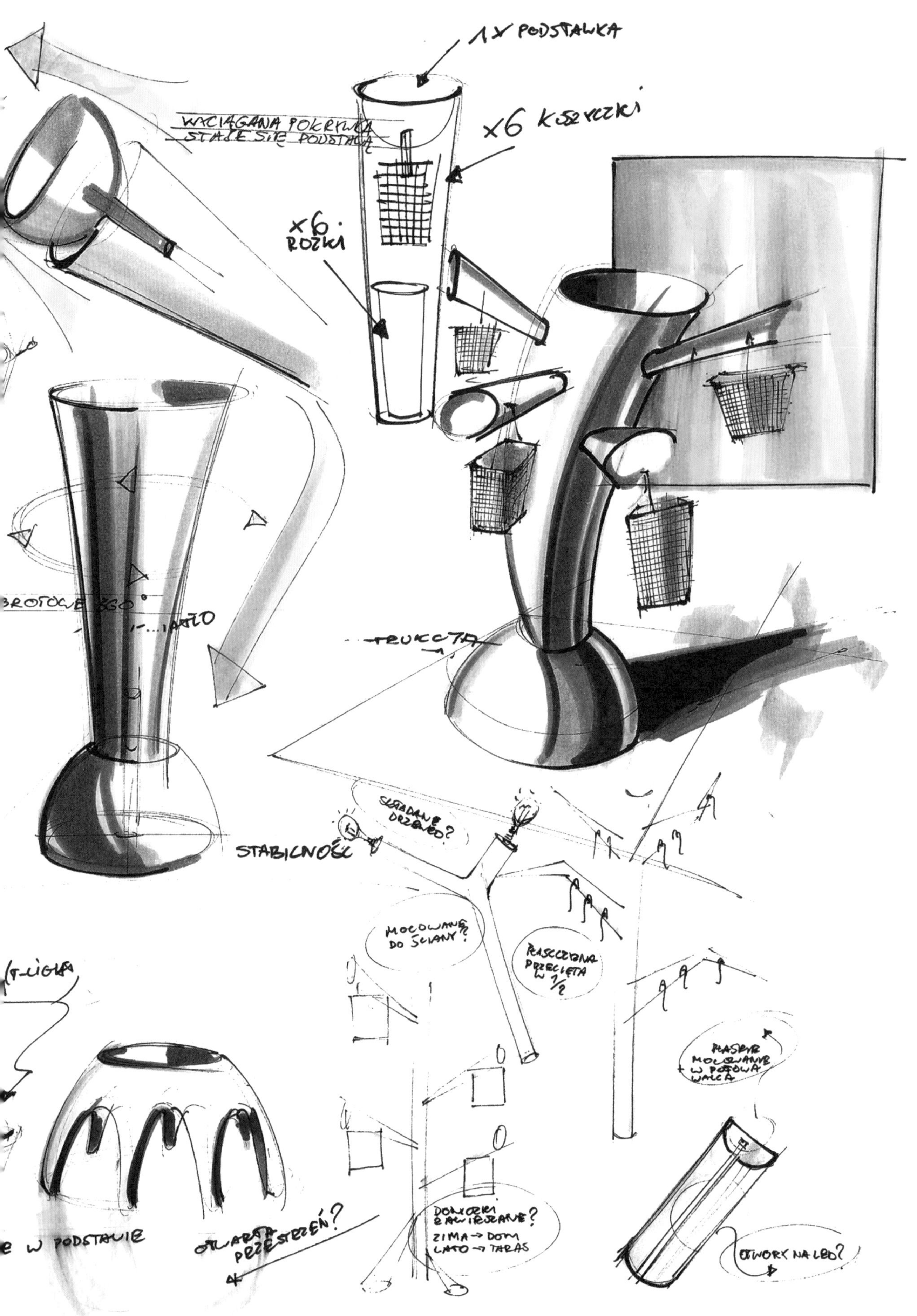
1 x PODSTAWKA
WYCIĄGANA POKRYWKA STAJE SIĘ PODSTAWĄ
x6 KOSZYCZKI
x6 ROŻKI
STABILNOŚĆ
SKŁADANE DRZEWO?
MOCOWANE DO ŚCIANY?
DONICZKI ZAWIESZANE?
ZIMA → DOM
LATO → TARAS
OTWARTA PRZESTRZEŃ?
OTWORY NA LED?

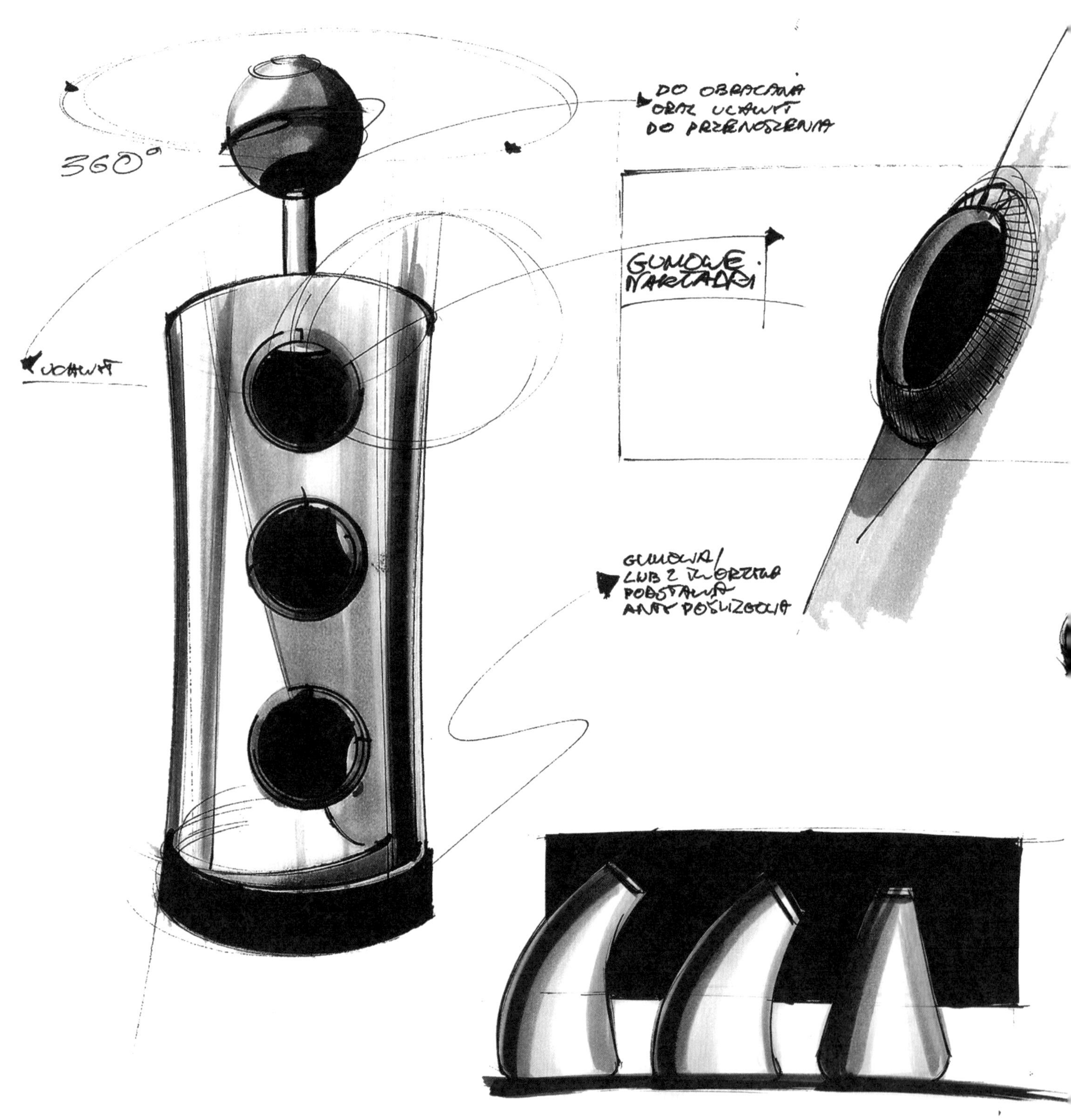

3 加深产品整体轮廓线条，用深色马克笔画出明暗交界线和反射部分（图中黑色部分），并画出灰面的过渡效果，留出空白作为高光，增强对比。

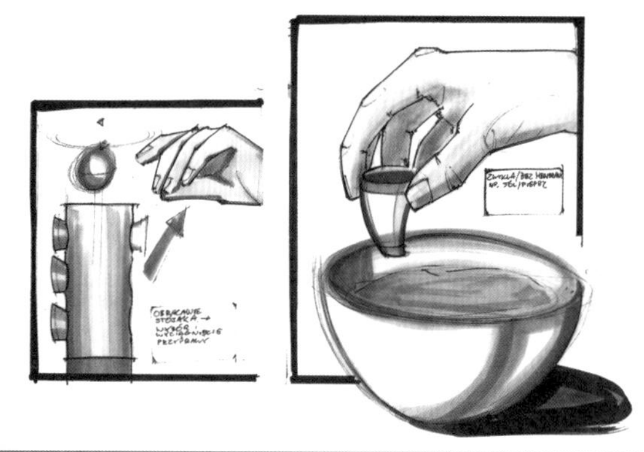

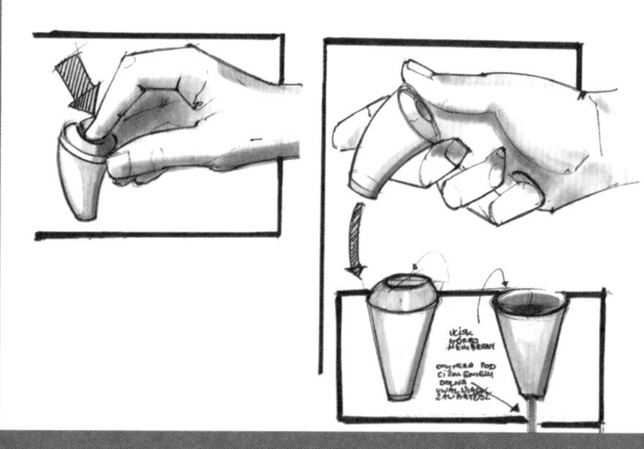

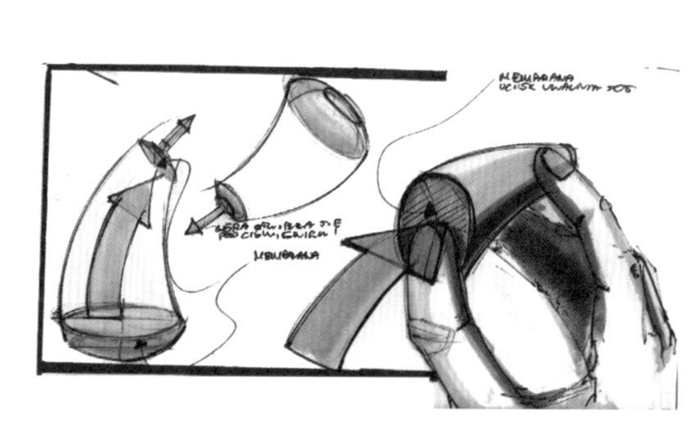

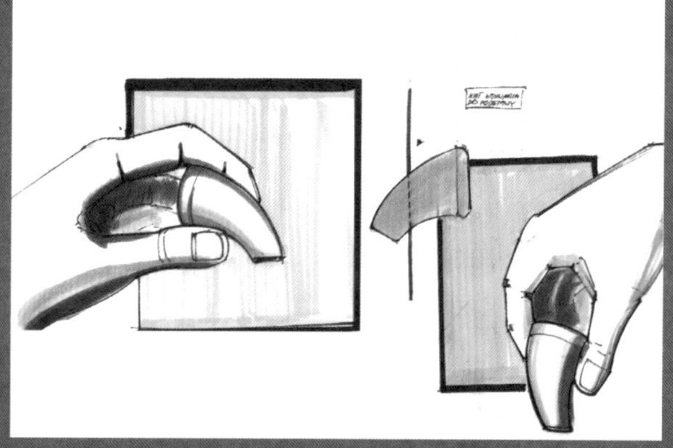

4 绘制调料瓶子的细节使用图示，运用不同的笔触和背景框突显其使用特点。由于画面颜色较为丰富，箭头使用条纹的形式，可避免画面色彩过多而显得混乱。

Cutlery Dessert

设计师：Michal Markiewicz

绘图工具：针管笔、Copic 马克笔、Letraset 马克笔、彩色中性笔

这是一款可做塑料饮料搅拌棒的简易勺子，勺子的一端尝试设计为带齿状的造型，方便捣碎饮料中的糖块、薄荷、柠檬等，手柄部分的防滑设计也进行多种尝试，如梯形、螺旋和留孔等。

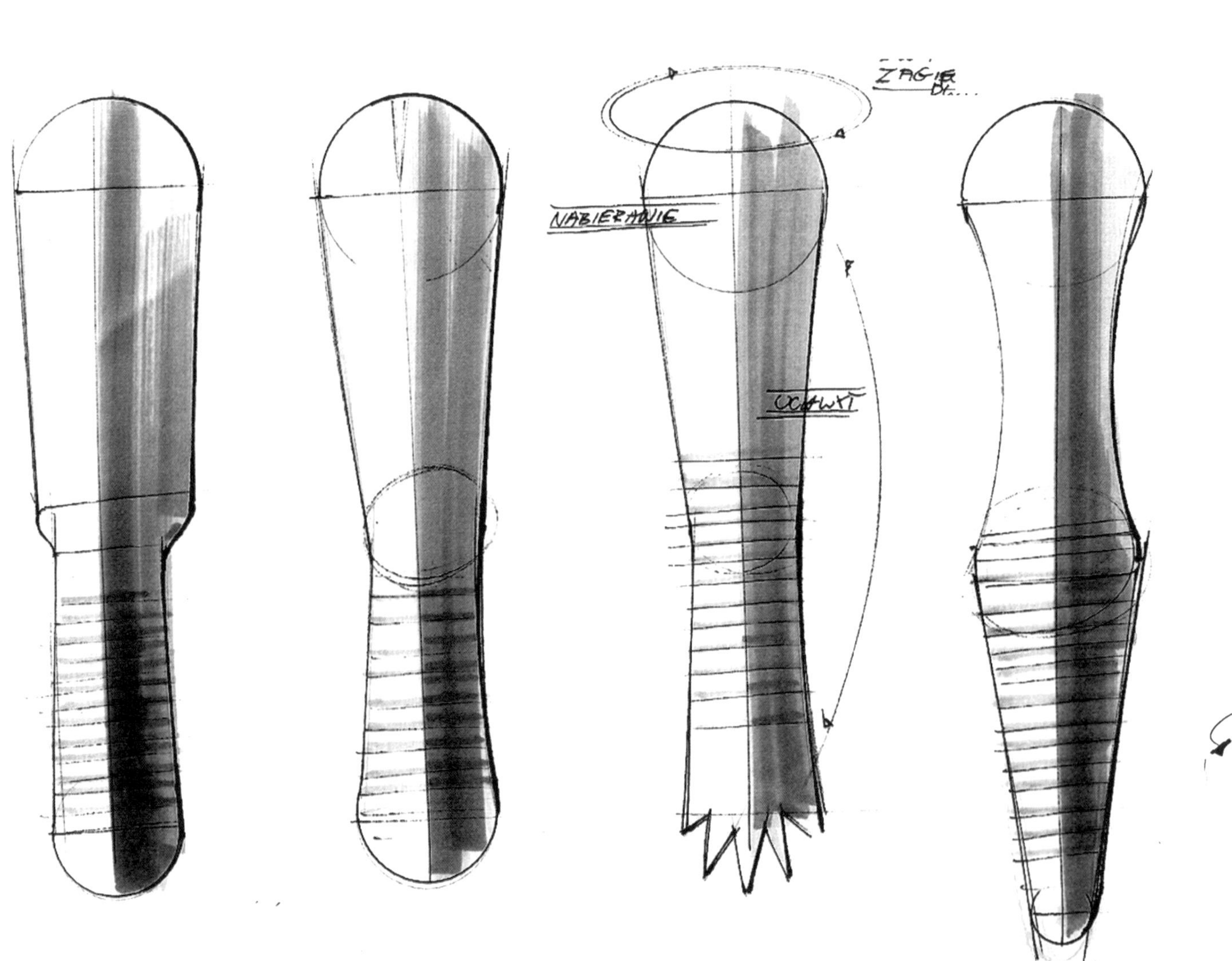

1 使用铅笔起稿，根据明暗关系使用冷灰色系马克笔给产品上色，表现其金属的光泽，由小到大的草图形成不同造型的对比，最右边用较大的马克笔笔触画出色彩强烈的产品使用场景。

"ŚCIĘTY OKRĄG"
SPŁASZCZONA
KOŃCÓWKA
UCHWYTU
ZAOKRĄGLENA
"NABIERAKA"

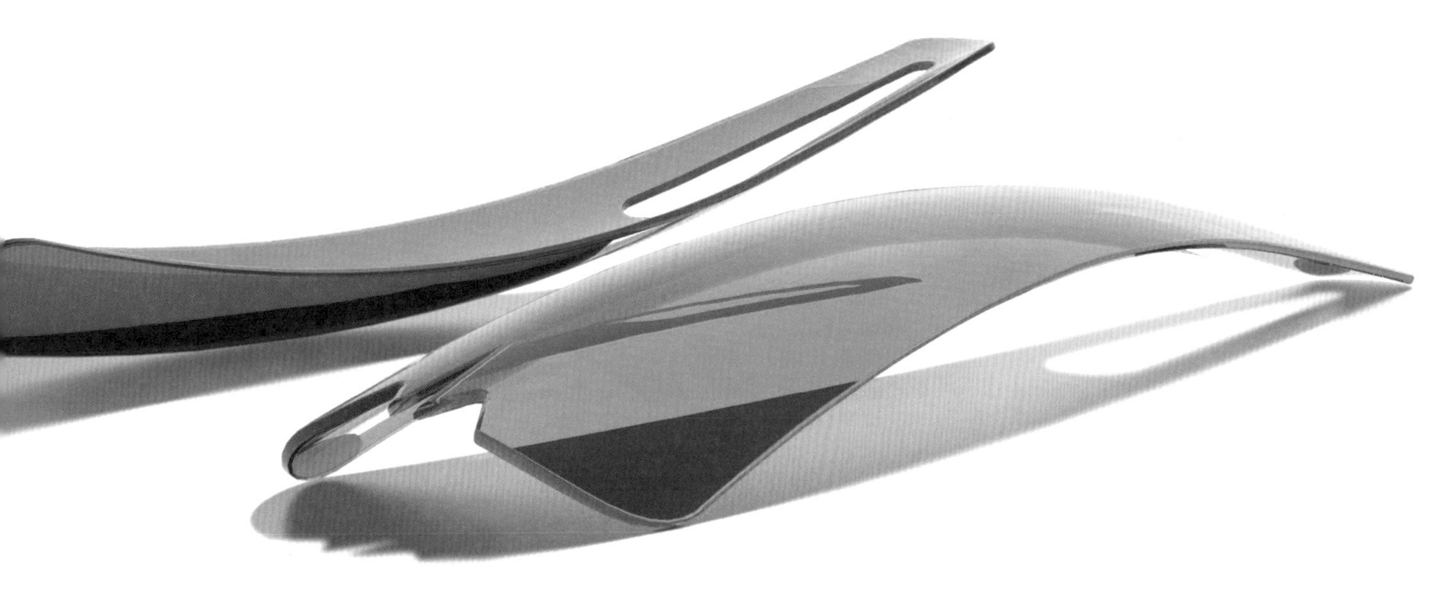

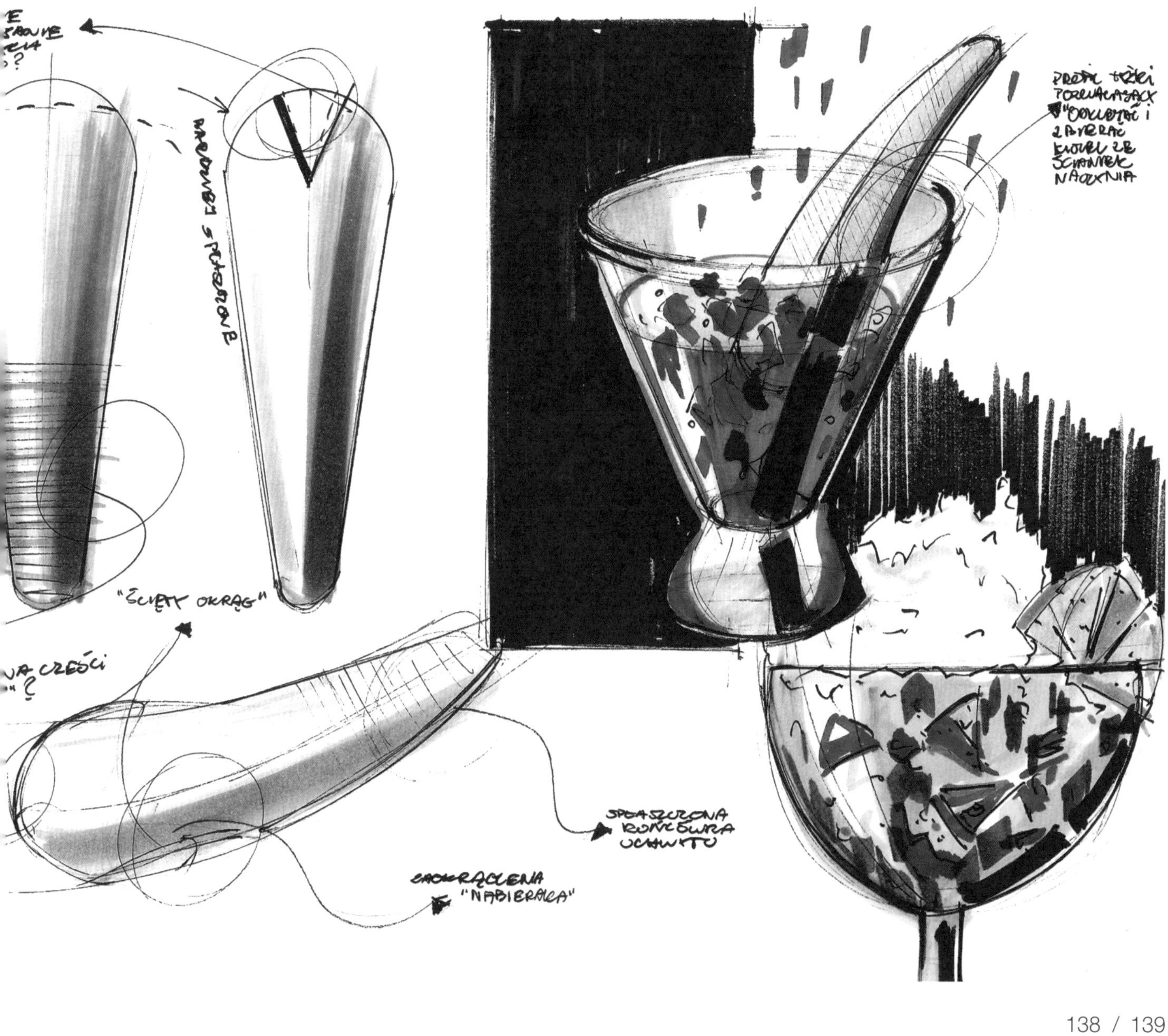

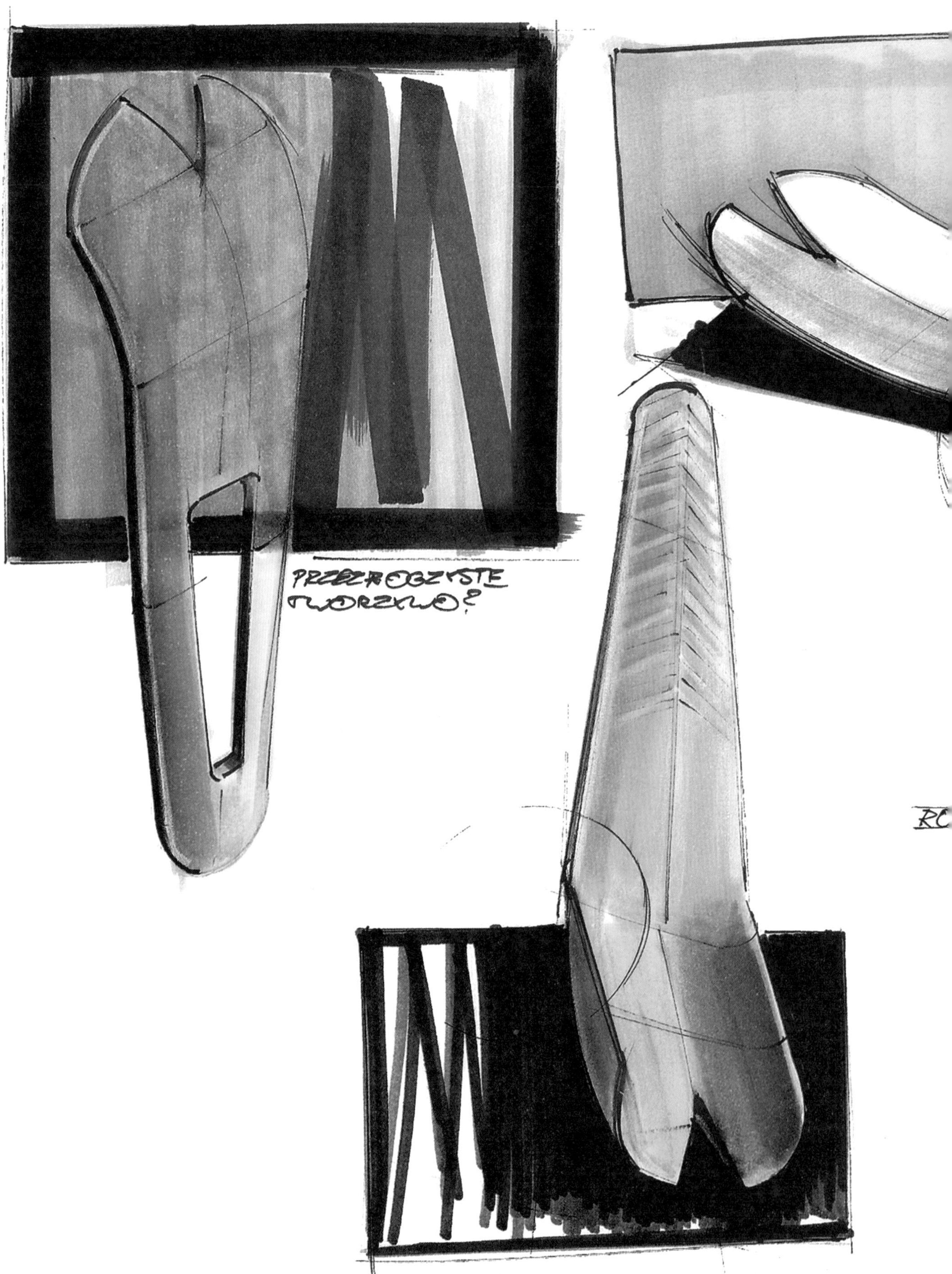
PRZEZROCZYSTE
TWORZYWO?

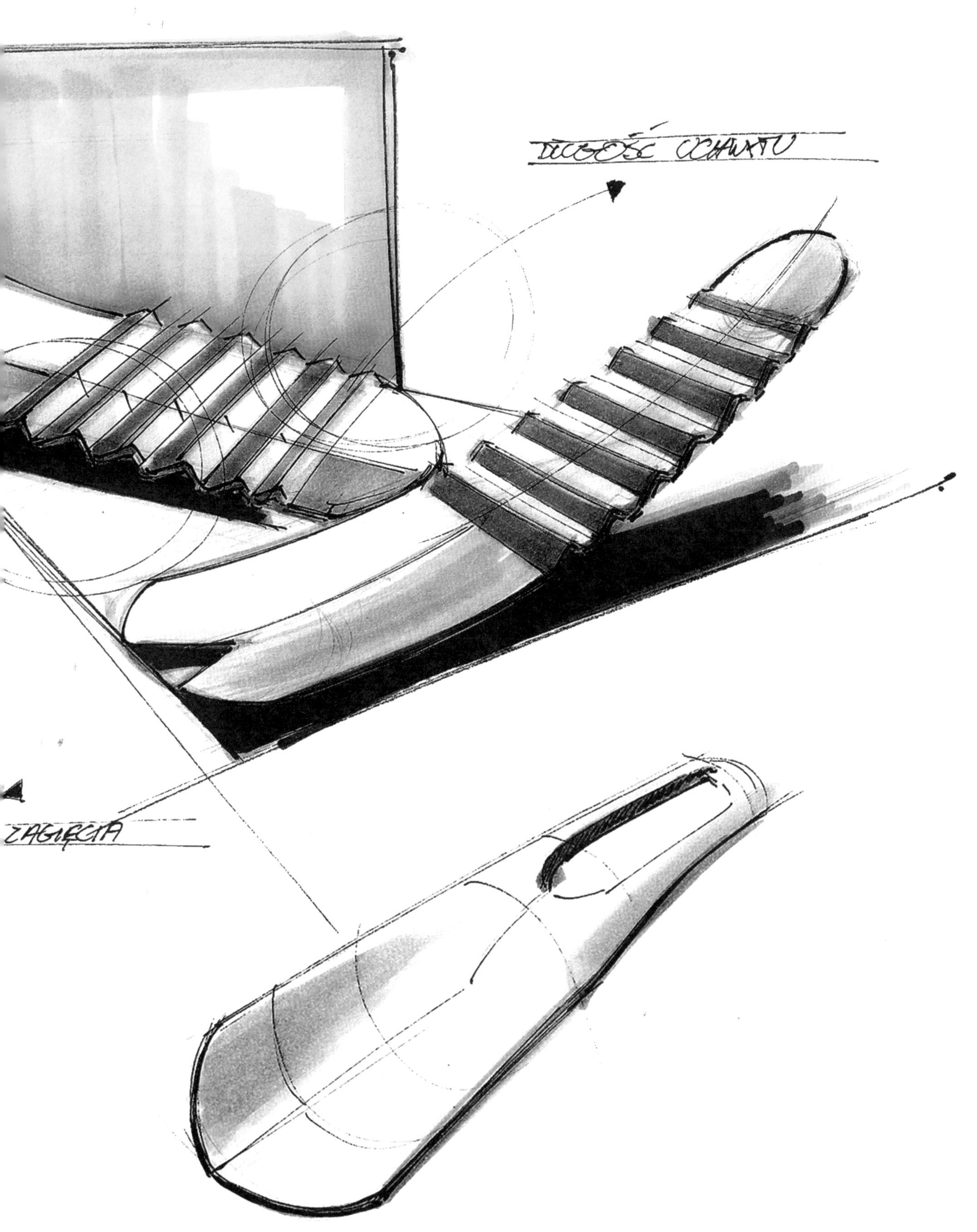

2 背景留白的方式可由少量曲线运用叠彩法的笔触表现，让画面活跃，并画出明暗面明显的造型，表现产品立体感，利用透视的方法画出产品的外观及操作方式。

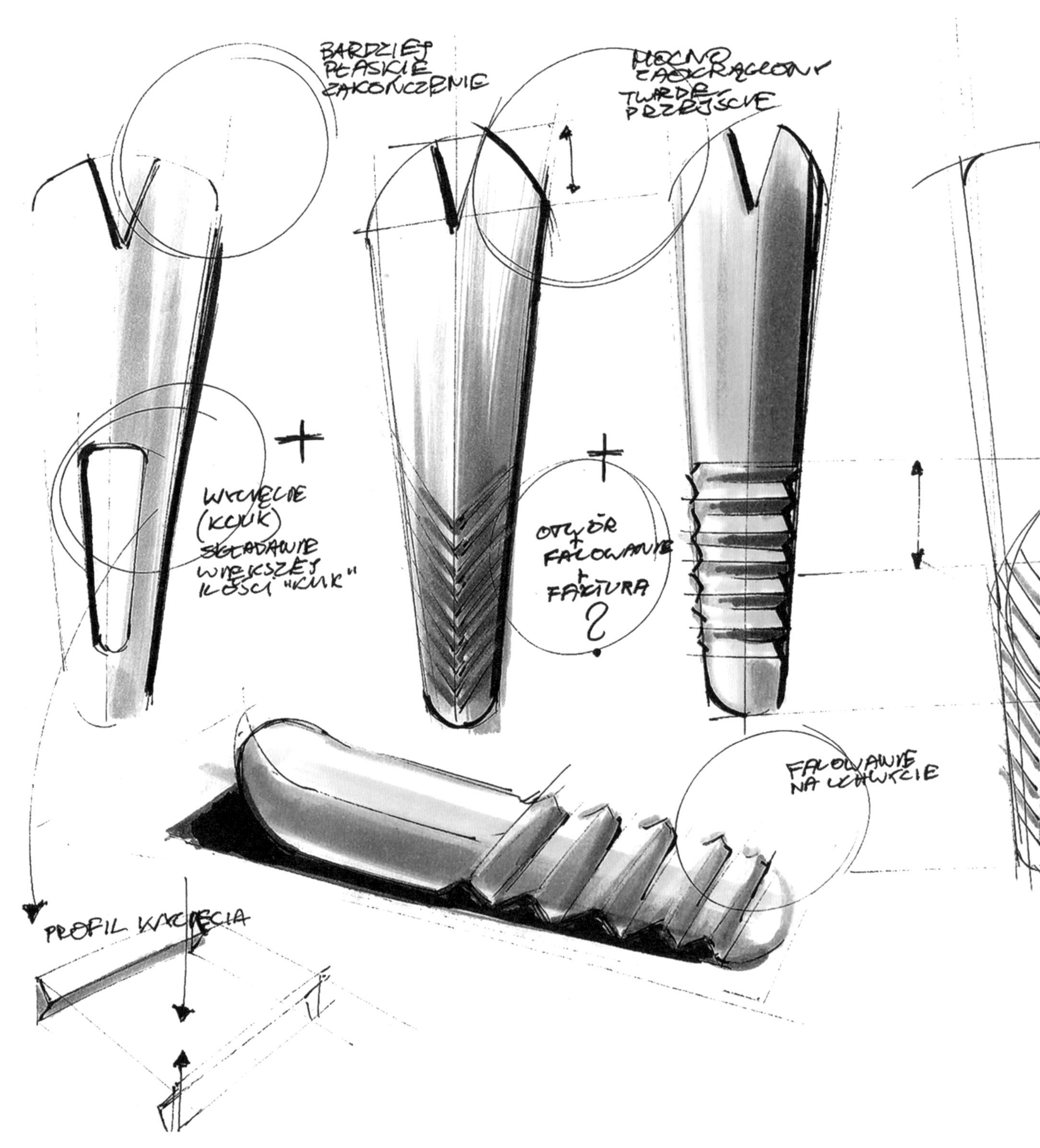

3 调整产品造型细节，用粗线条和圆圈标示，参照上一步画法，快速画出其阴影和明暗关系，马克笔上色时小心留白，作为产品的高光表现。

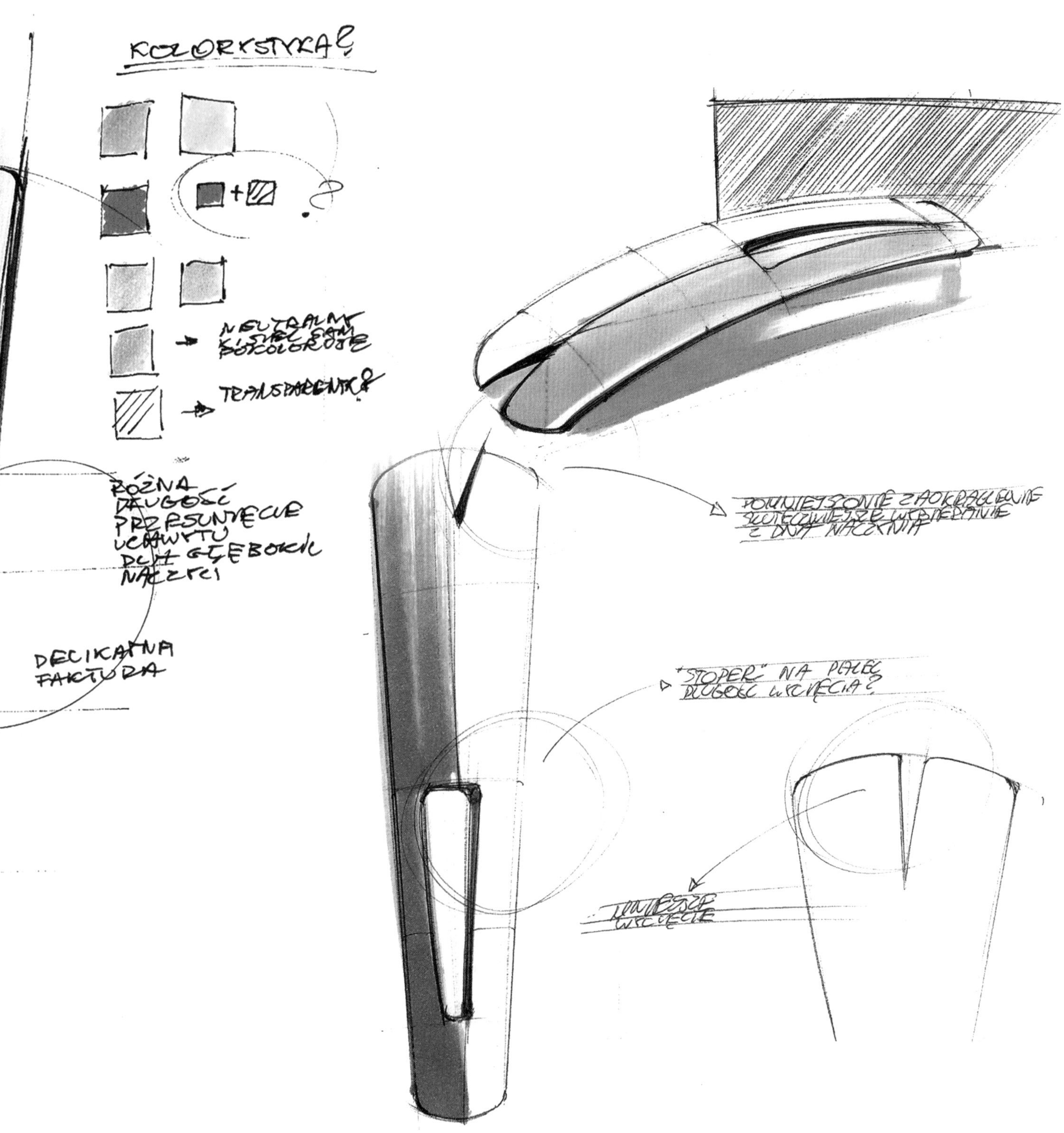
KOLORYSTYKA?
NEUTRALNY KISIEL SAM POKOLORUJE
TRANSPARENTNA?
RÓŻNA DŁUGOŚĆ PRZESUNIĘCIE UCHWYTU DLA GŁĘBOKICH NACZYŃ
DELIKATNA FAKTURA
POMNIEJSZONE ZAOKRĄGLENIE SKUTECZNIEJSZE WYBIERANIE Z DNA NACZYNIA
"STOPER" NA PALEC
DŁUGOŚĆ WCIĘCIA?
MNIEJSZE WCIĘCIE

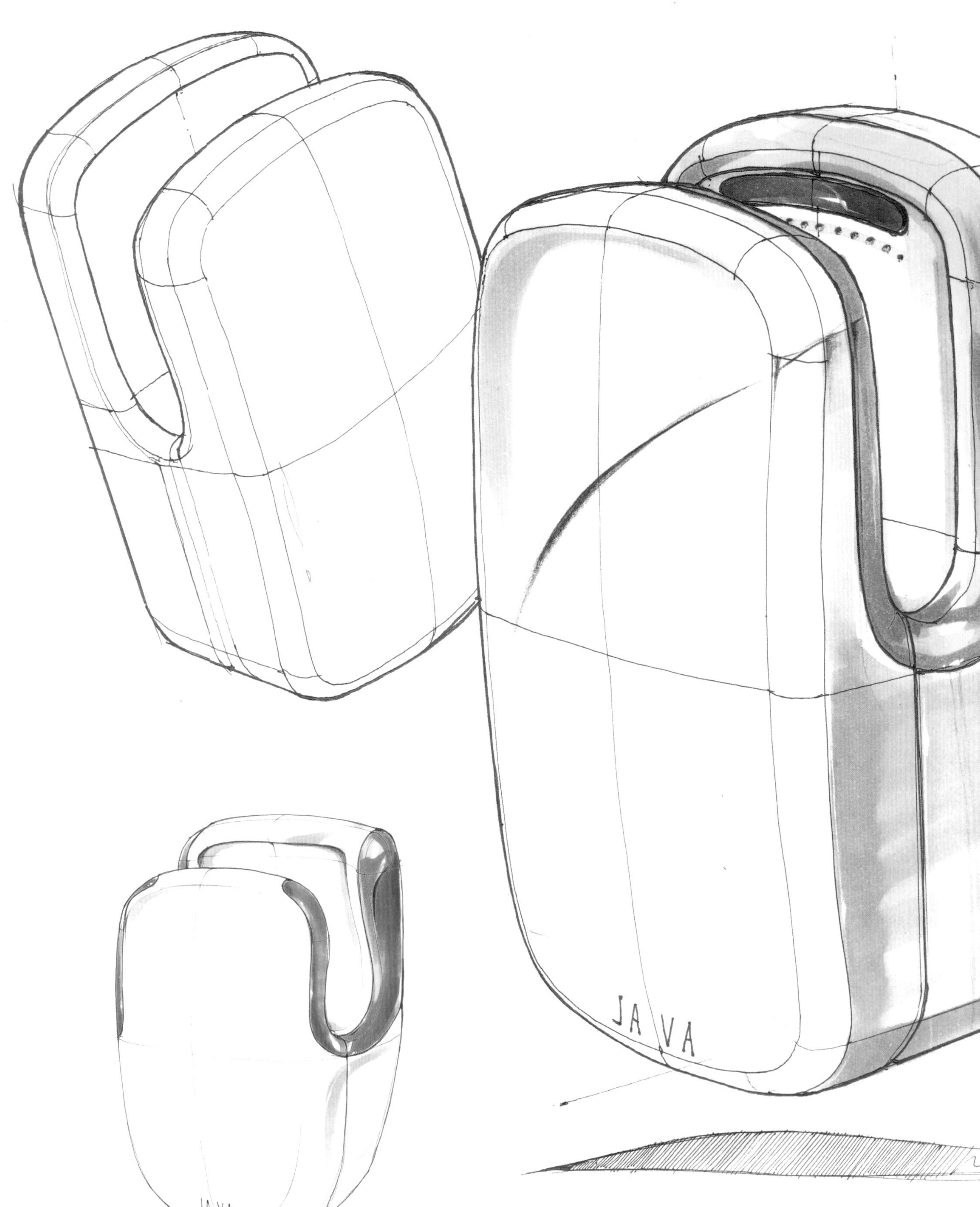
JA VA
JA VA

Automatic Hand Dryer

工作室：M.I.P Design Studio
设计师：Sihyeong Ryu

绘图工具：马克笔、针管笔

这款洗手间自动烘干机灵感来自陶瓷表面和抛光工艺。机身由抗菌树脂制成，可保持清洁，防止细菌传播。高效的空气过滤器吸入的洁净空气，能阻隔浴室异味，达到清洁卫生的目的。当需要更换过滤器时，机器自动发出提示。同时烘干机还设计了防止水花飞溅的系统，LED 灯下的控制区显示所有操作功能。

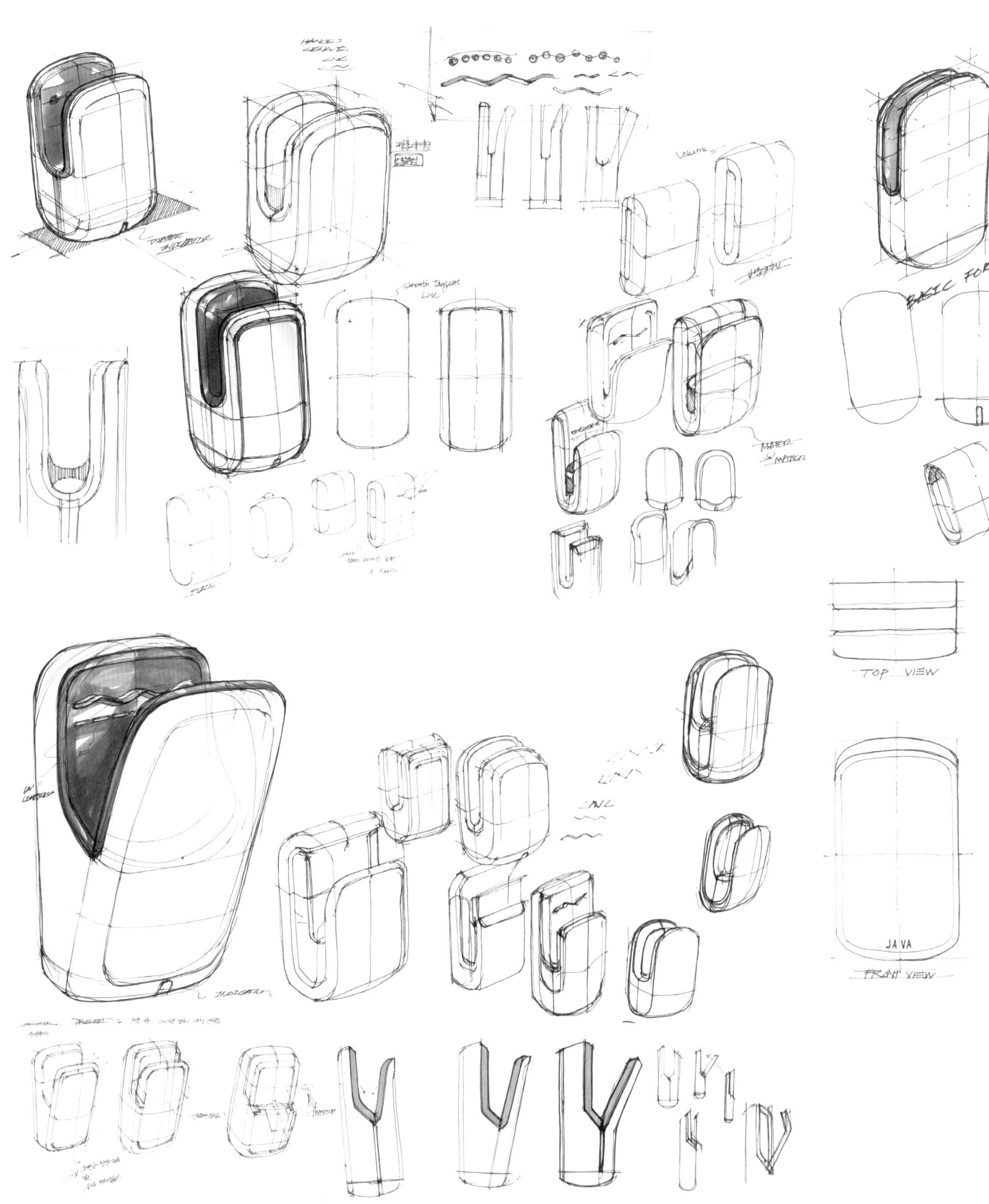

1 探索。快速绘制草图，以简单的线条呈现想法，有时使用思维导图。

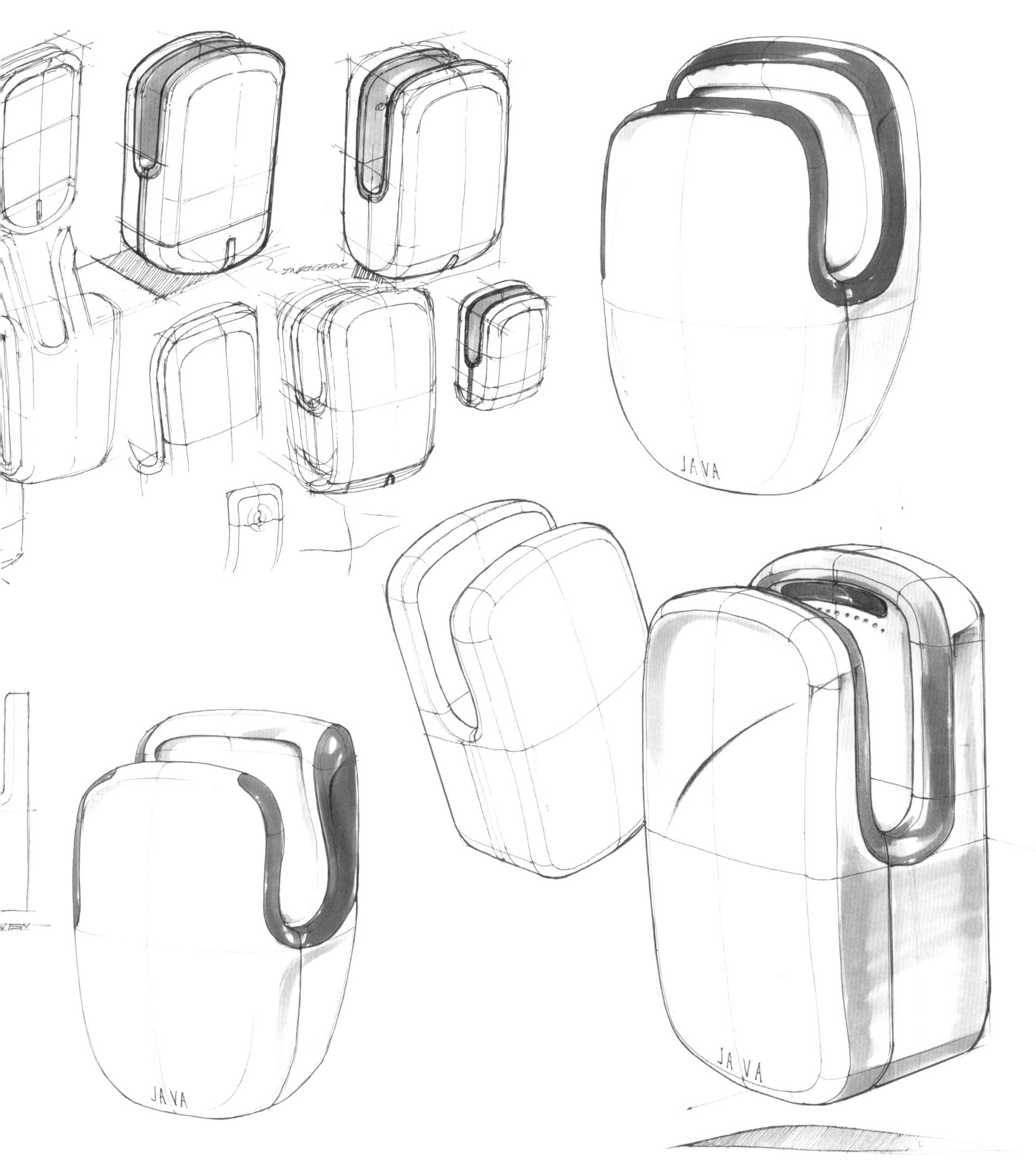
JAVA
JAVA
JAVA

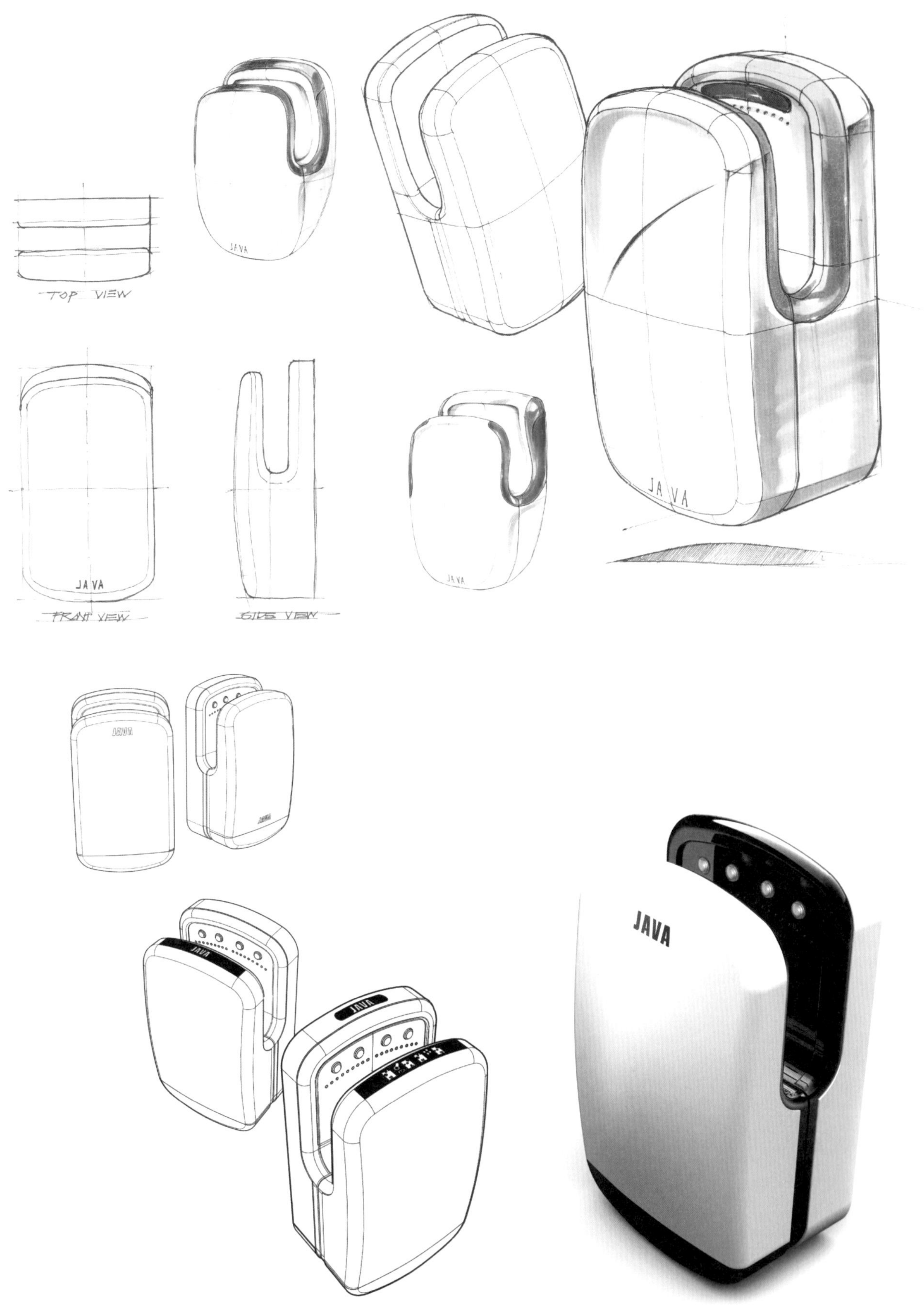

2 聚焦。画出简单的有色缩略草图以便更详细地展示产品的外观、尺寸和比例。

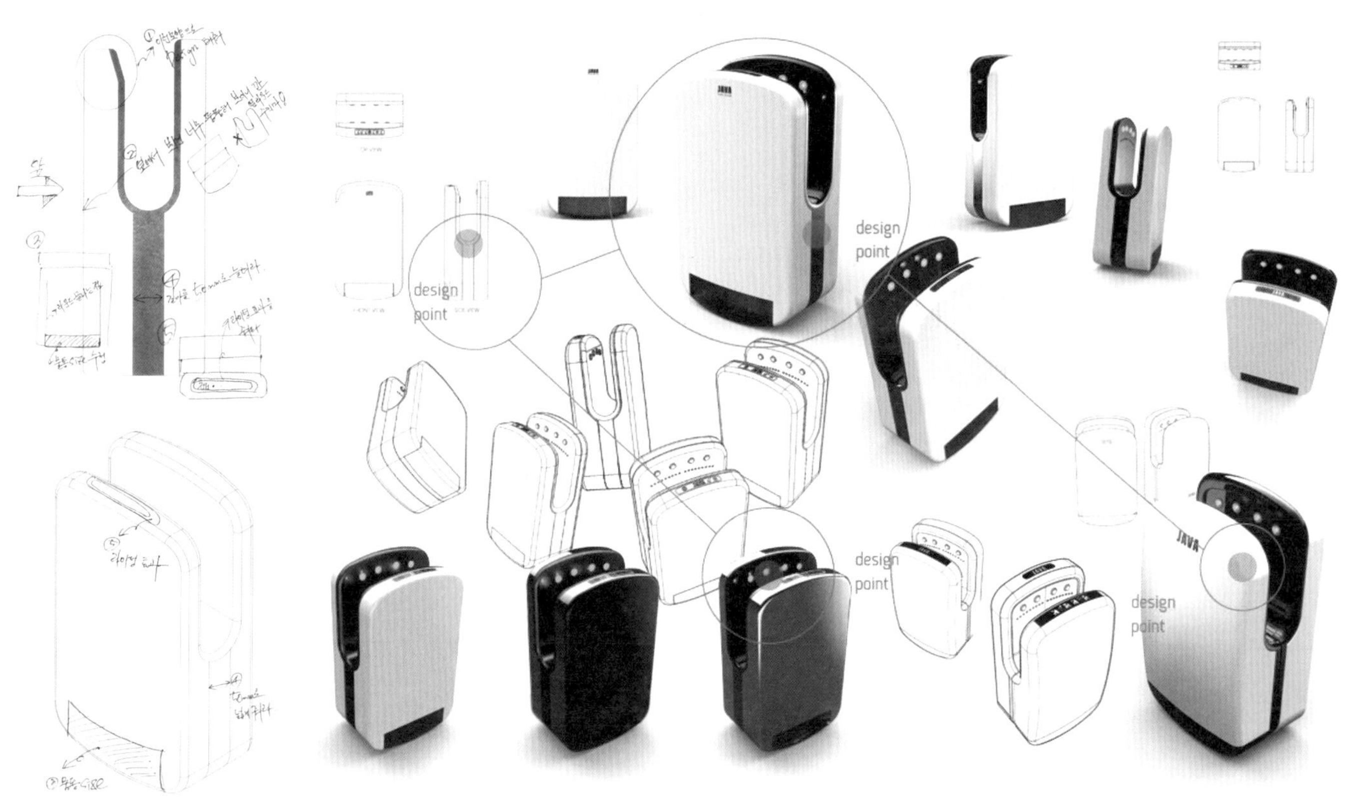

3 组合和提炼。通过注释和图形来快速有效地展现其功能，以探索诸如机械、生产、材料和尺寸等技术细节，并将意见反馈给其他部门人员，如工程师、营销人员等。

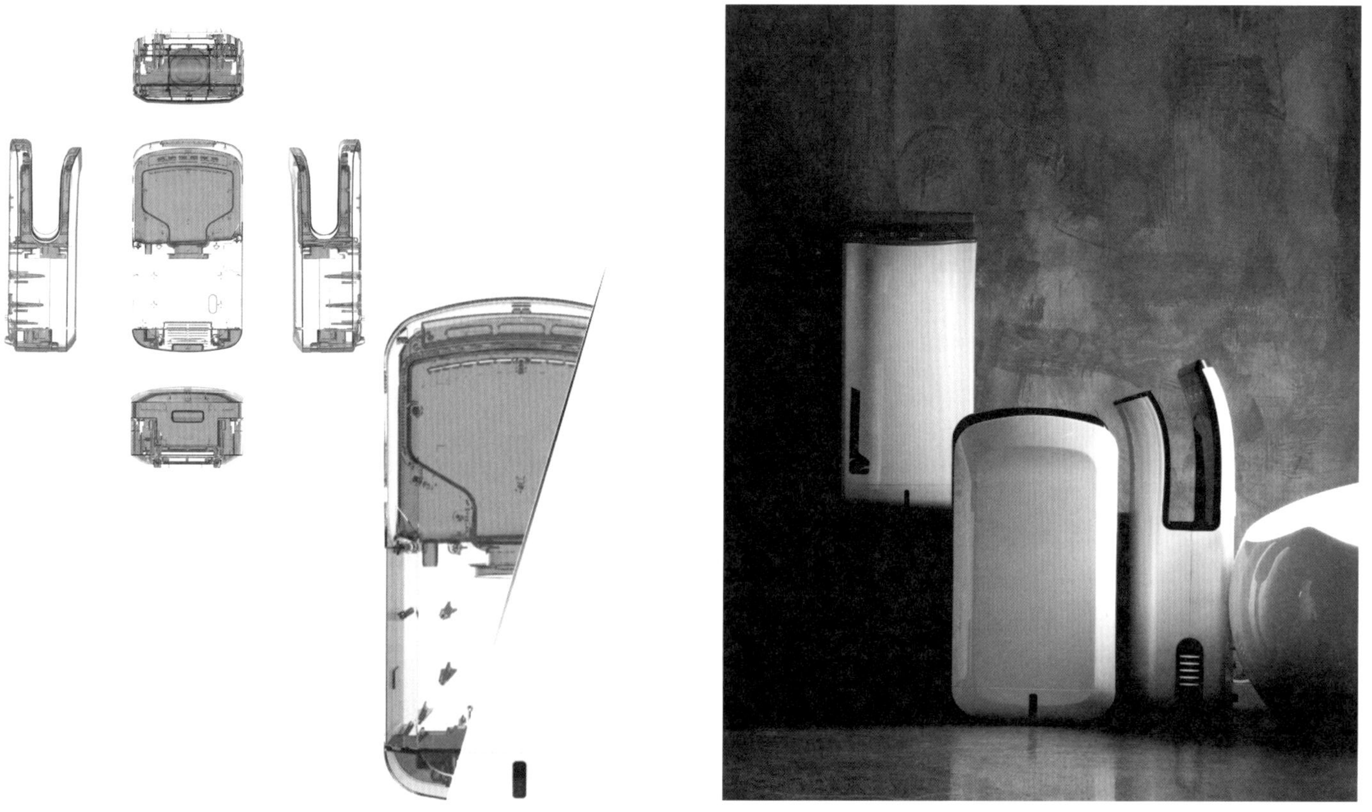

4 提取。产品的布局渲染，展现最终模型。将产品从现实主义的角度进行展示，并将产品外观定义为一个透视视图。

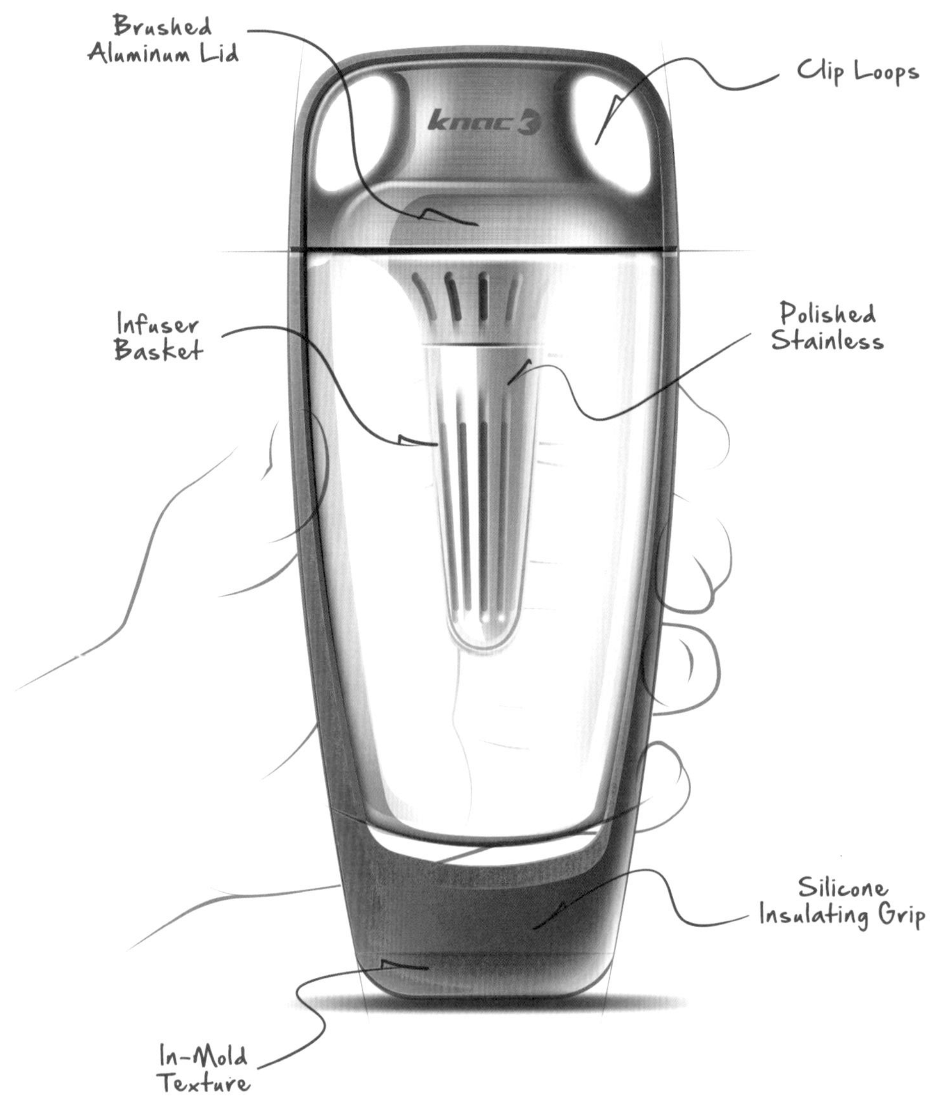

Tea Tumbler

工作室：Knack
设计师：Kelly Custer

绘图工具：纸、针管笔、Adobe Photoshop

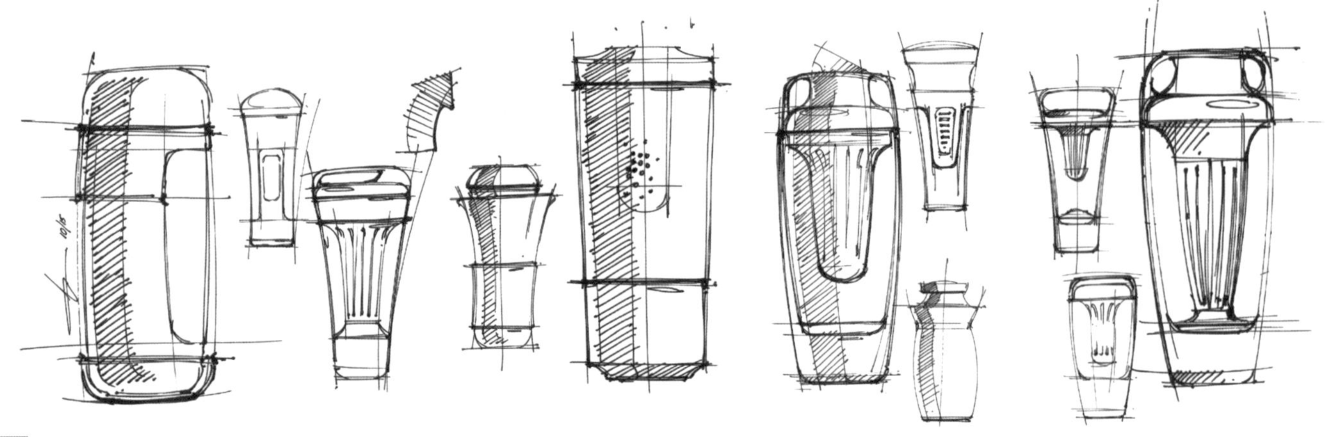

1

用草图快速记录设计想法与概念方向。

2

使用电脑绘图软件，如 Photoshop，建立"轮廓"图层，绘制产品的基本造型。

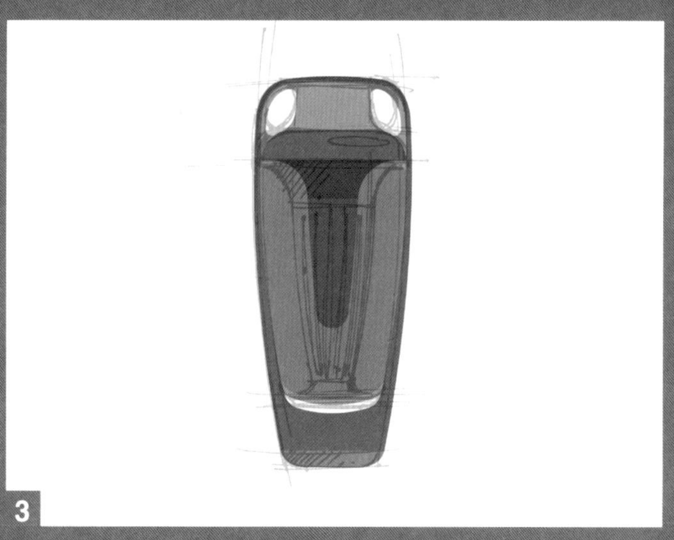

3

以草图作为指引，建立新图层"底色"，完善画面细节，保持不同部件的层次与连接。

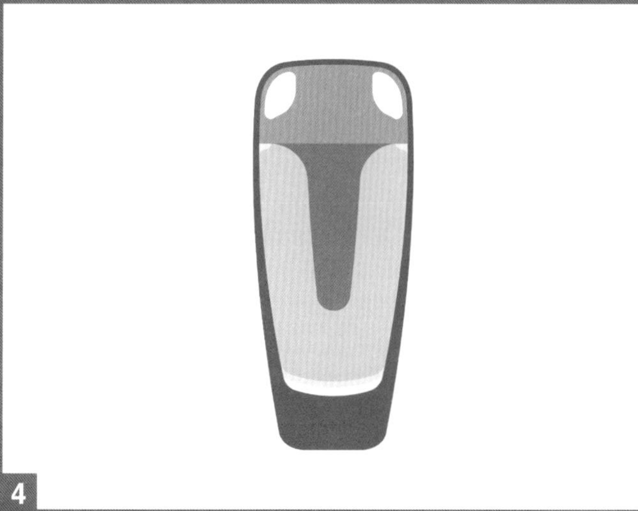

4

新建图层"固有色"，挑选组成的零件并调整各区域的基础色调。

5

新建图层"高光与阴影"，添加阴影，提升产品整体造型。侧视图以定位空间中的产品构造。

6

继续新建新图层，添加产品纹理、高光、反射光和其他细节，进一步确定产品材质。

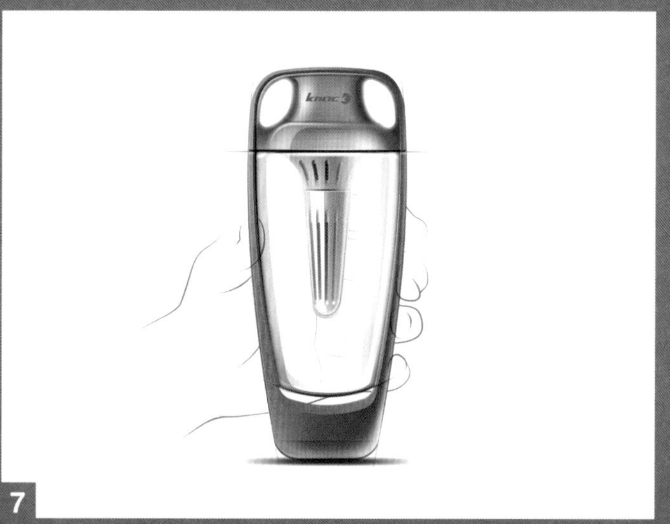

7

最后，衡量产品的尺寸，绘图时处理好其他零件或元素的位置，如品牌标志等。

Sketch Design

设计师：Hongyu Long

绘图工具：马克笔、Dark Pencil

深黑色马克笔一般应用于产品偏黑重的固有色，通常采用冷灰色系CG7到CG9或120纯黑色马克笔进行绘制。使用黑色马克笔上色时要注意光源区域的反光。如图，游戏手柄的光面塑料材质具有一定的反光镜和光源色（各种环境光源）。光源色采用浅黄色马克笔上色，代表暖色系，而暗面选用浅紫色马克笔上色，代表偏冷色系。

如图，衬托产品背景的画法常见有横向条纹排笔、竖向条纹排笔和向右角度透视的快节奏线性笔触，如右上图的电动牙刷。两点透视的基础方圆体块的产品绘图常搭配方块横条或竖条的背景，通常以竖条为主，表现纵深感。

添加背景图目的是突出产品的主要效果，通常背景颜色与产品颜色形成对比，可让产品效果更加立体。

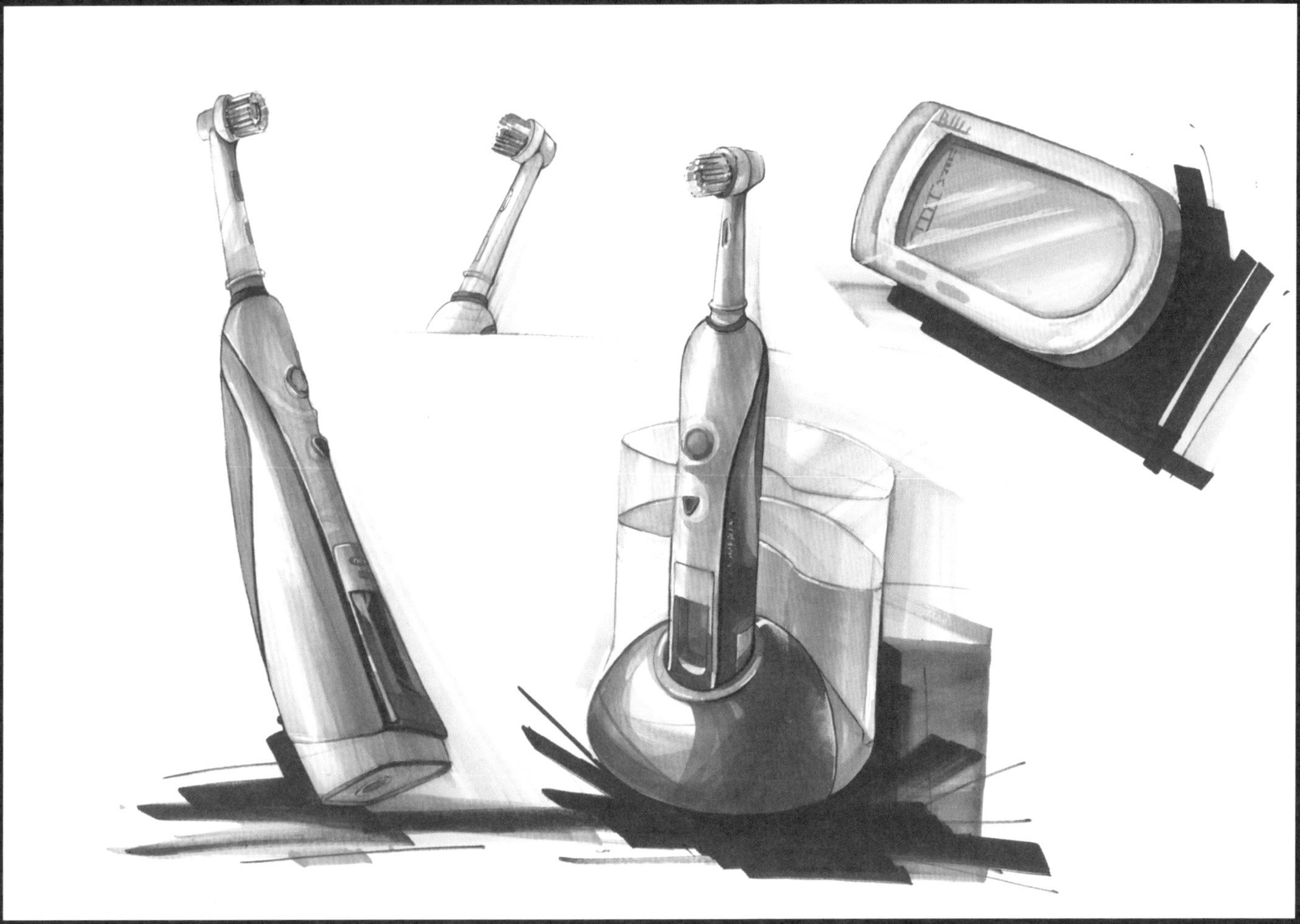

↑ 彩色和灰色马克笔的混合使用一般适用于产品的暗面与灰面，用于表现空间的反光和环境色的折射。如果环境光源为冷光源，暗面则适合搭配偏暖色色系。

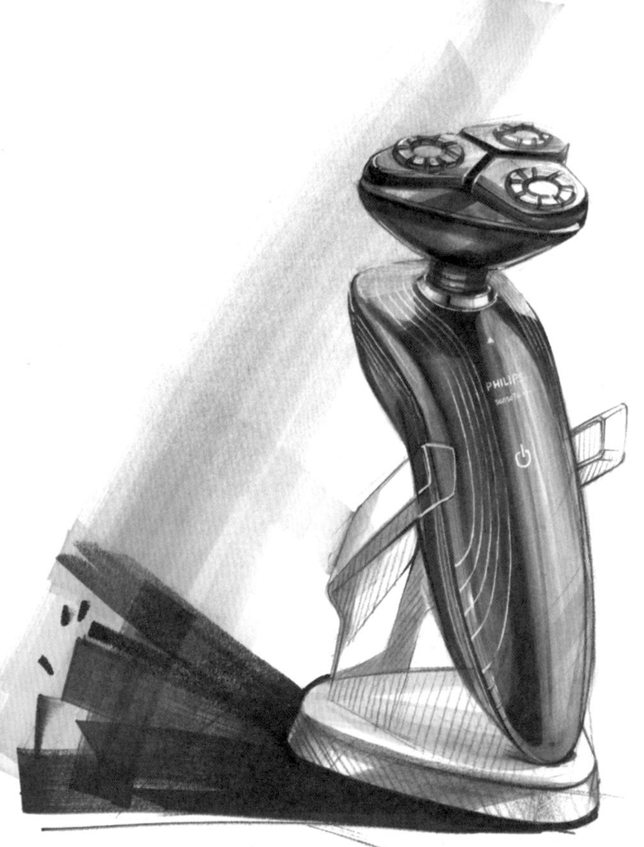

→ 马克笔上色顺序由浅色系到重色系，再由固有色到灰色系往上叠加，一般上色区域集中在产品固有色、灰色和明暗交界线处。切记不可过多叠加灰色和彩色，以免导致产品画面呈现灰蒙蒙的效果。

PROSUS

设计师：Manuel Hess、Steffen Weiss

绘图工具：针管笔、马克笔、Adobe Photoshop

PROSUS是一款结合人体工程学和美学的全新概念的助行车，设计增强了座位、扶手、刹车处的舒适性和安全性，改善了使用者出行的健康安全与便利。它的性能灵感源于赛车的动感与灵活性，通过改变车身宽薄部分或大倒角的材料来实现。设计也考虑到了助行车与室内空间的关系，助行车在大小与结构上相当于一款简单的家具——椅子，展示出一种动静结合的美感。

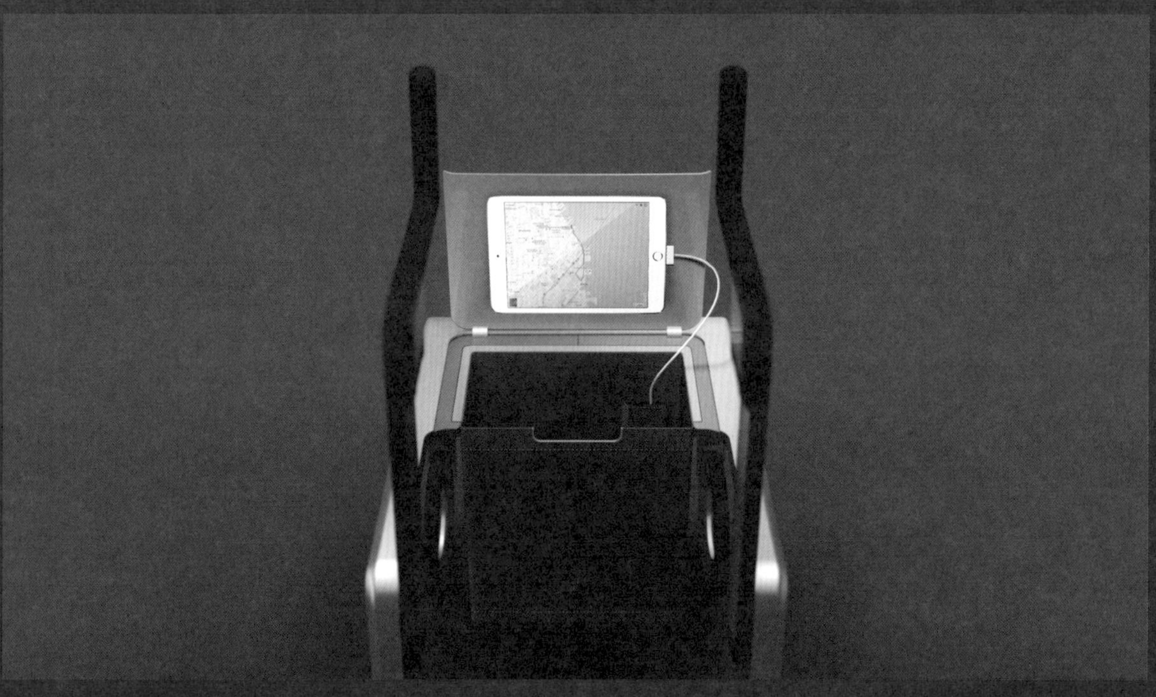

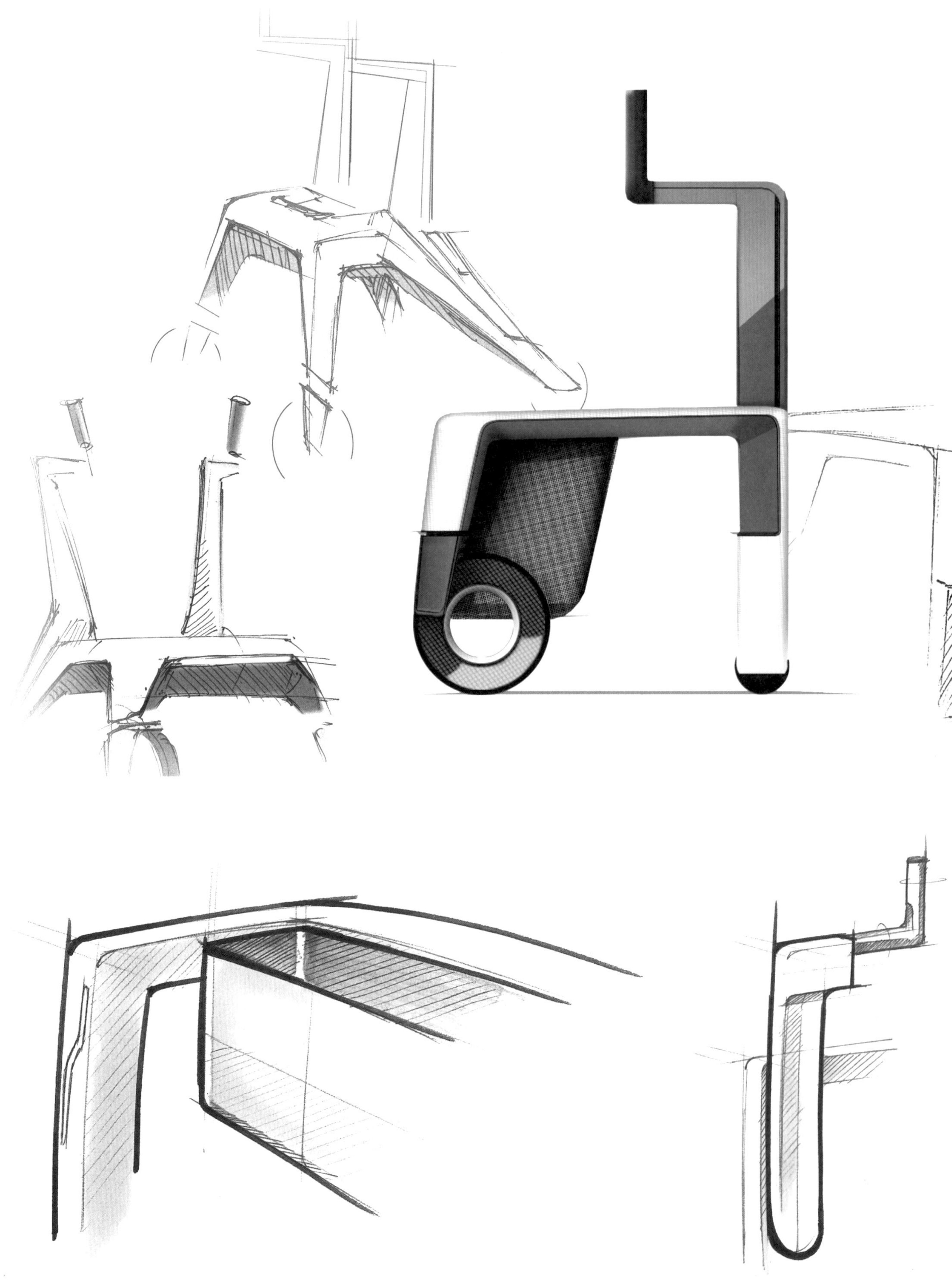

LETRASET
ProMARKER
LETRASET
ProMARKER

GO Wheelchair and Gloves

工作室：Layer

绘图工具：针管笔、Adobe Photoshop

轮椅使用者每天大约要坐在轮椅上18个小时，因而座椅的设计要符合使用者的重量、坐姿、腿脚长度等，以减少压力点对他们造成的不适感和伤害。Go 轮椅的座位用 3D 技术打印在两种半透明树脂的材料上，其中座位的材料TPU具有防震、改善用户舒适度的功能。轮子表面防滑的碳纤维材质以及轻量的钛架设计，最大限度减少轮椅视觉的重量，并与特制手套结合使用，尤其在潮湿的情况下，可提供更高的推动力量。

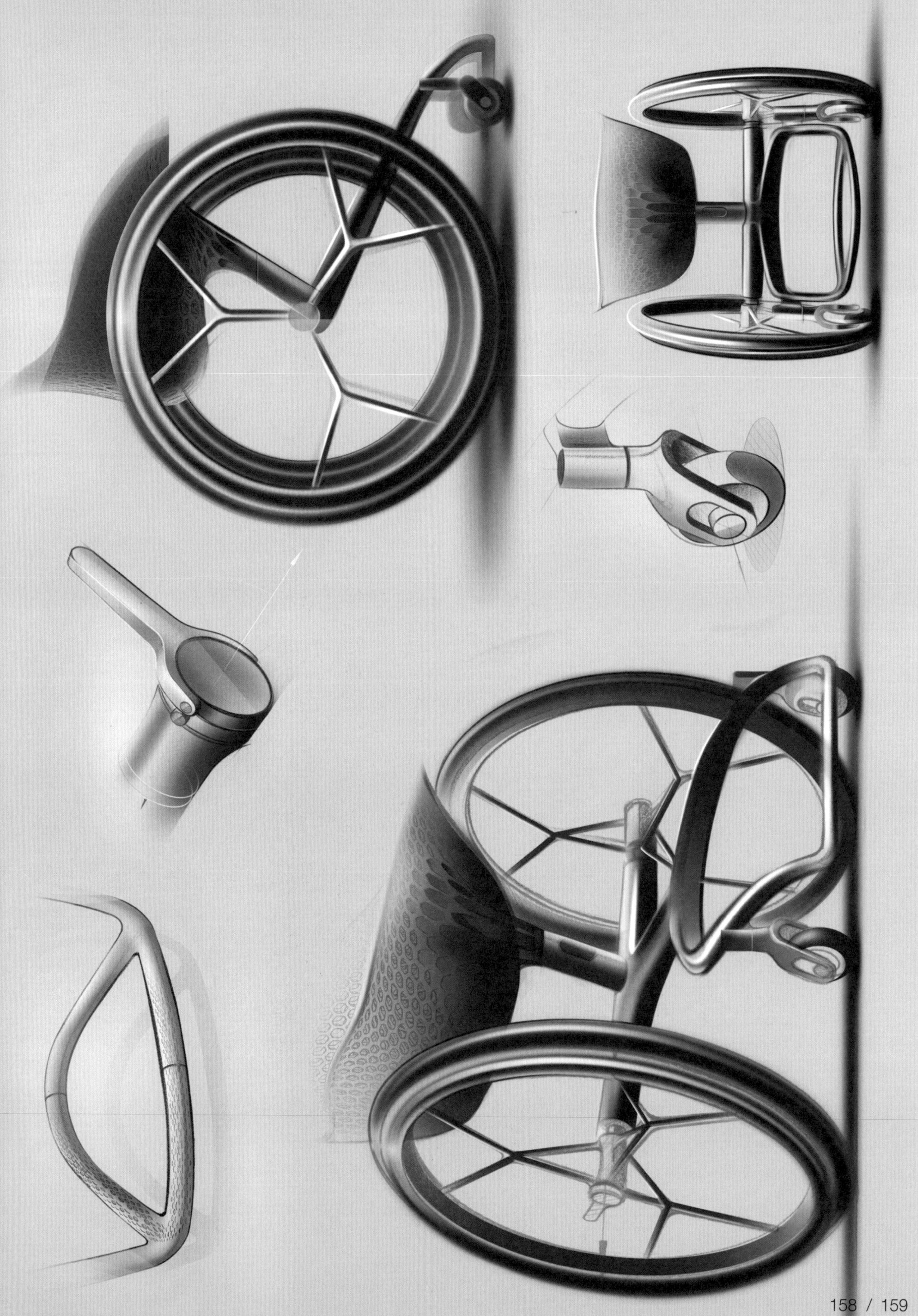

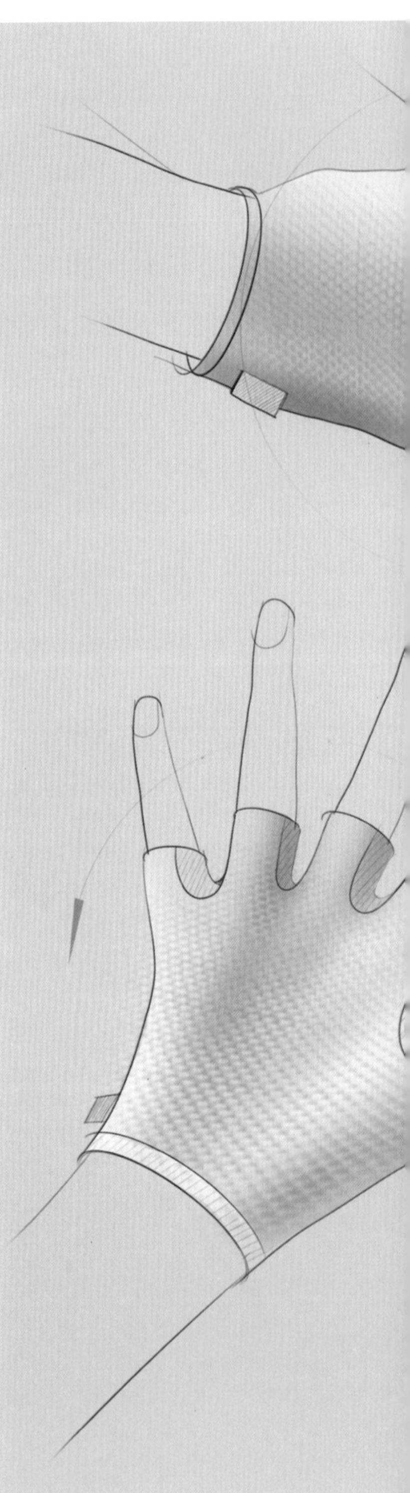

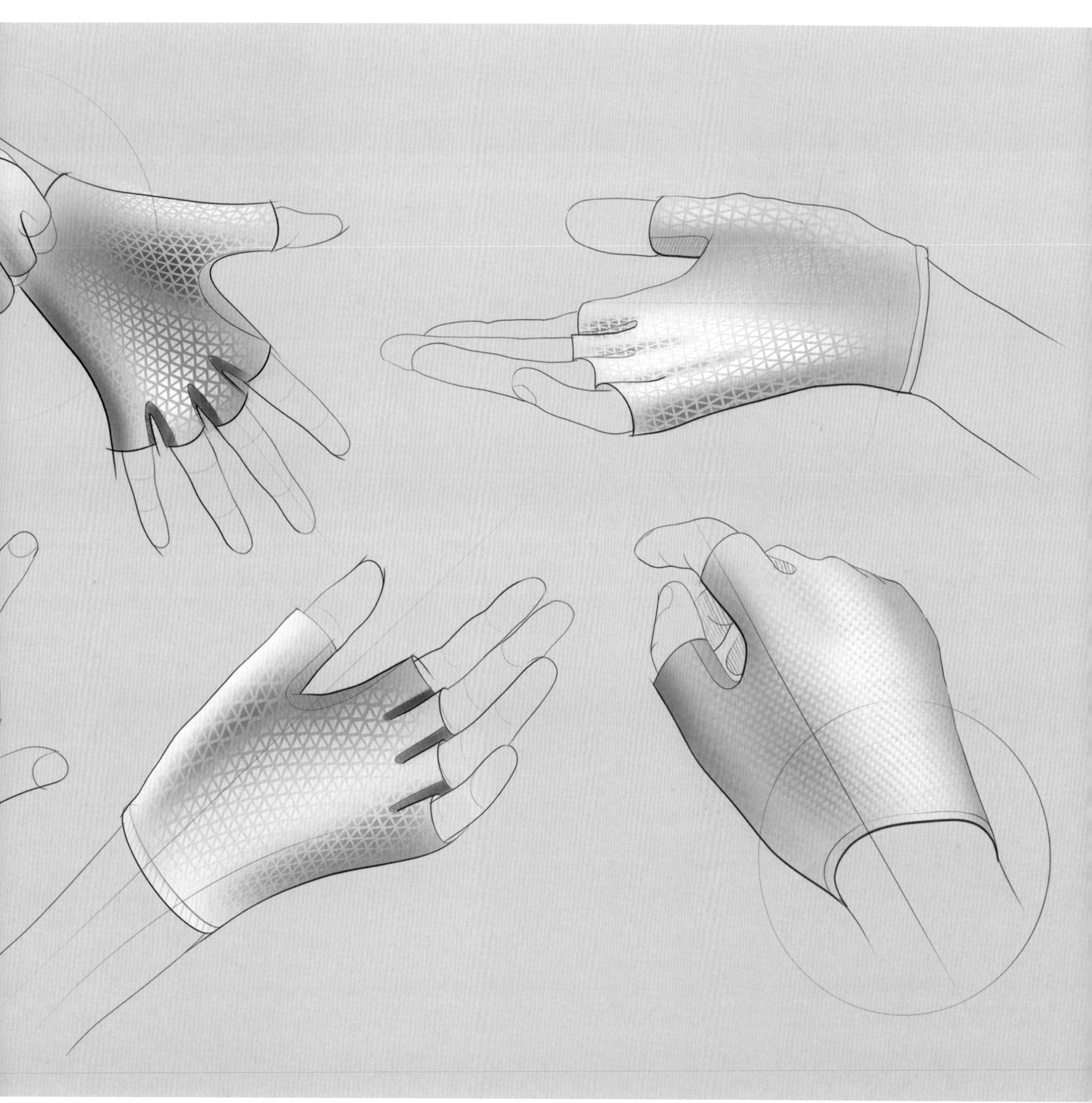

HYUNDAI Heavy Industries

工作室：Citrus Design
设计师：Junghyun Cho、Juhoon Lee、Jinyoung Kim

绘图工具：针管笔、Adobe Photoshop

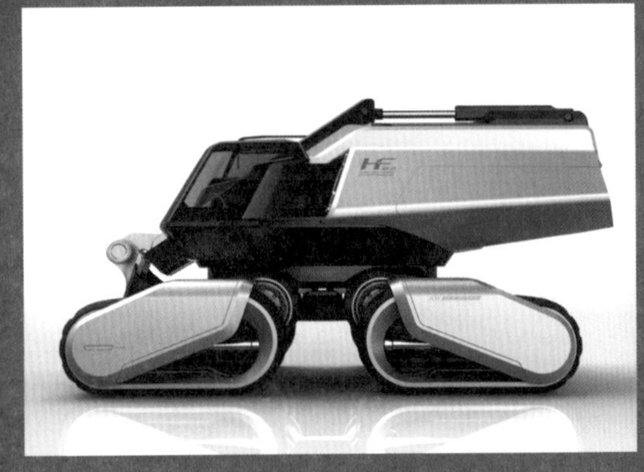

这是一系列重型设备，包括了挖掘机、叉车、装载机，这些设备基于未来概念以及工作环境。设计师通过大胆预测不断更新的市场，大量工作环境将被视为像是一种独立的履带，通过扩展这种履带，同时也扩大工作范围半径和提高使用安全性。当这些设备结合了破碎功能，可提高工作效率，设计师还考虑了设备车身的综合设计，如移动和运输的便利性等，探索下一代重工业设备的新动态。

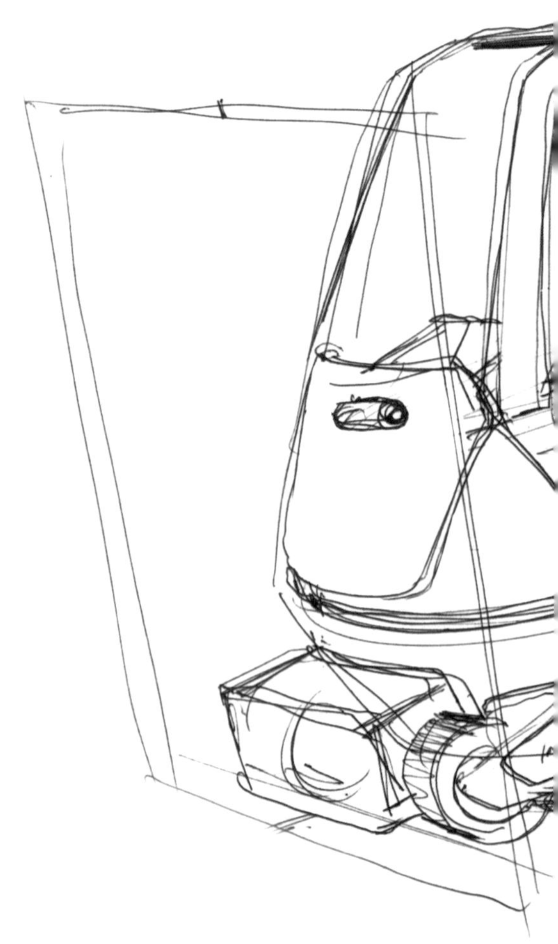

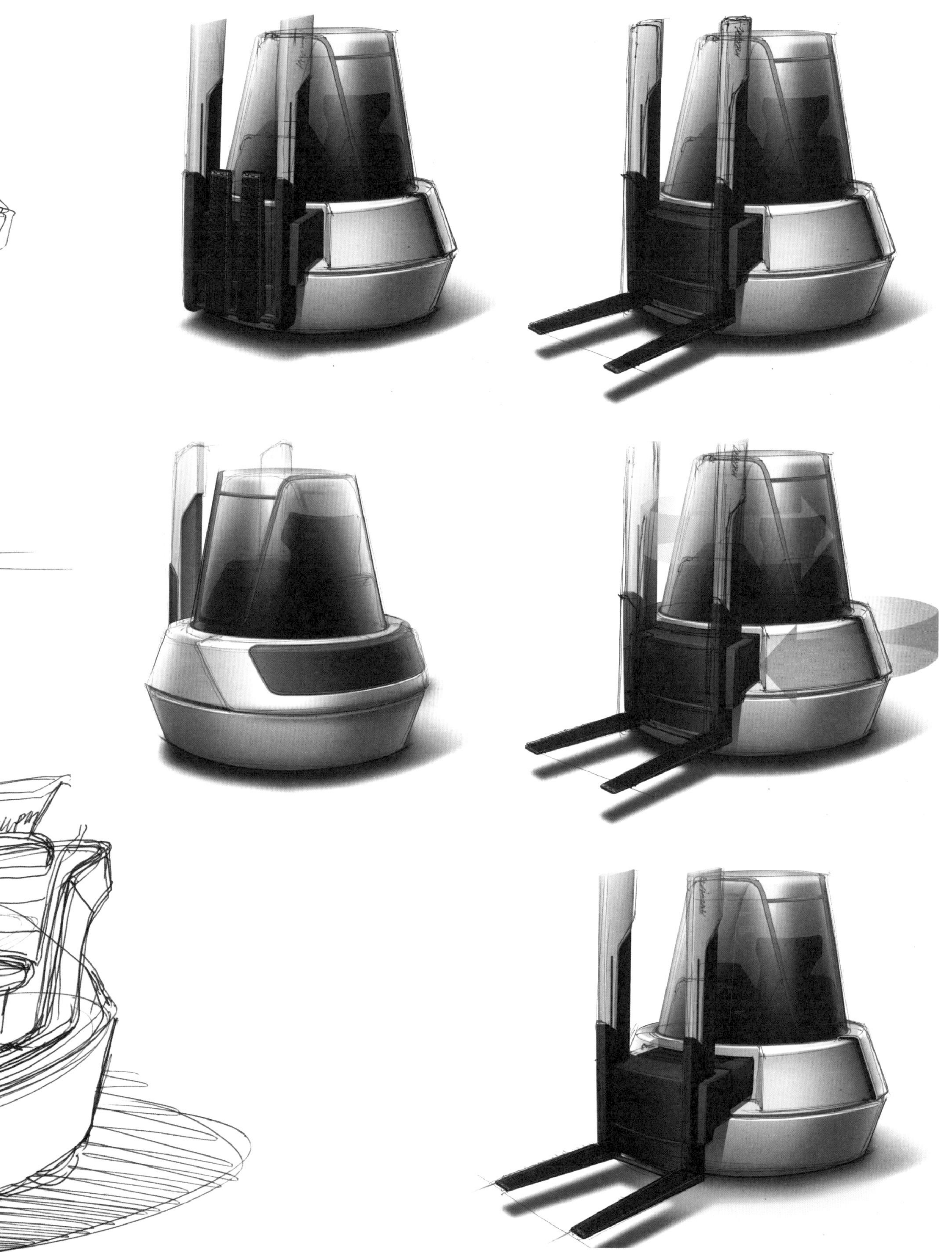

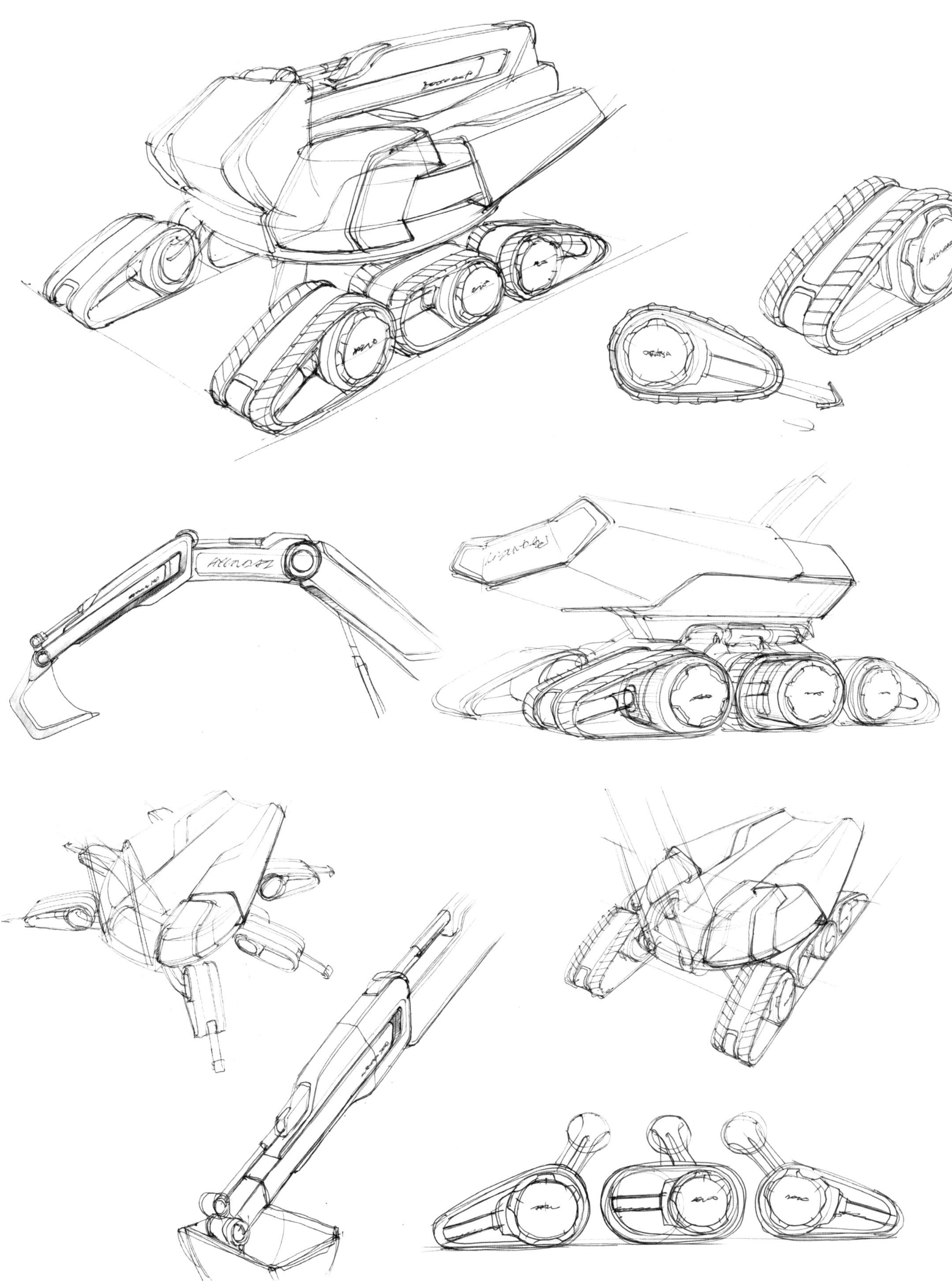

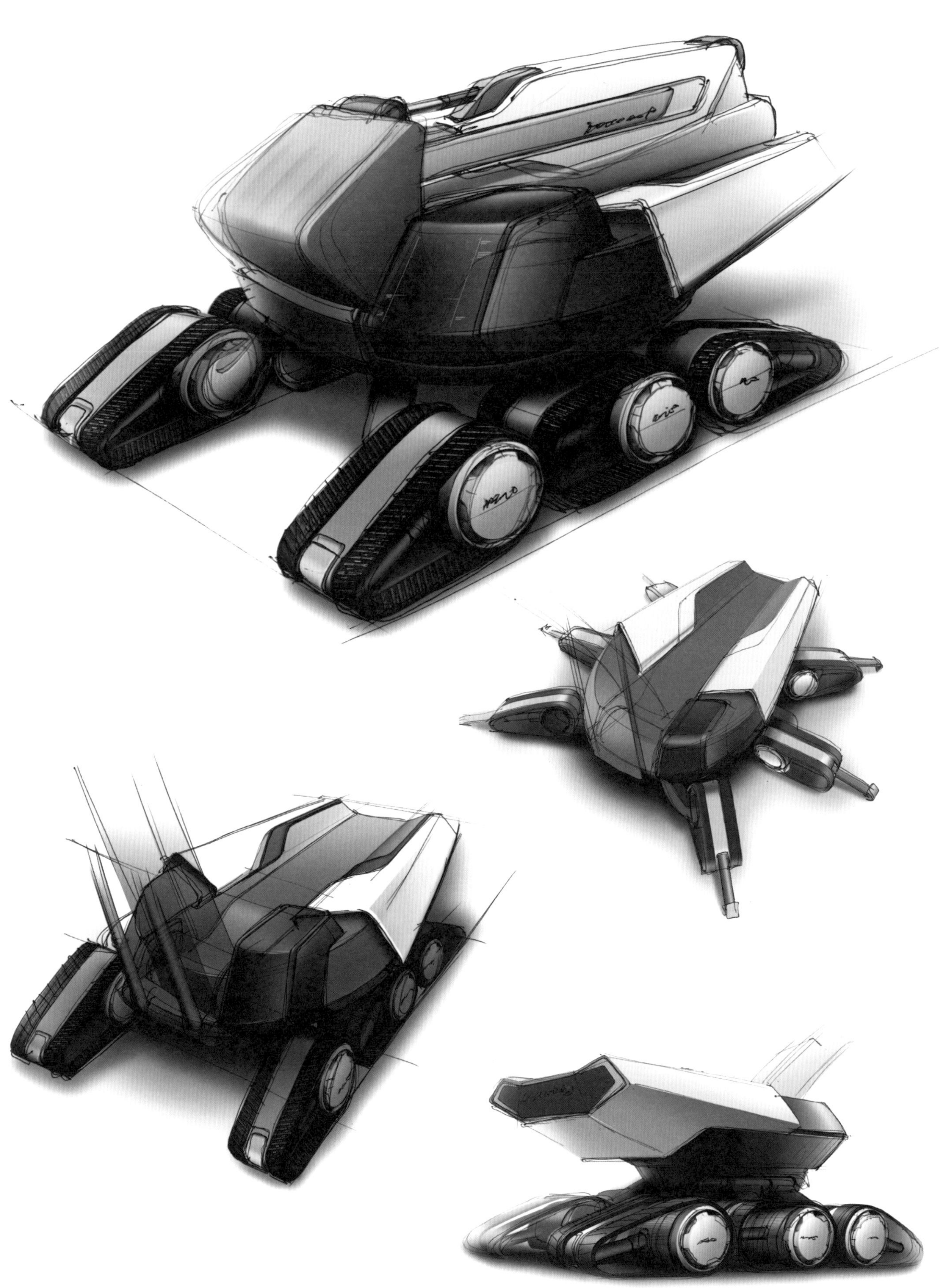

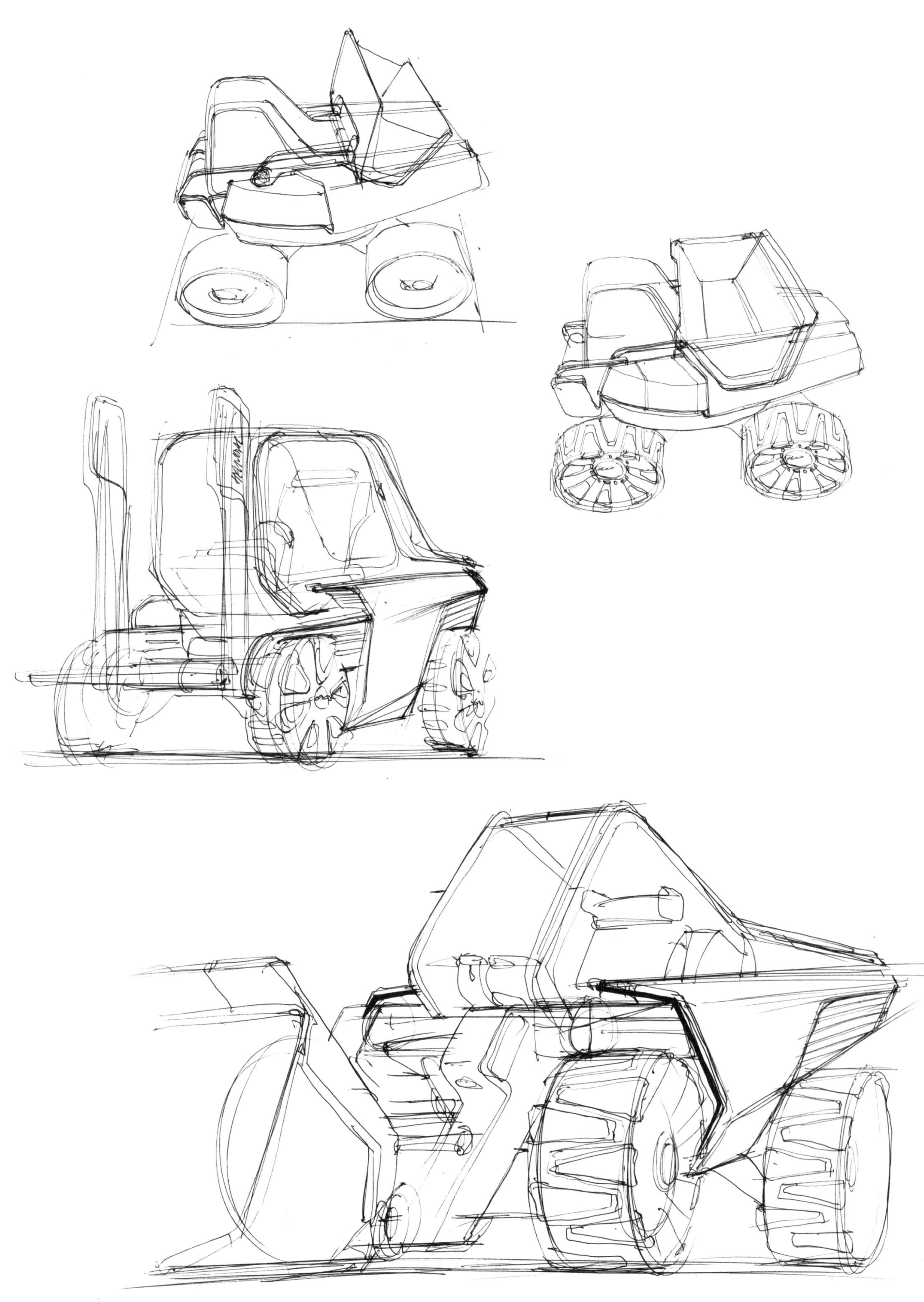

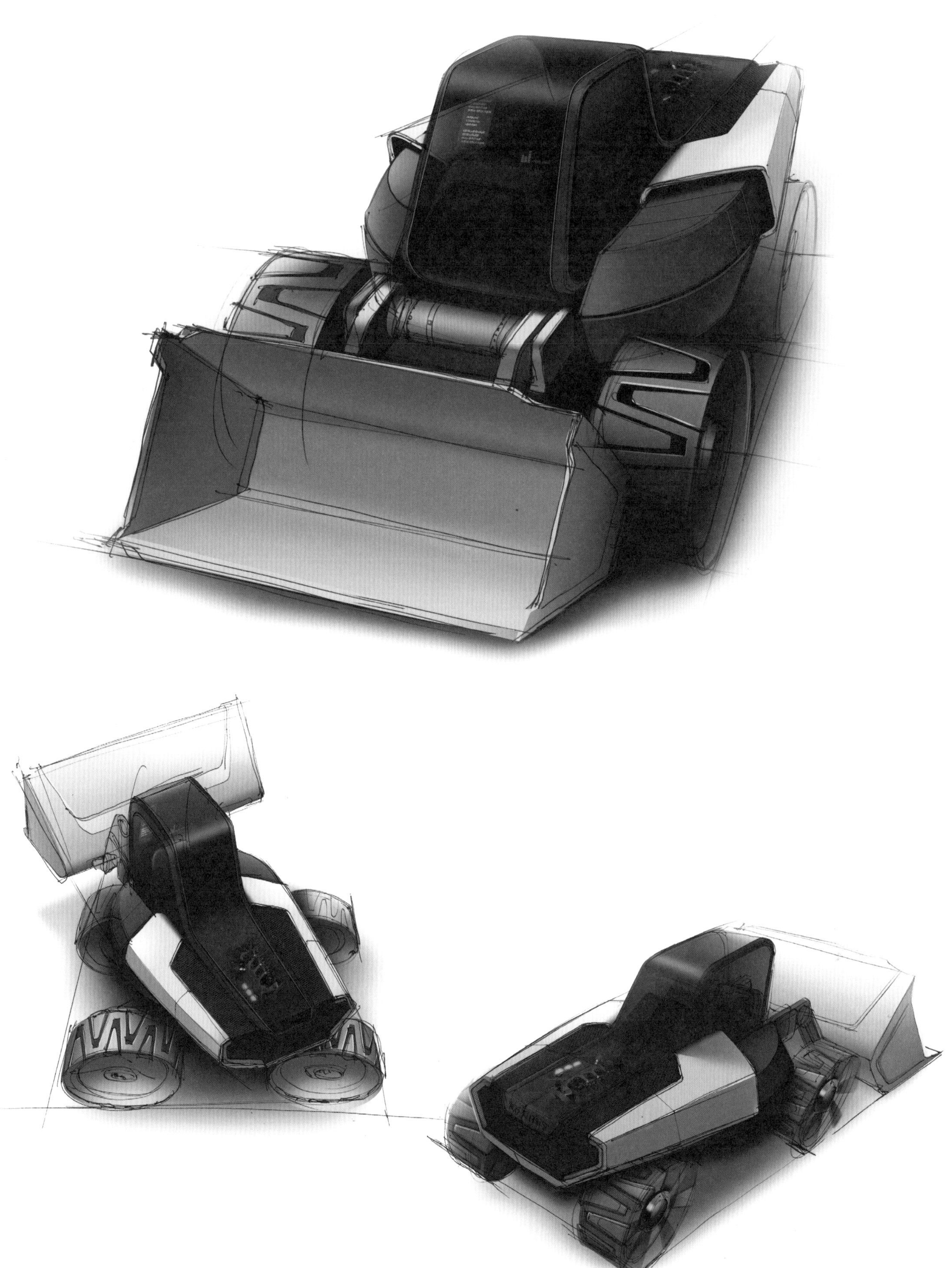

Fiskars Torch

设计师：Dan Taylor

绘图工具：针管笔、马克笔

Fiskars手电筒集高性能、直观、简约现代的设计于一体。电筒分为两部分：电源和光照。充电电池可轻松拆卸进行充电，特别在旅行时使用起来非常方便。为了控制开关和光/频闪/ SOS这3种不同模式，只需旋转一个按钮并手动按下即可选择所需的指示状态。

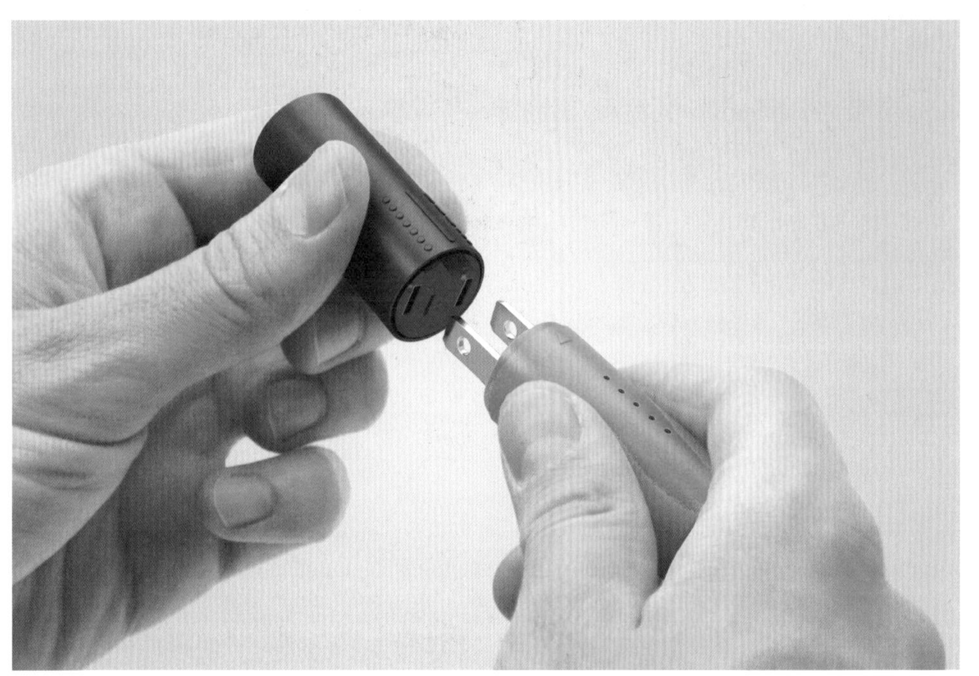

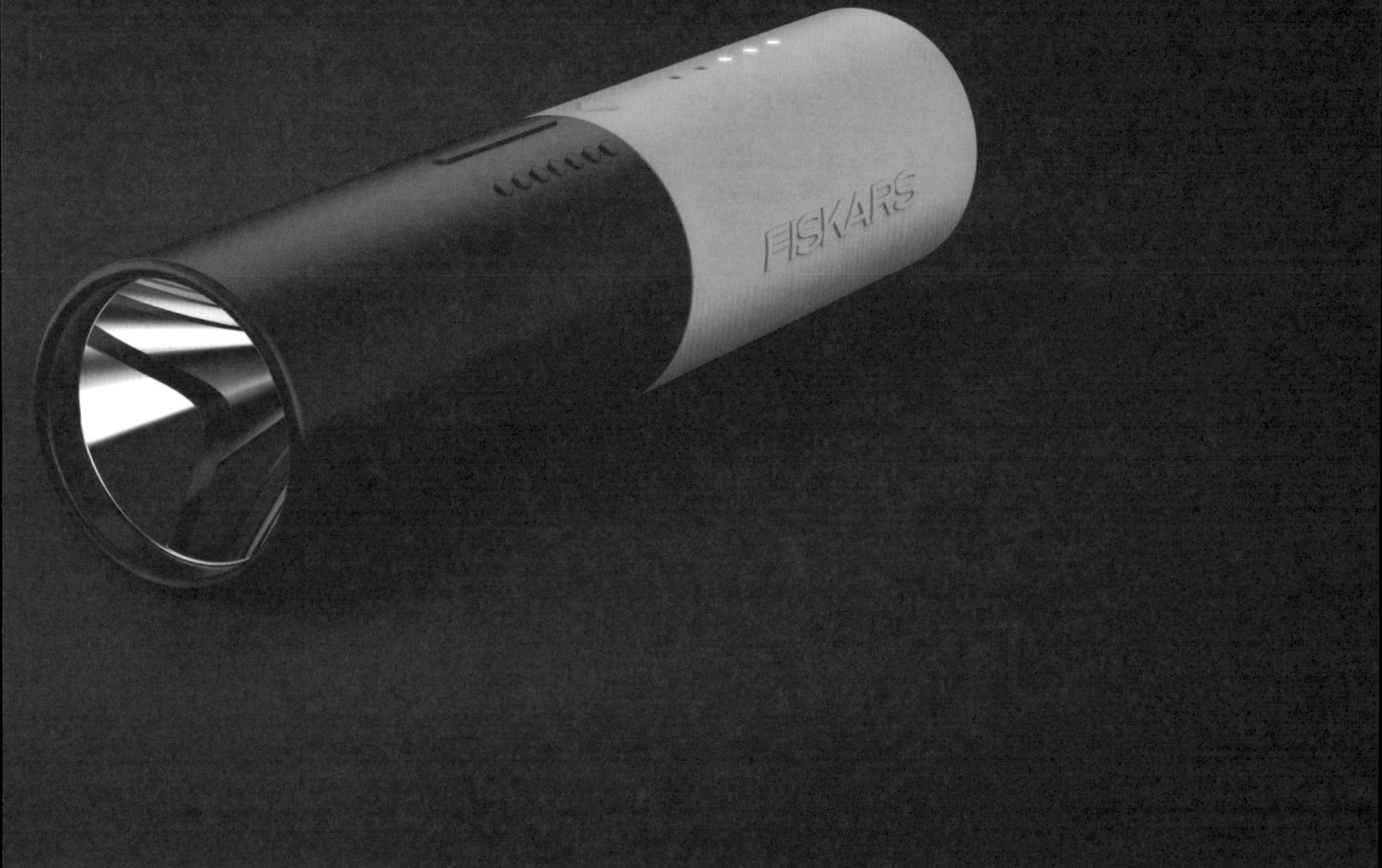

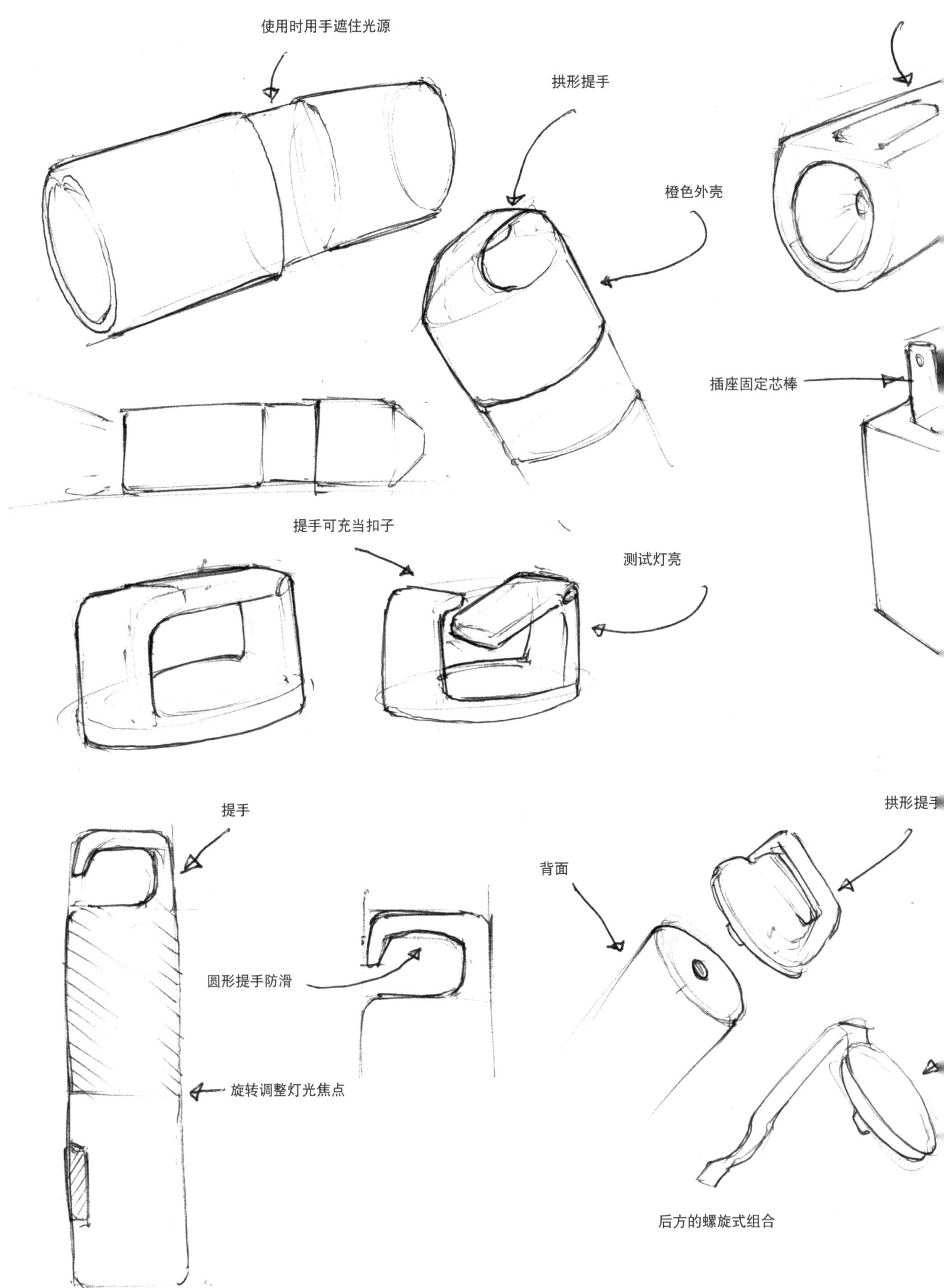
底部手动滑动开关
使用时用手遮住光源
拱形提手
橙色外壳
插座固定芯棒
提手可充当扣子
测试灯亮
提手
拱形提手
背面
圆形提手防滑
旋转调整灯光焦点
后方的螺旋式组合

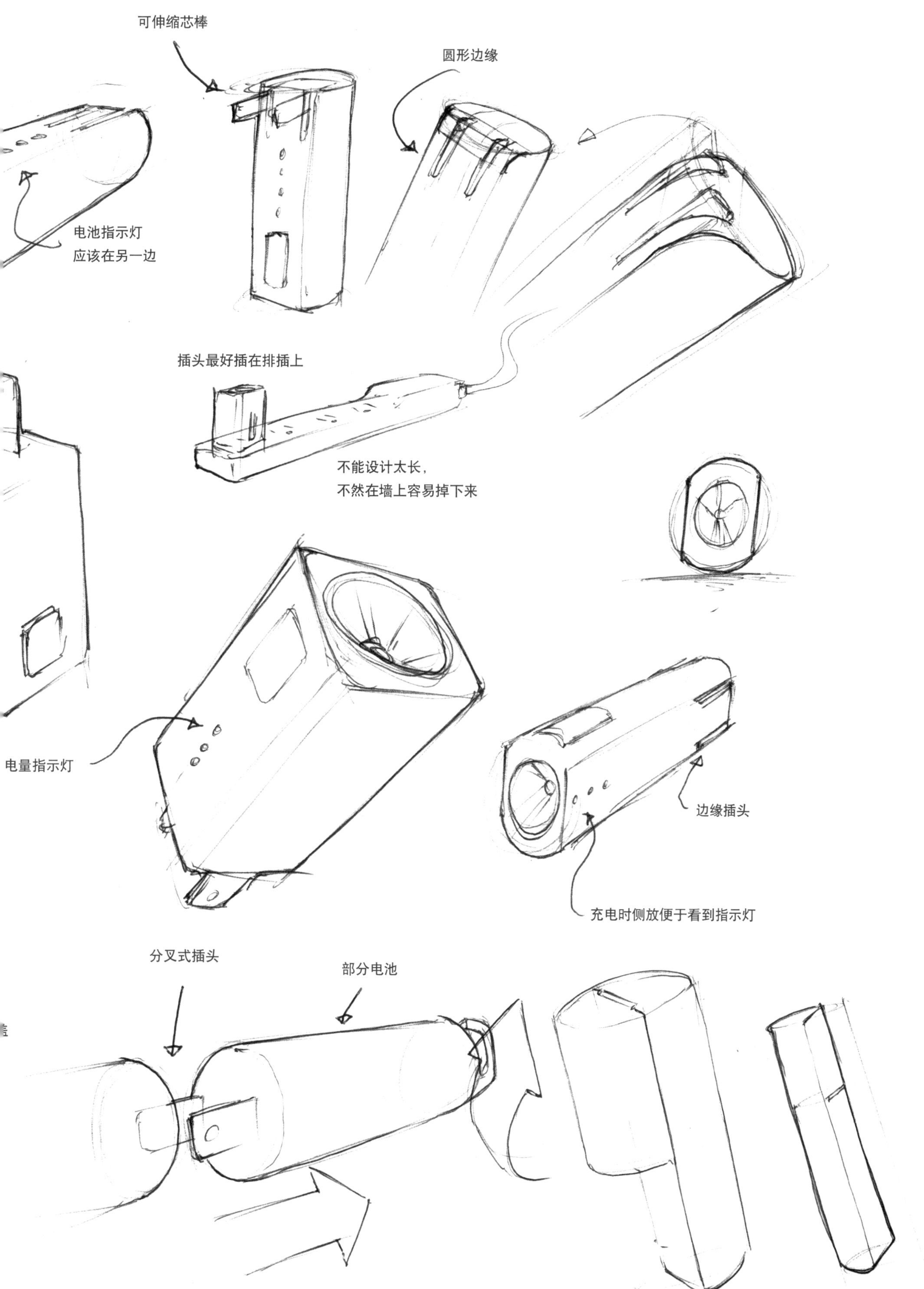
可伸缩芯棒
圆形边缘
电池指示灯
应该在另一边
插头最好插在排插上
不能设计太长，
不然在墙上容易掉下来
电量指示灯
边缘插头
充电时侧放便于看到指示灯
分叉式插头
部分电池

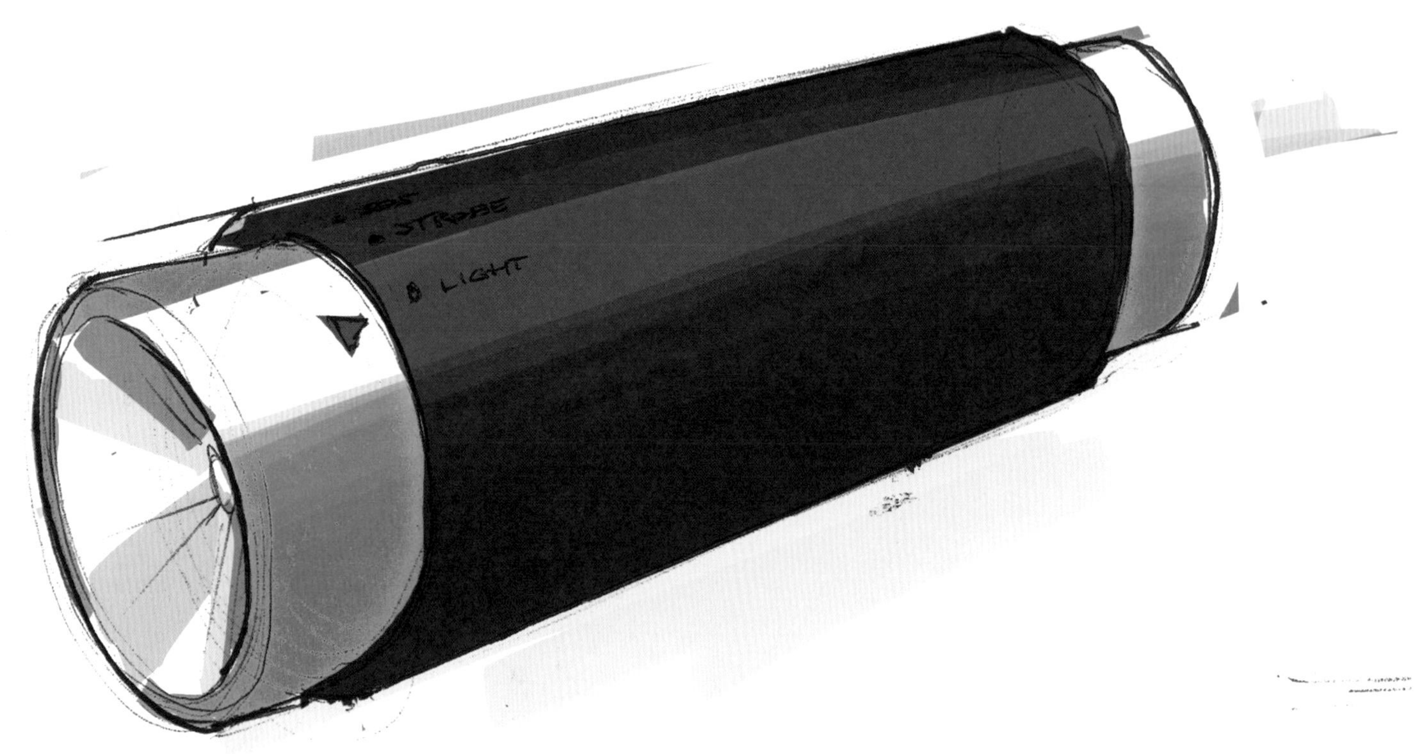
STROBE
LIGHT

平面区域靠墙，可固定光照。

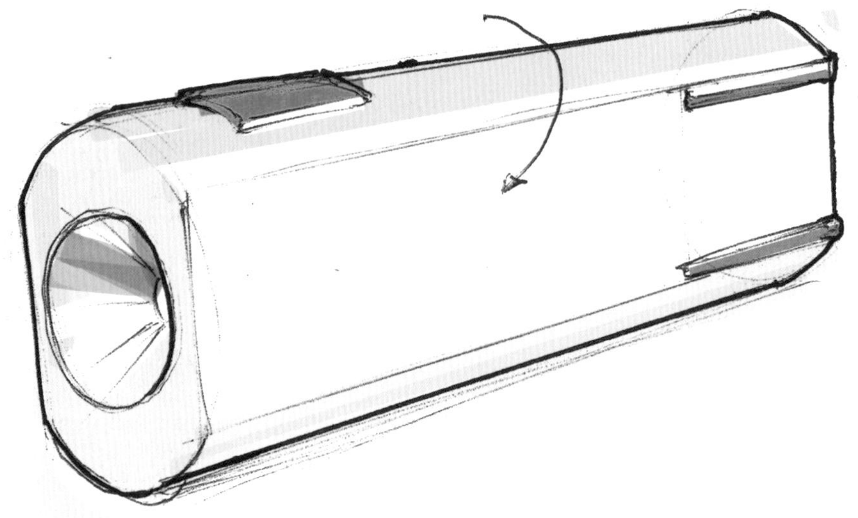

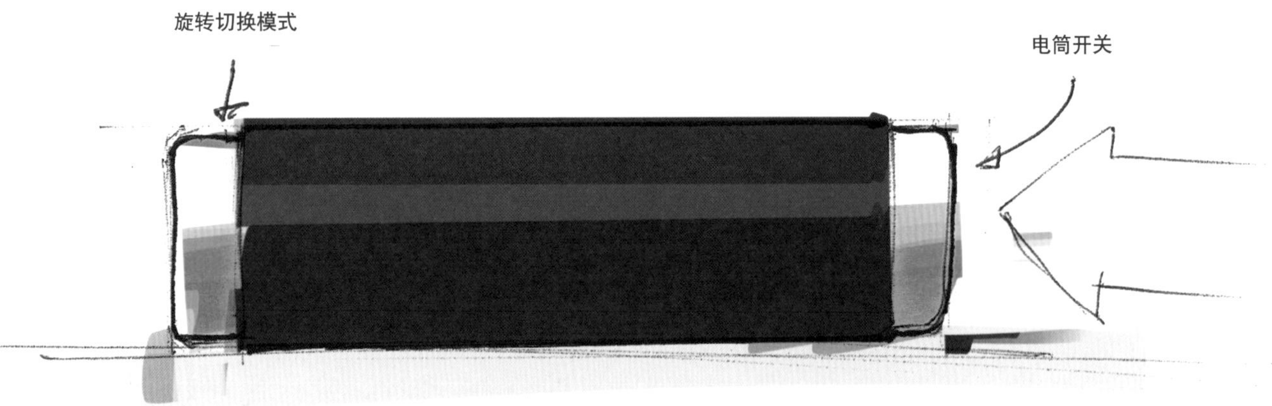
旋转切换模式
电筒开关

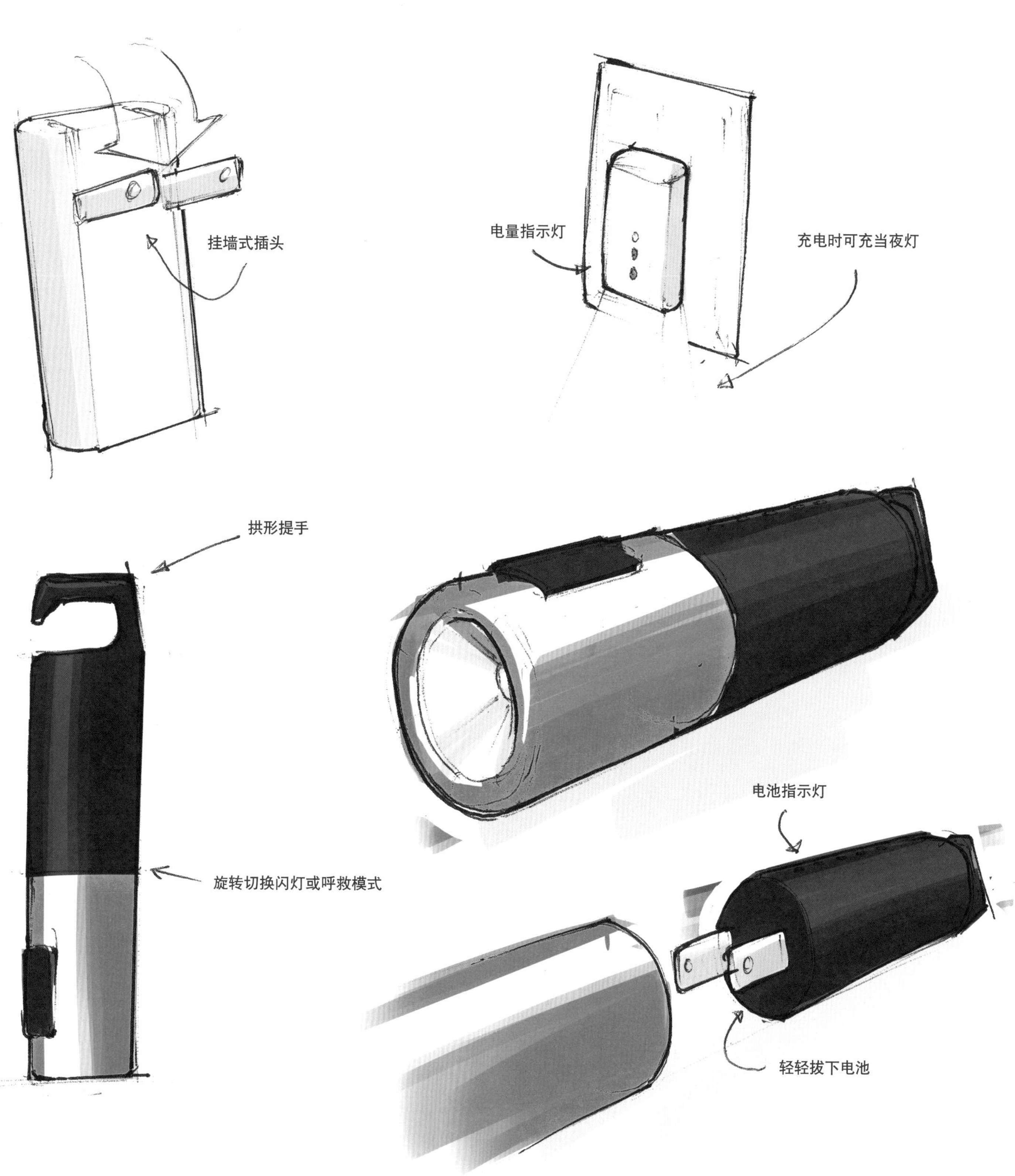
挂墙式插头
电量指示灯
充电时可充当夜灯
拱形提手
旋转切换闪灯或呼救模式
电池指示灯
轻轻拔下电池

No Loss Paint Brush

工作室：AME Group
设计师：Eamon Croghan、Verity Warner、Tim Stern

绘图工具：Adobe Photoshop、Wacom 手绘板

Harris
Harris

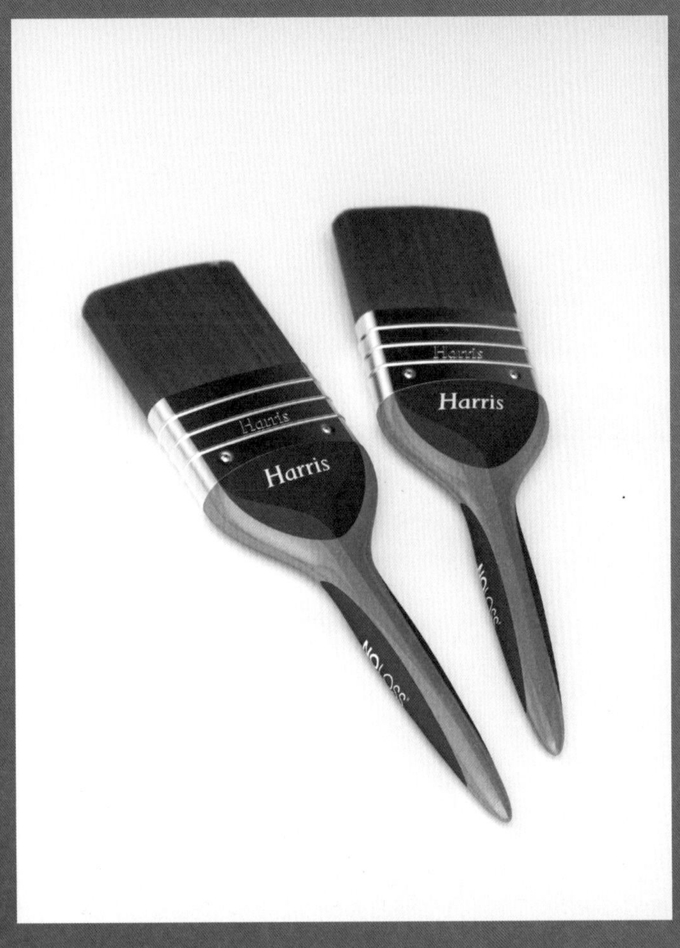

设计师借鉴画笔的设计，意在设计一款全新一代的无损耗、符合当代美学以及人体工程学的画笔。画笔手绘有助于呈现最初的创意和想法，开发出最受使用者青睐的产品。使用电脑软件进行画笔图像处理，增加更多细节，并在这个过程中保持与客户的交流，最终的画笔设计在CAD软件中进行模型创建、产品渲染和研发设计。

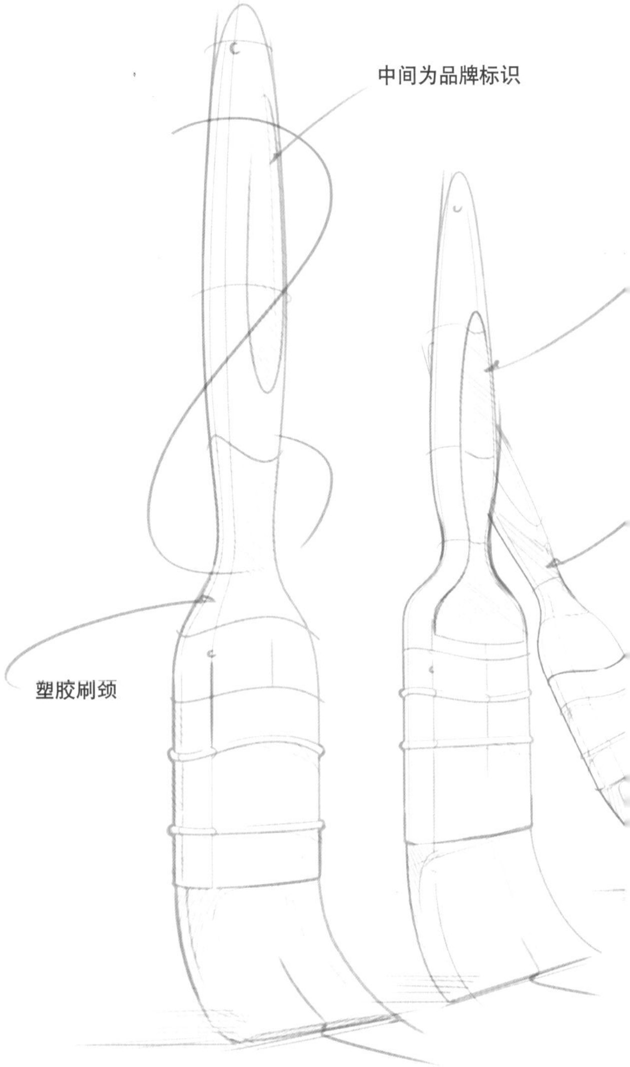

中间为品牌标识
塑胶刷颈

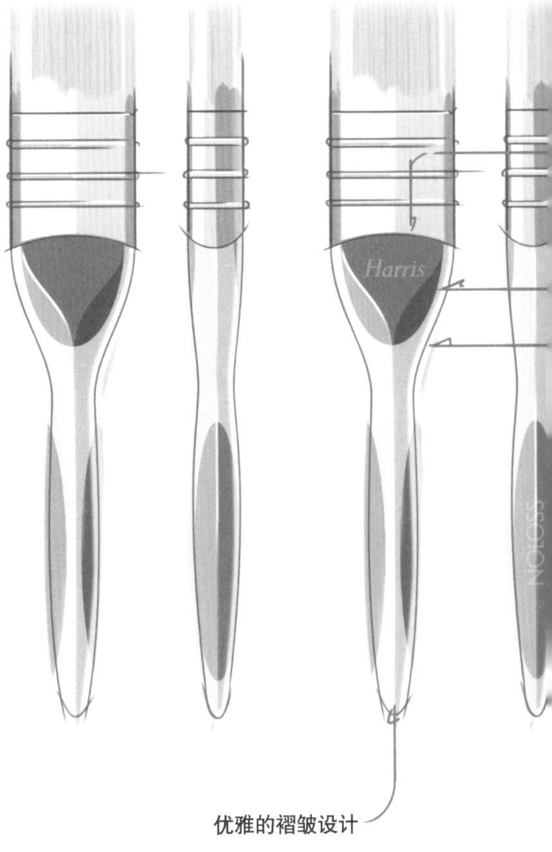

Harris
优雅的褶皱设计

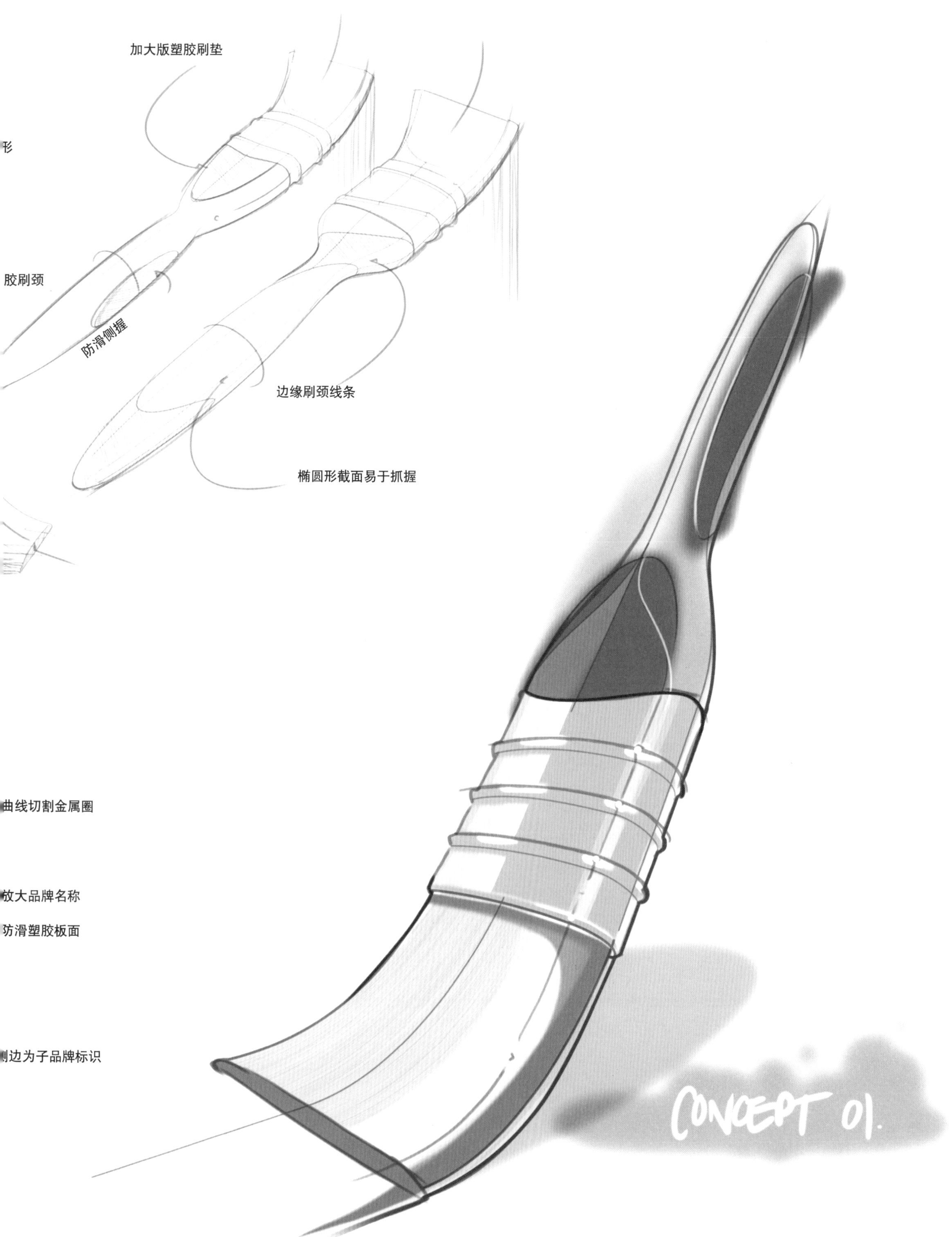
加大版塑胶刷垫
彩
胶刷颈
防滑侧握
边缘刷颈线条
椭圆形截面易于抓握
曲线切割金属圈
放大品牌名称
防滑塑胶板面
侧边为子品牌标识
CONCEPT 01.

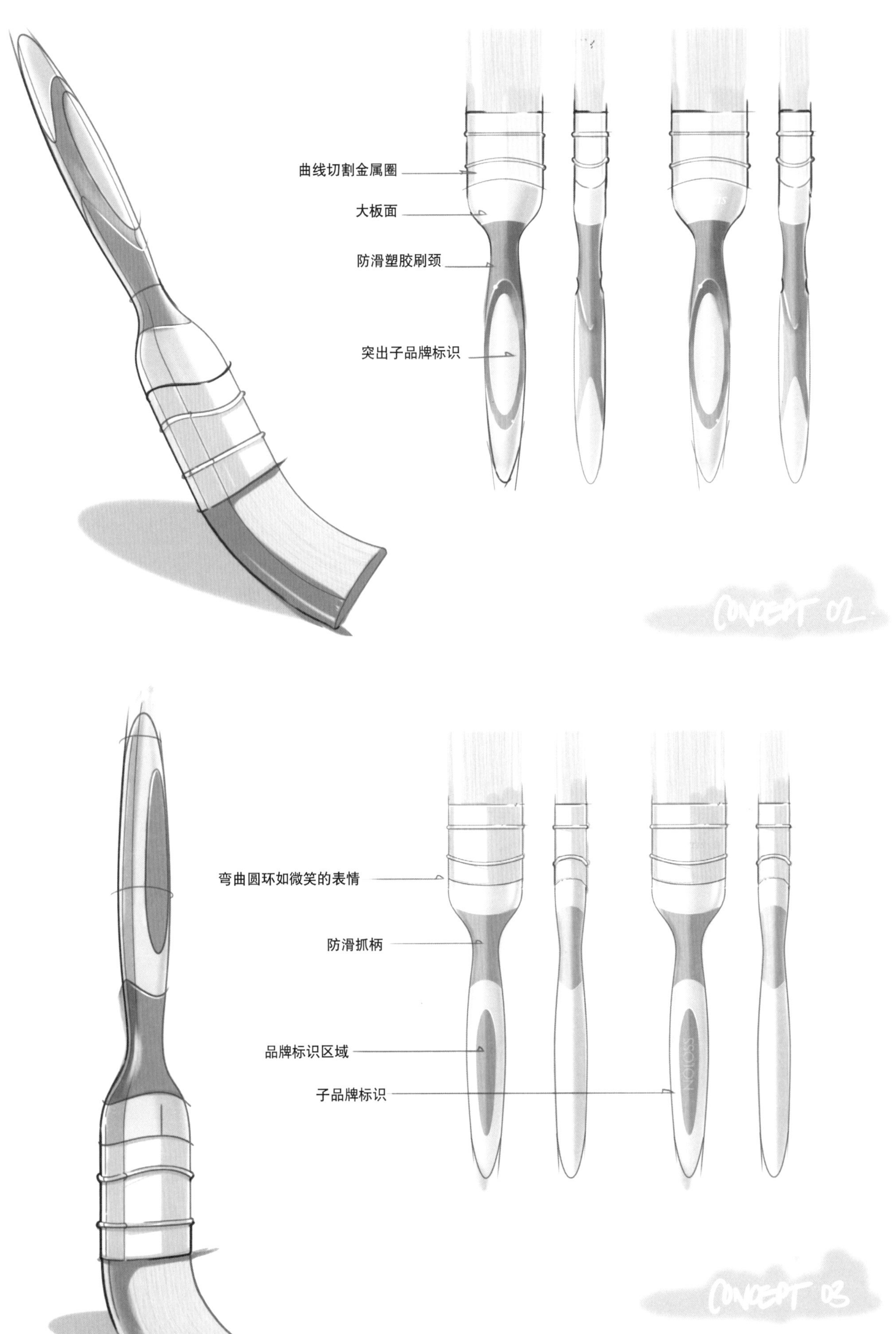
曲线切割金属圈
大板面
防滑塑胶刷颈
突出子品牌标识
CONCEPT 02
弯曲圆环如微笑的表情
防滑抓柄
品牌标识区域
子品牌标识
CONCEPT 03

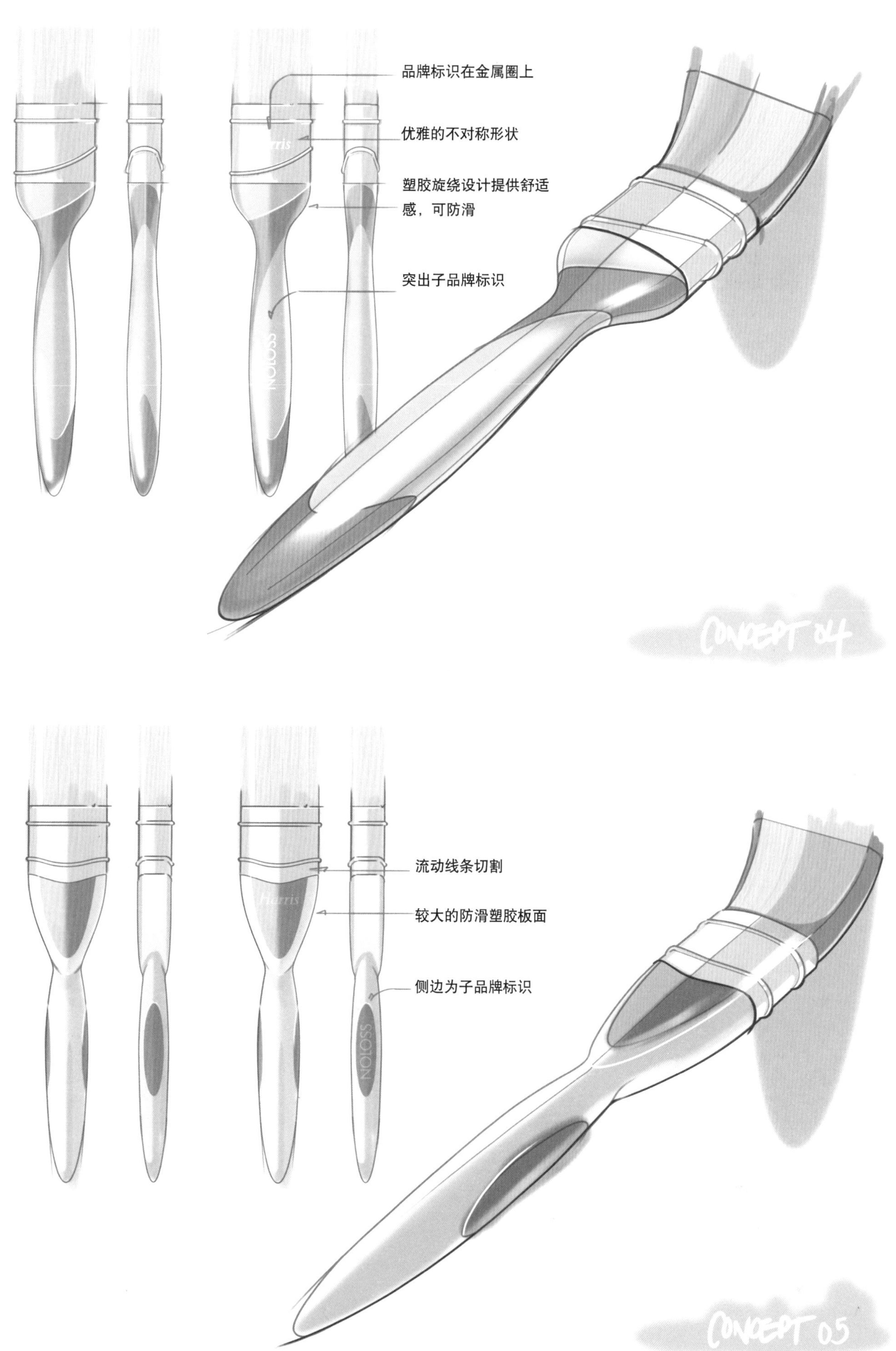
品牌标识在金属圈上
优雅的不对称形状
塑胶旋绕设计提供舒适感，可防滑
突出子品牌标识
Harris
NOLOSS
CONCEPT 04
流动线条切割
较大的防滑塑胶板面
侧边为子品牌标识
Harris
NOLOSS
CONCEPT 05

PUF

工作室：Knack　设计师：Kelly Custer

绘图工具：针管笔、纸、Adobe Photoshop、Rhino、Keyshot

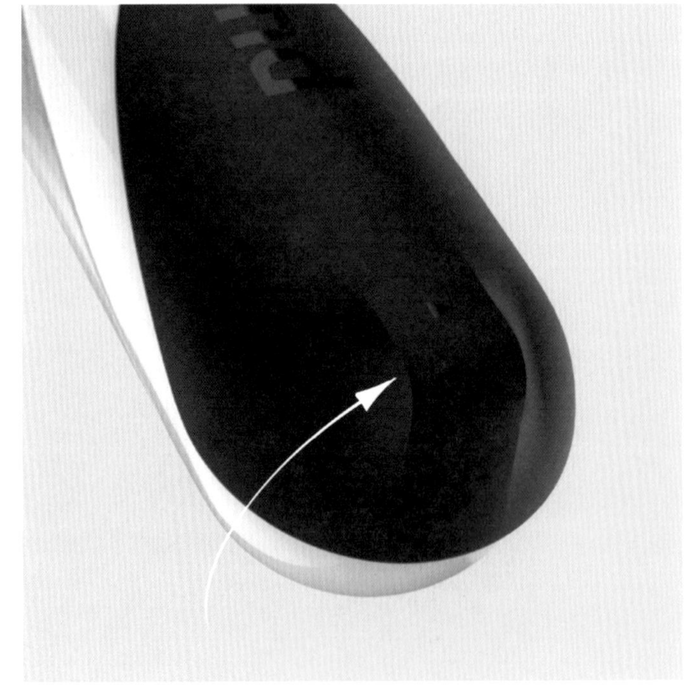

PUF的诞生源于一种气雾剂的概念，旨在为当下一次性呼吸器提供一个可持续使用的替代品，促进呼吸器的正确使用。呼吸器设置了集成接口盖和自动锁紧的零件，简洁的外形加上醒目的颜色，为气喘用户提供了多样选择。

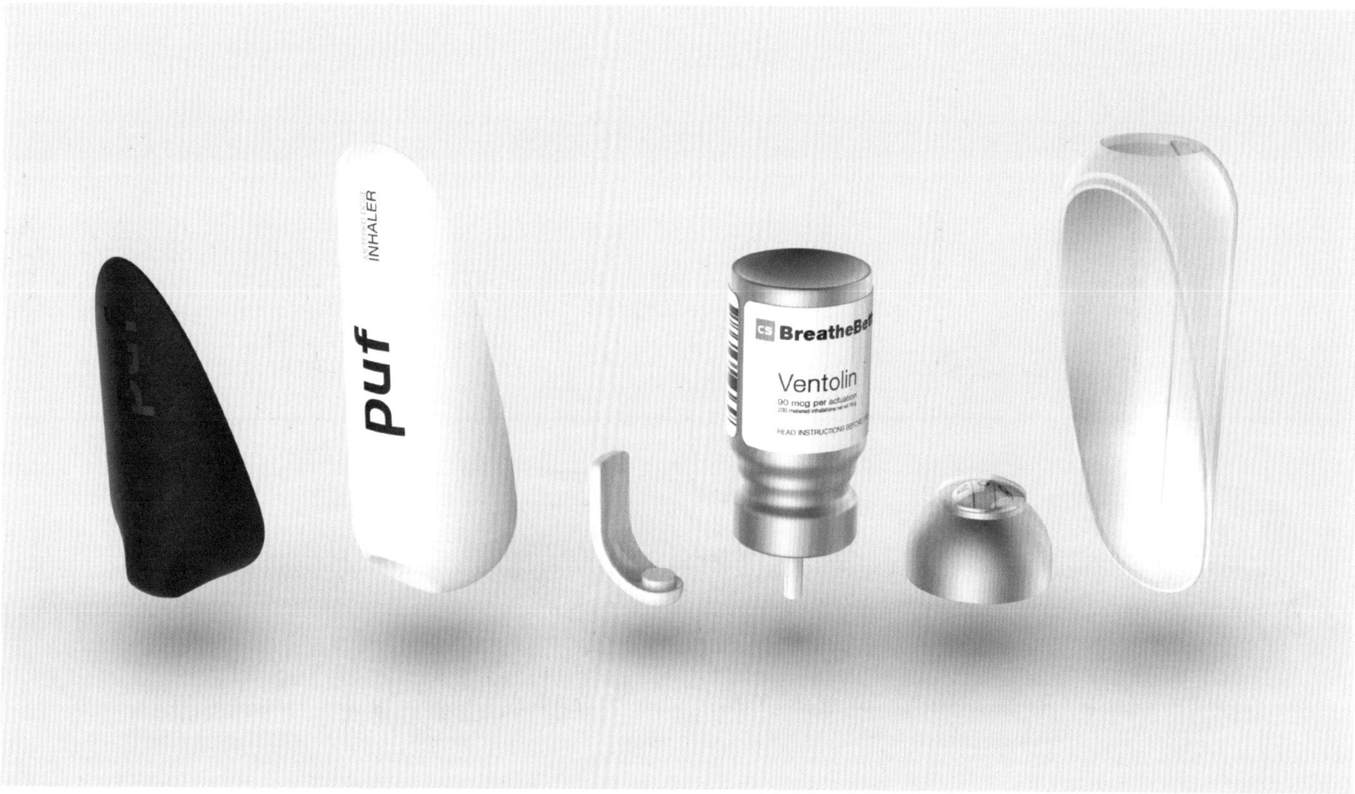
INHALER
puf
BreatheBe
Ventolin
90 mcg per actuation

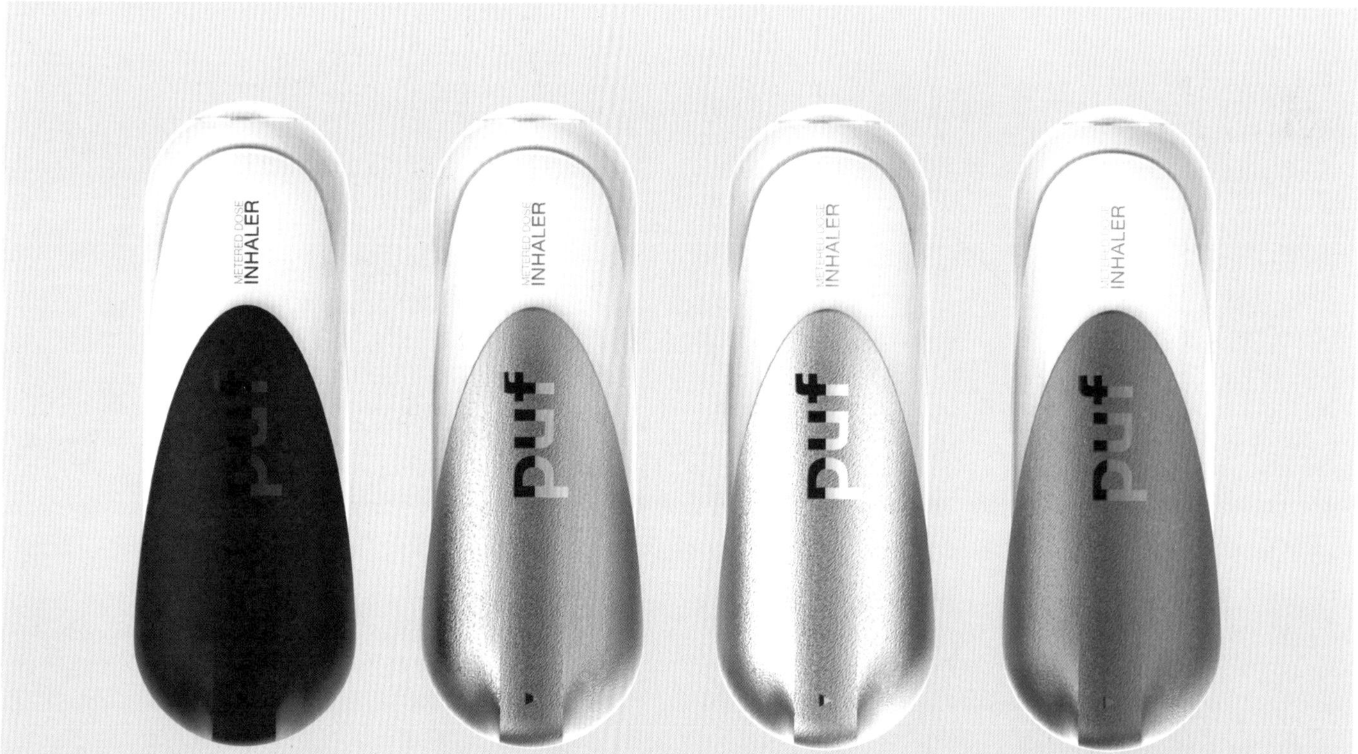
METERED DOSE
INHALER
puf
INHALER
puf
INHALER
puf
INHALER
puf

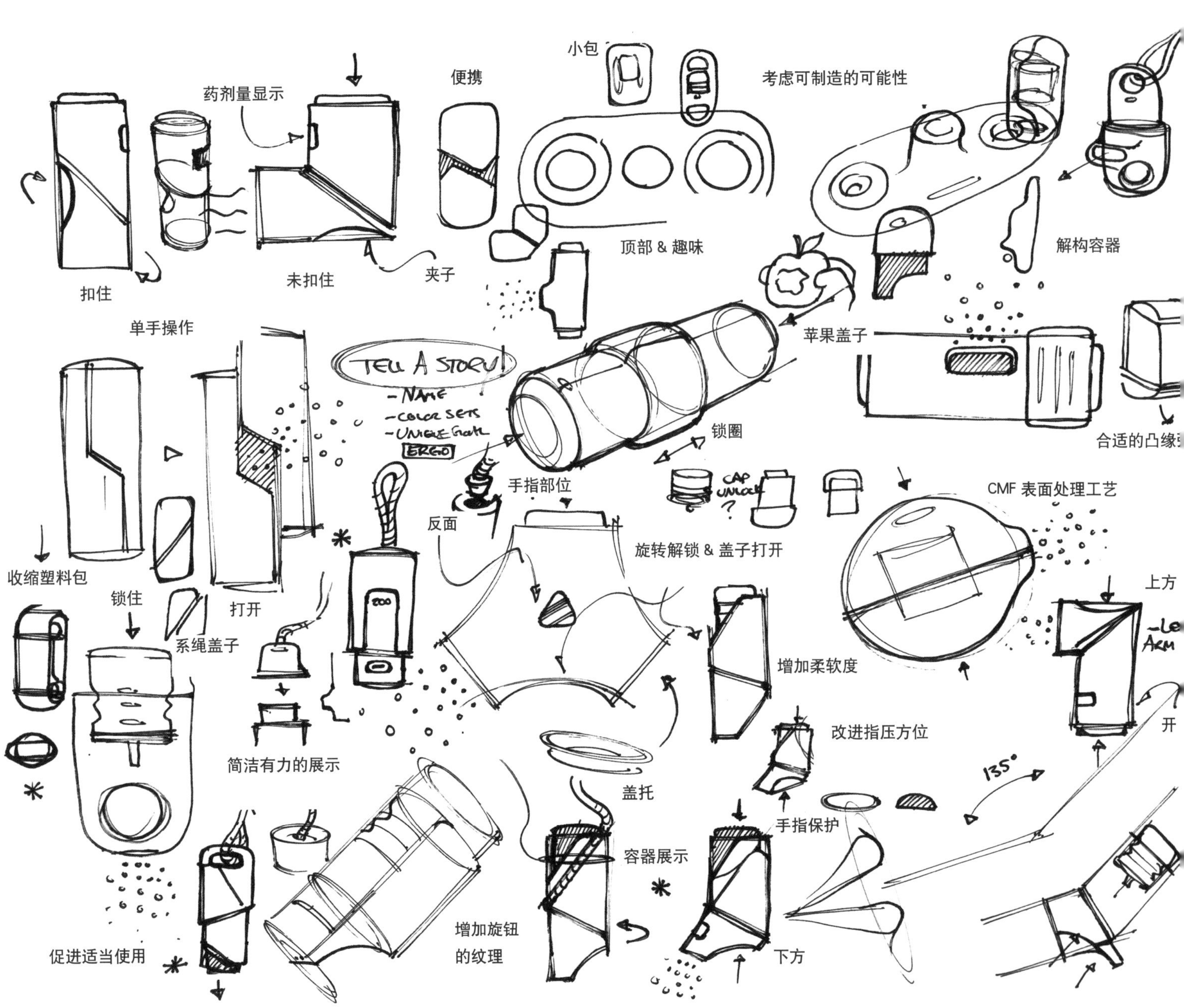

小包
考虑可制造的可能性
药剂量显示
便携
扣住
未扣住
夹子
顶部 & 趣味
解构容器
单手操作
TELL A STORY!
-NAME
-COLOR SETS
ERGO
苹果盖子
锁圈
合适的凸缘
收缩塑料包
锁住
系绳盖子
打开
手指部位
反面
CAP UNLOCK ?
CMF 表面处理工艺
旋转解锁 & 盖子打开
上方
增加柔软度
改进指压方位
简洁有力的展示
盖托
135°
手指保护
容器展示
开
促进适当使用
增加旋钮
的纹理
下方

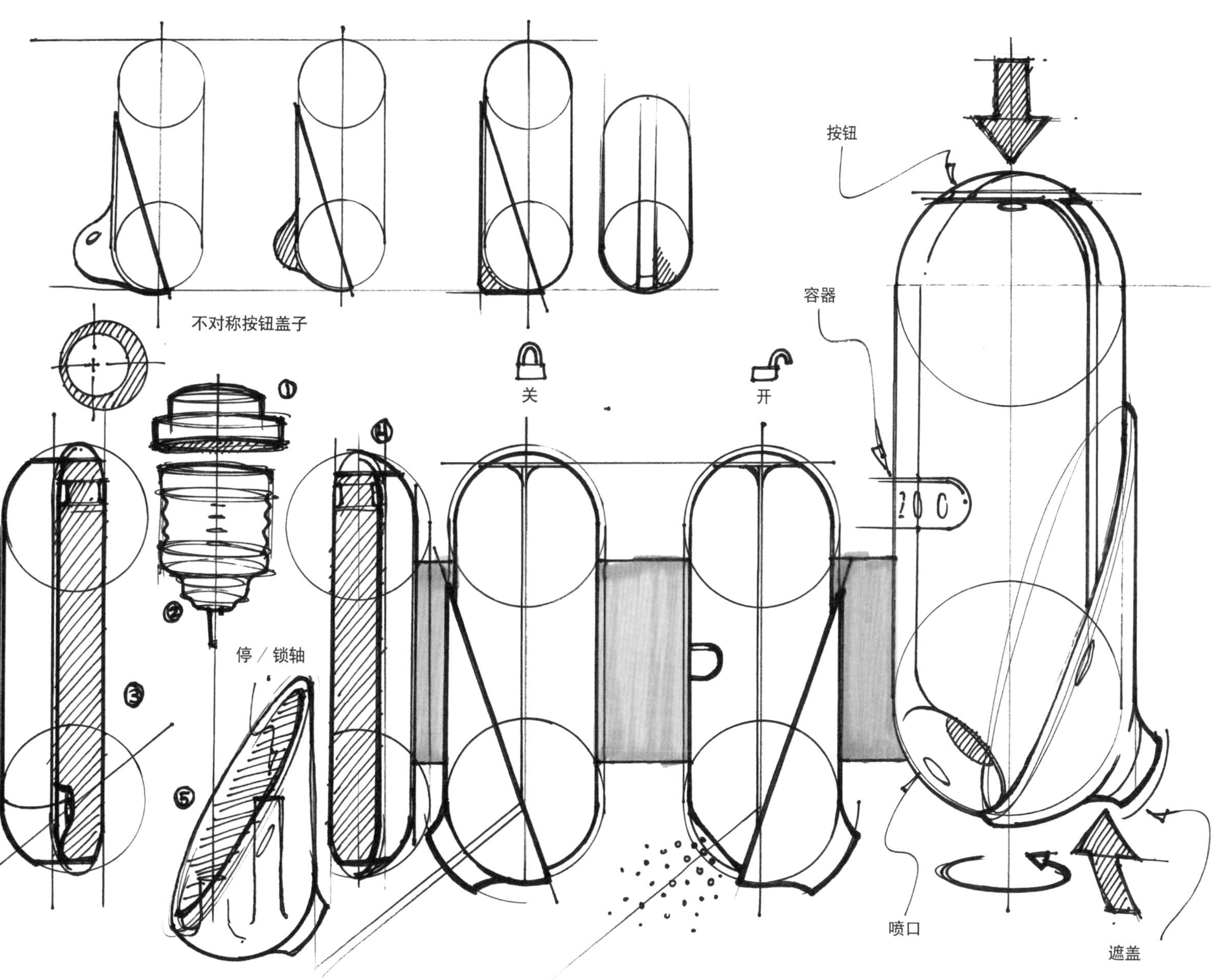

按钮
不对称按钮盖子
容器
关
开
停／锁轴
喷口
遮盖

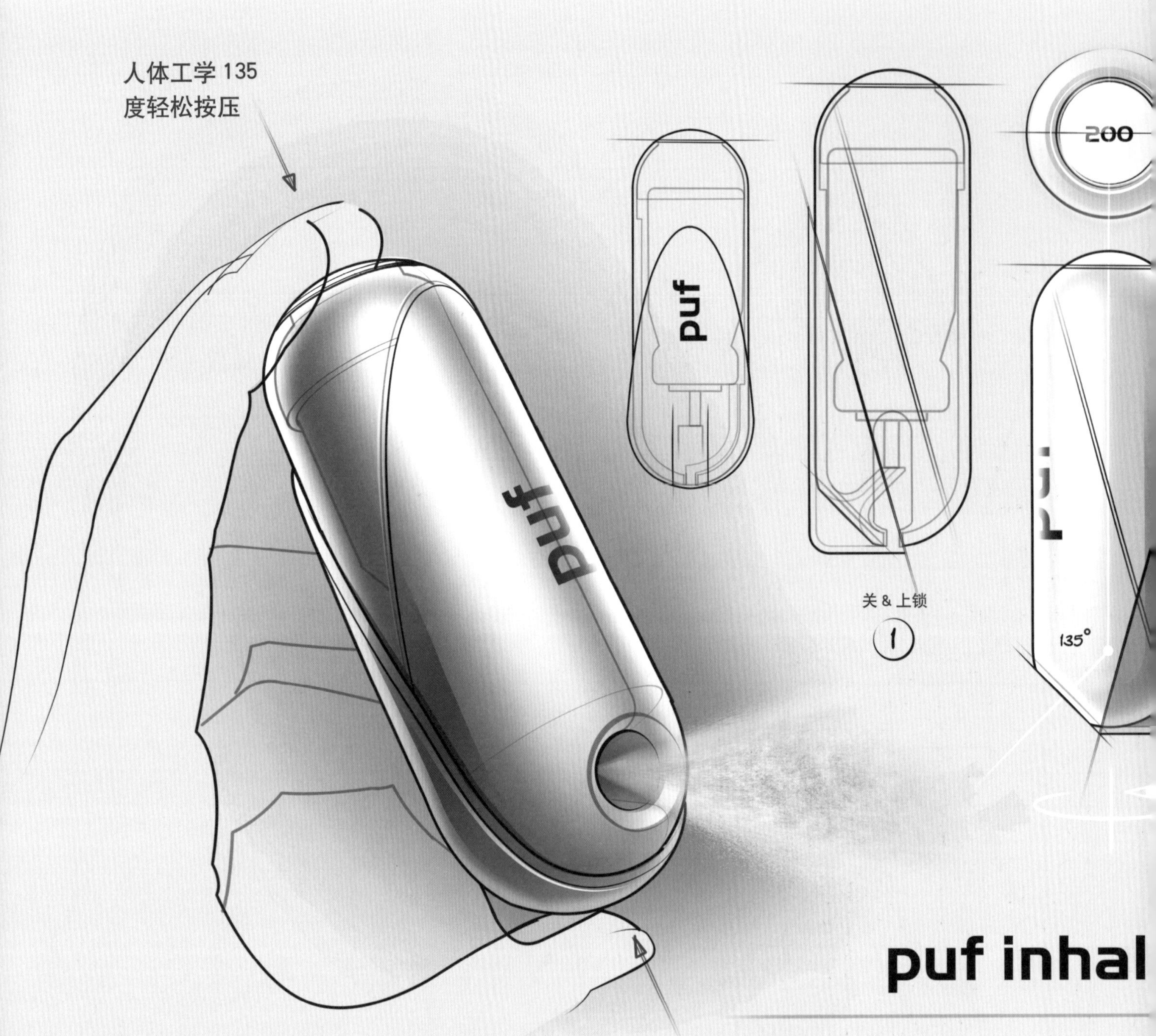
人体工学 135
度轻松按压
puf
puf
关 & 上锁
1
200
135°
puf inhal

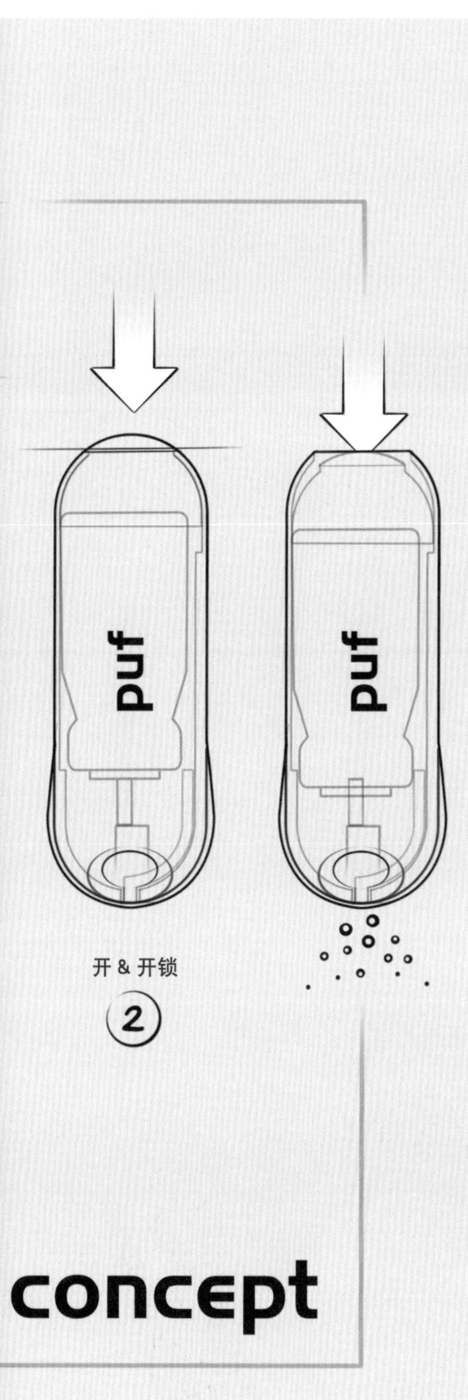
puf
puf
开 & 开锁
2
concept

BreatheBe
Ventolin
90 mcg per actuation
READ INSTRUCTIONS BEFORE

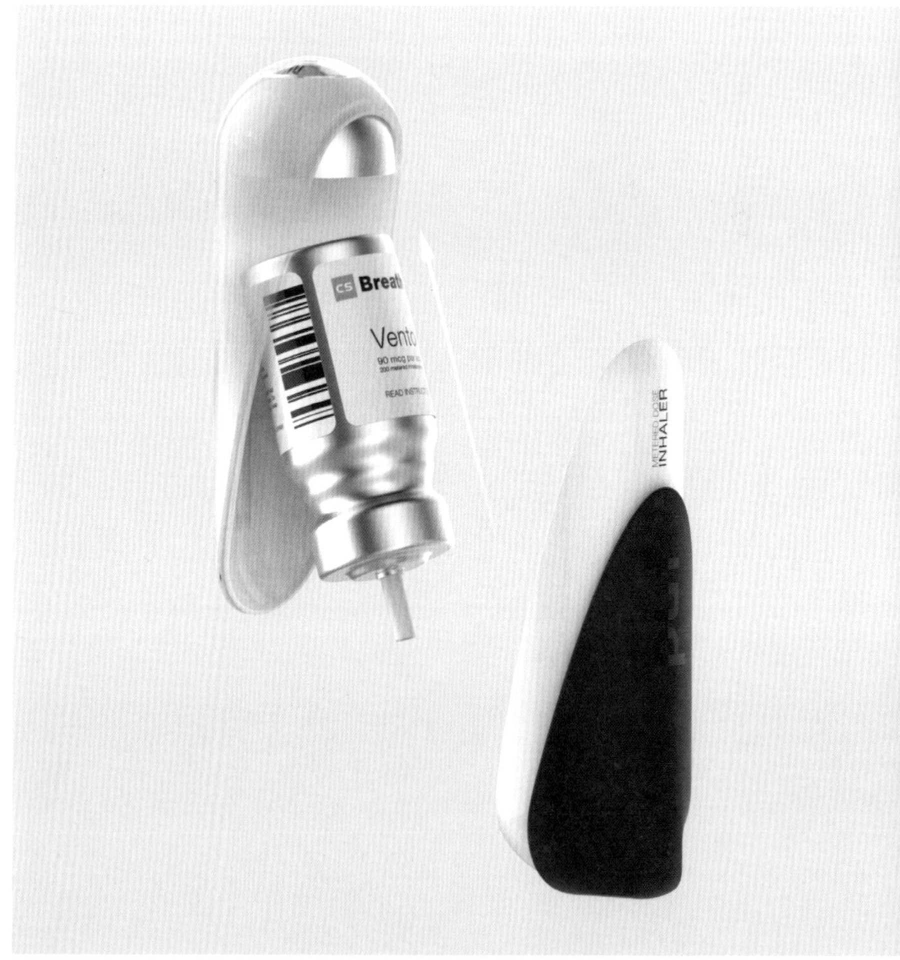
Breat
Vento
90 mcg p
METERED DOSE
INHALER

Soytun

工作室：photoAlquimi
设计师：Carlos Jiménez、Pilar Balsalobre

绘图工具：铅笔、彩铅

Soytun 是一个为品尝生鱼片如刺身、寿司、鞑靼式沙拉酱等而设计的陶瓷片，由珐琅陶瓷制造，可放酱油和辣芥末，旁边还可放筷子。其包装设计源于维多利亚时代博物馆用来存放动植物标本的纸板箱，由可回收纸板制成。

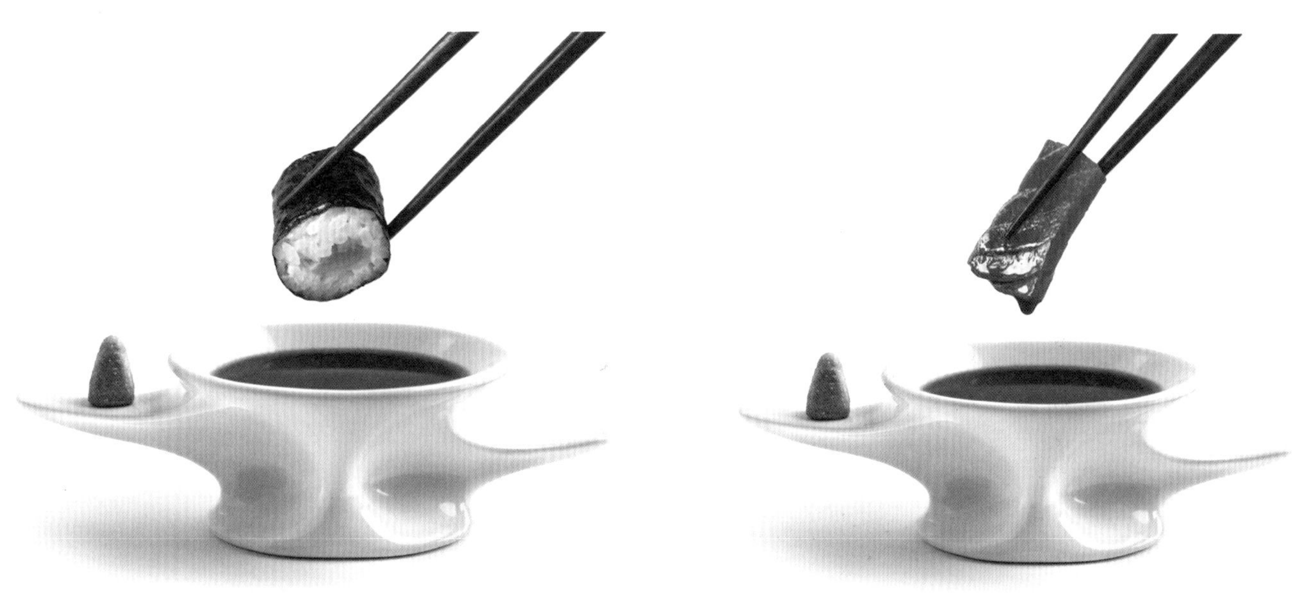

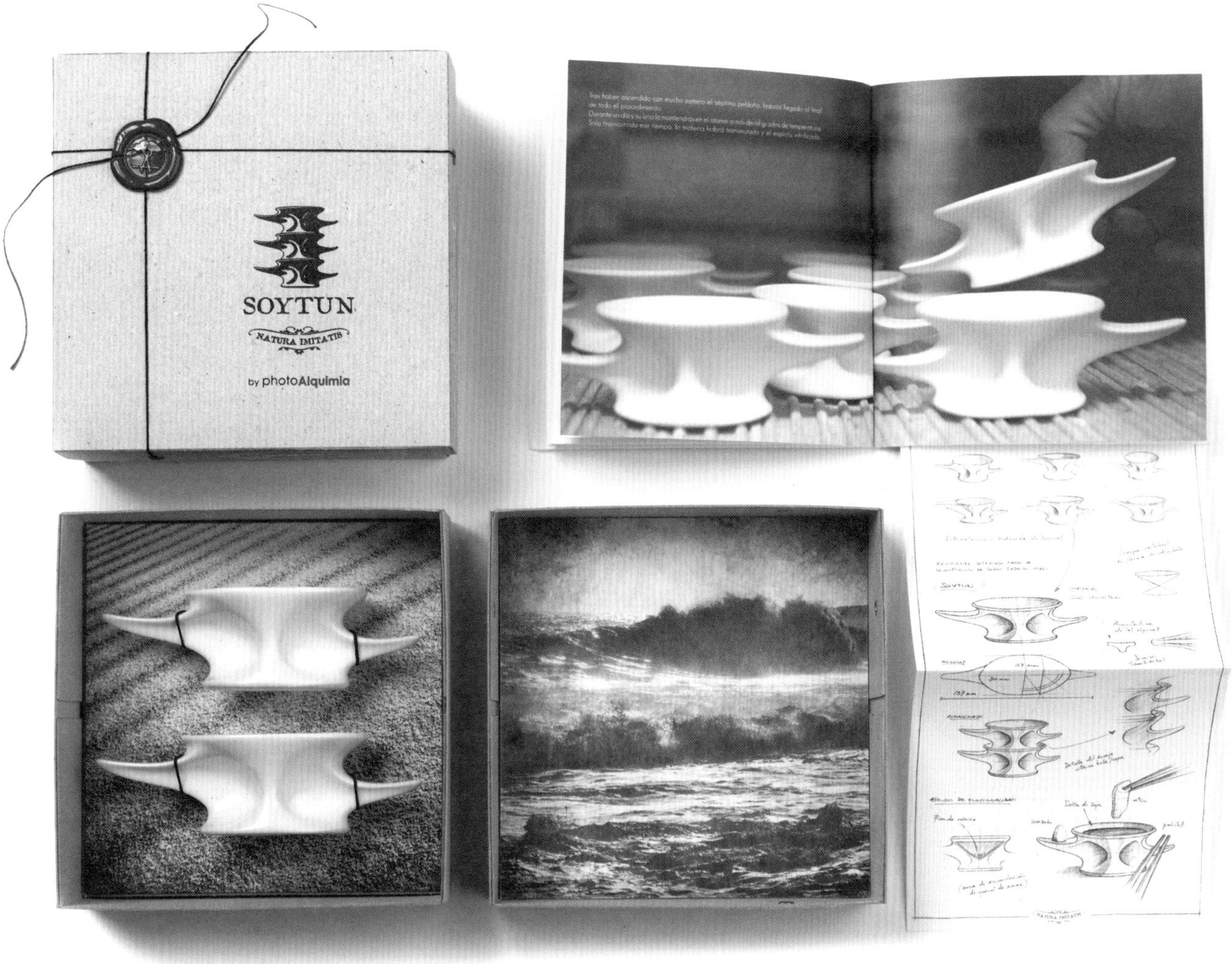
SOYTUN
NATURA IMITATIS
by photoAlquimia

ESTUDIO DEL ESQUELETO ÓSEO Y VÉRTEBRAS DEL ATÚN ROJO (THINNUS THYNNUS)

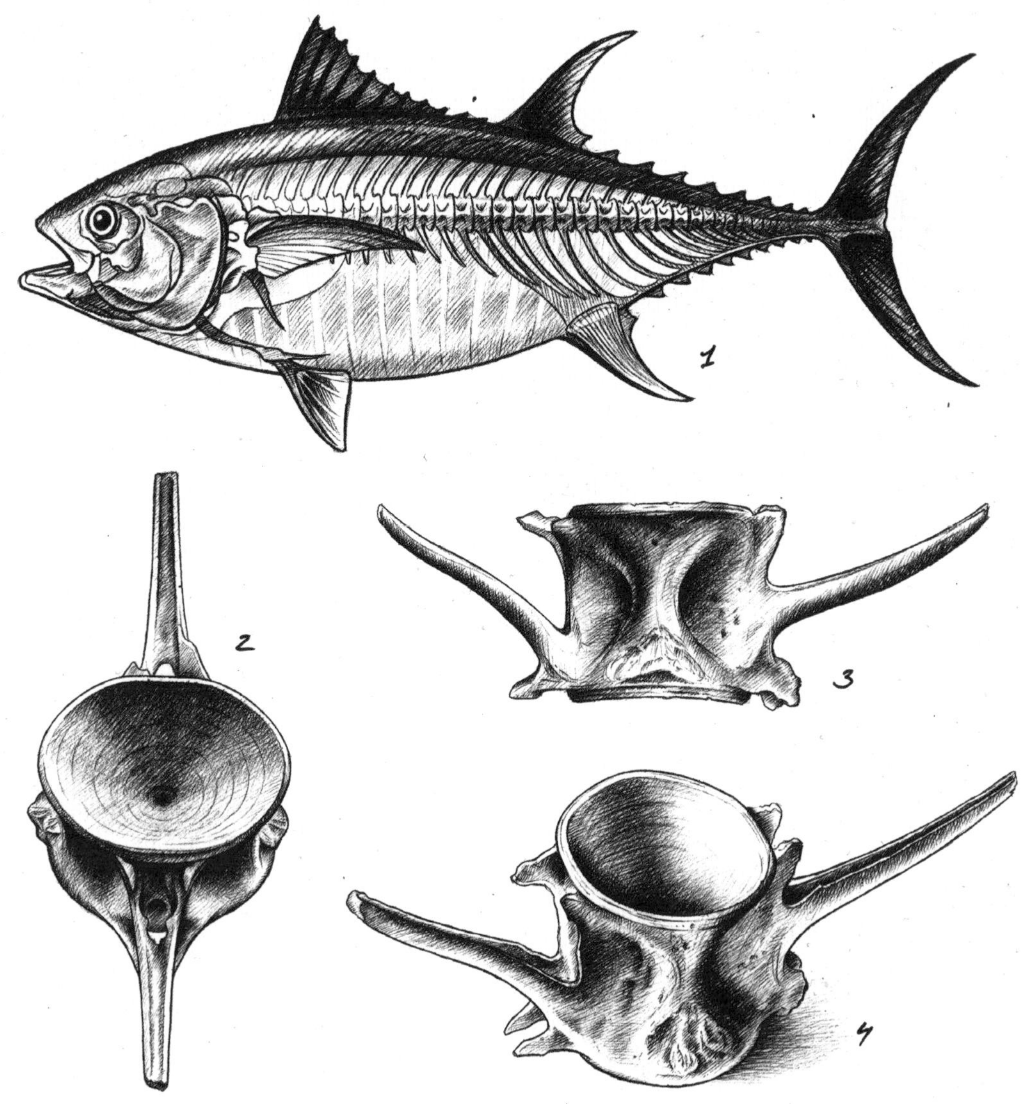

1. Esqueleto óseo de Atún rojo. 2, 3, 4. Diferentes vistas de una vértebra
Loc. Los Caños de Meca (Cádiz) España

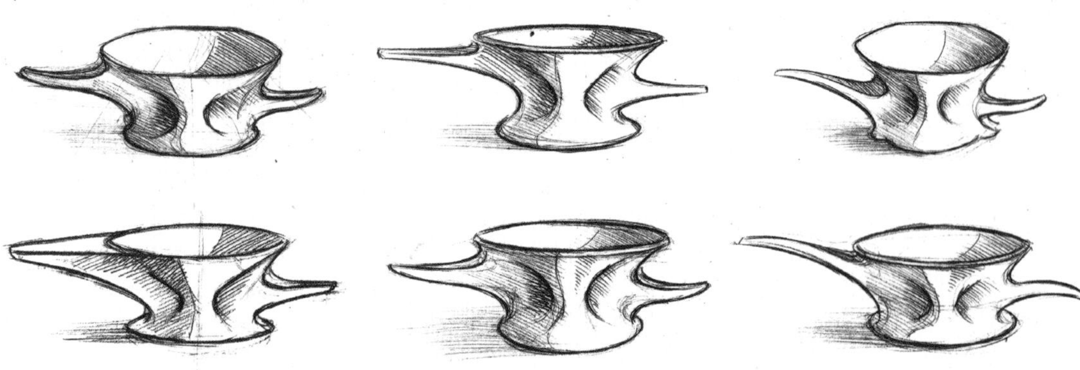

Interpretación y búsqueda de formas

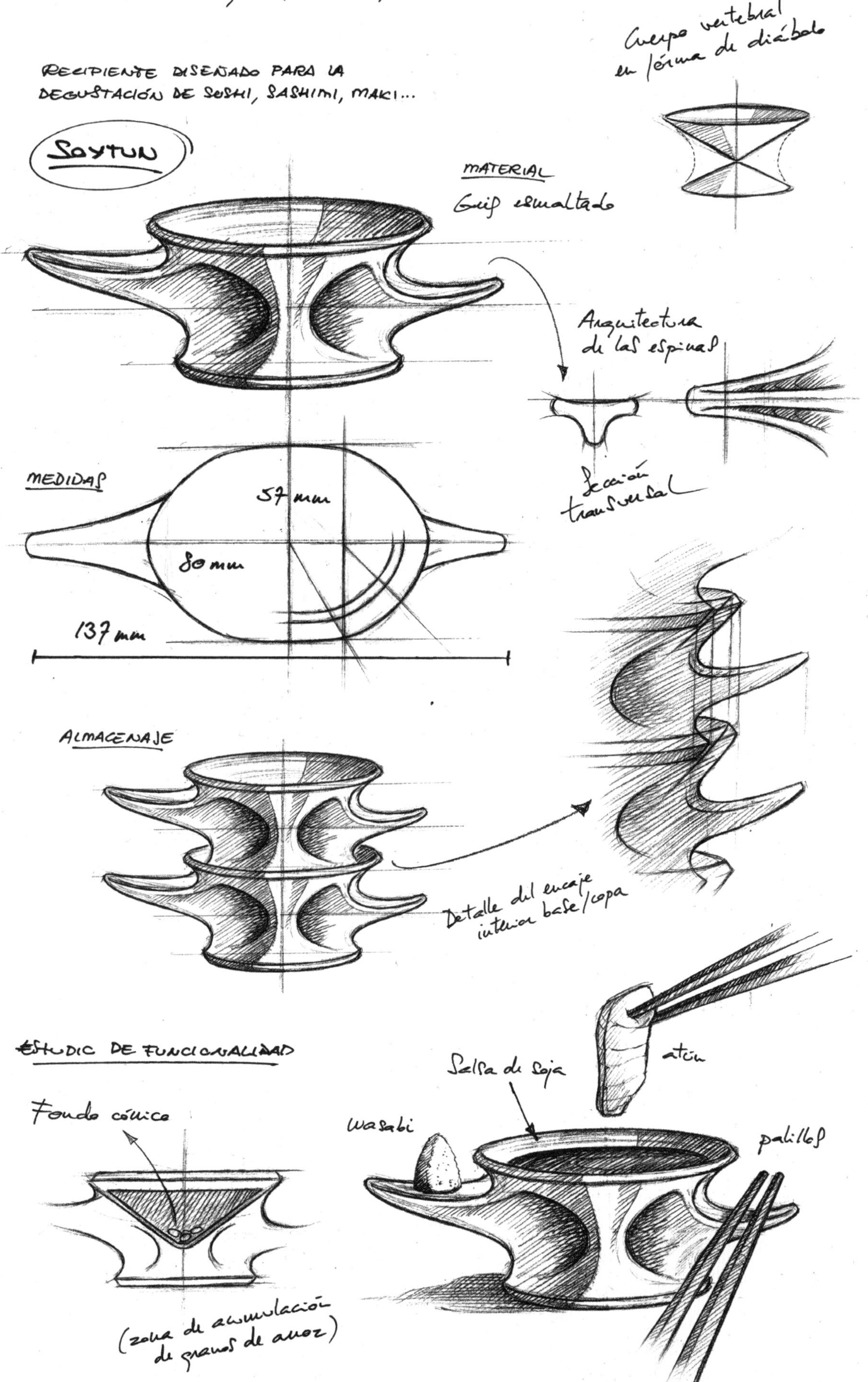
RECIPIENTE DISEÑADO PARA LA DEGUSTACIÓN DE SUSHI, SASHIMI, MAKI...
SOYTUN
Cuerpo vertebral en forma de diábolo
MATERIAL
Gres esmaltado
Arquitectura de las espinas
Sección transversal
MEDIDAS
57 mm
80 mm
137 mm
ALMACENAJE
Detalle del encaje interior base/copa
ESTUDIO DE FUNCIONALIDAD
Fondo cónico
(zona de acumulación de granos de arroz)
Salsa de soja
atún
wasabi
palillos

Natura Imitatis

工作室：photoAlquimi
设计师：Carlos Jiménez、Pilar Balsalobre

绘图工具：针管笔、彩铅

Natura Imitatis 是灵感源自大自然的系列产品设计，是一个盛放日常食物的容器，采用自然材料和工艺技术生产，所有配件都是环保的可回收的，其外观看起来像充满生命力与故事的生物一样，散发独特的能量。

ESTUDIO MORFOLÓGICO DEL OLIVO

Olivo, Olive, Oliveira, Olivier ...

- Olea europaea L.
- Fam. Oleaceae

Sección transversal

ACEITUNAS

Fruto en drupa

Sección longitudinal

Detalle de hueso con semilla

Recipiente para la degustación de aceitunas → TITOBOWL

MEDIDAS

160 mm

150 mm

PIEZAS

Tapa extraíble

Recipiente para huesos

Vista inferior

MATERIALES

Madera torneada de olivo

Grés esmaltado

INSERCIÓN
Vista superior
Vista superior
BOWL
Vista inferior
Bowl para aceitunas
ESTUDIO DE FUNCIONALIDAD DE TITOBOWL
Los huesos quedan ocultos a la vista
Acabado: Aceite de lino 100% natural y pulido
Tacto cálido y suave
Estudio de color
OK
OK
Uso de la tapa como palillero para aceitunas sin hueso y otros aperitivos

Ajorí

工作室：photoAlquimi
设计师：Carlos Jiménez、Pilar Balsalobre

绘图工具：针管笔、彩铅、水彩

这是一个有创意的调味品储存解决方案，设计灵感源于优雅的大蒜造型。调味瓶包含六个瓶子，可放几种菜肴的调味料，同时也适应不同国家的饮食习俗。用天然和工业材料结合，运用手工艺制造而成，是一种环保型产品。外包装模仿大蒜的肌理，只采用天然和可生物降解的材料制造。

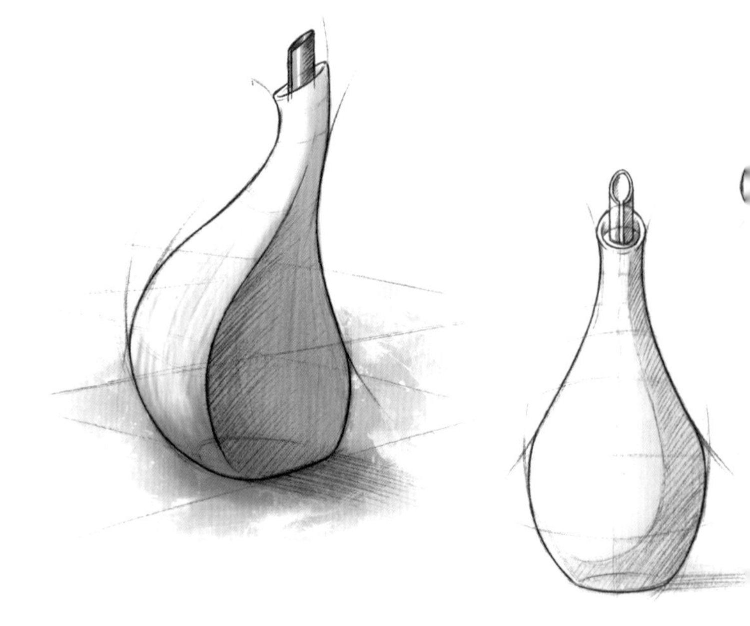

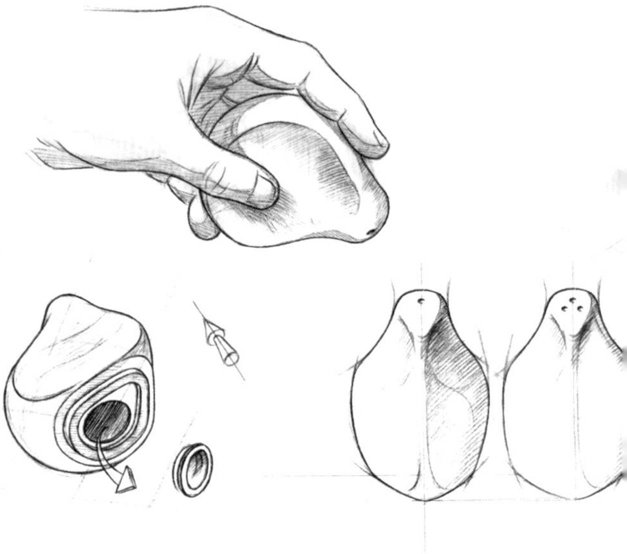

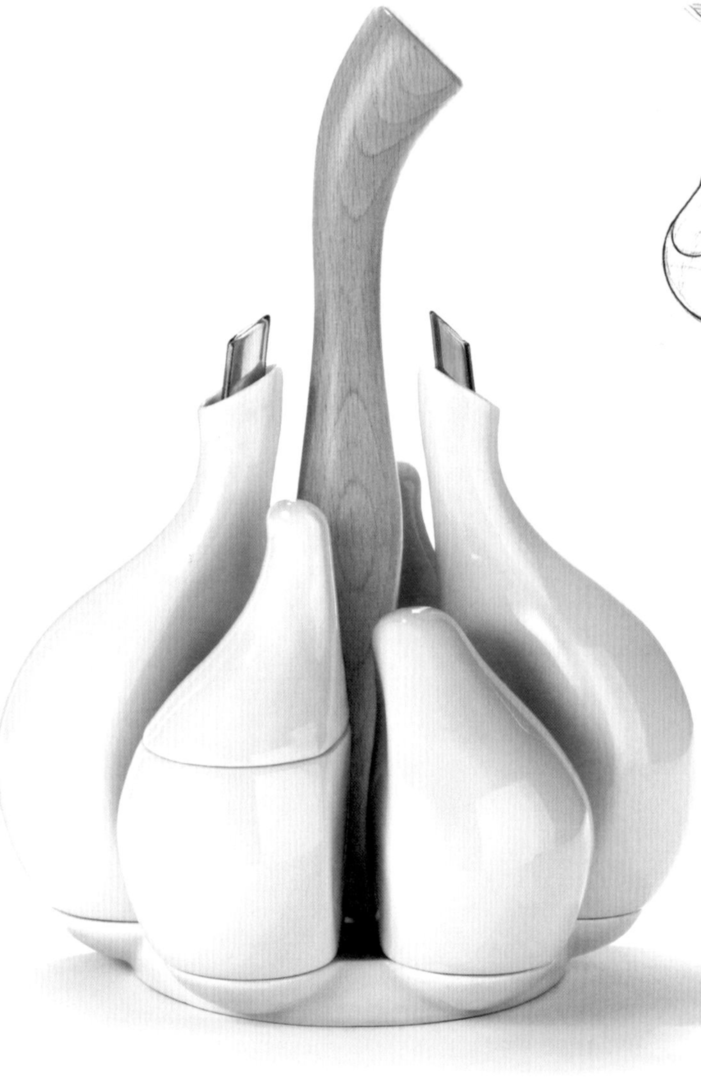

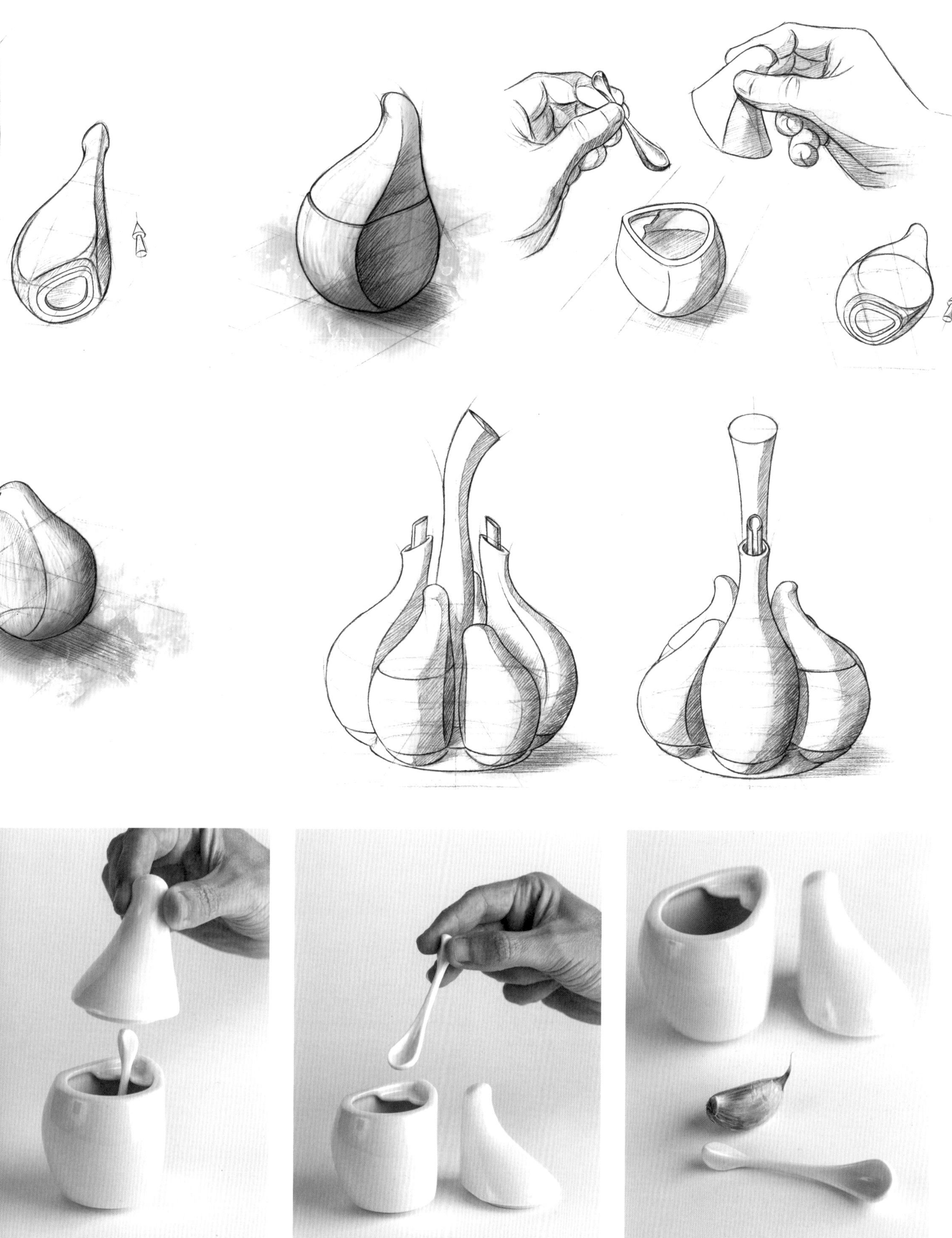

Fogo

工作室：IgenDesign Studio　设计师：Alberto Vasquez

绘图工具：rOtring 2B 铅笔、Copic 马克笔

平底锅的把手不仅是一个棒子，它也是使用者手部的延伸以及应对高温时隔绝的物体。设计师深入研究人体工程学并绘制把柄草图以研发一款拆卸方便的有机的平底锅把手。

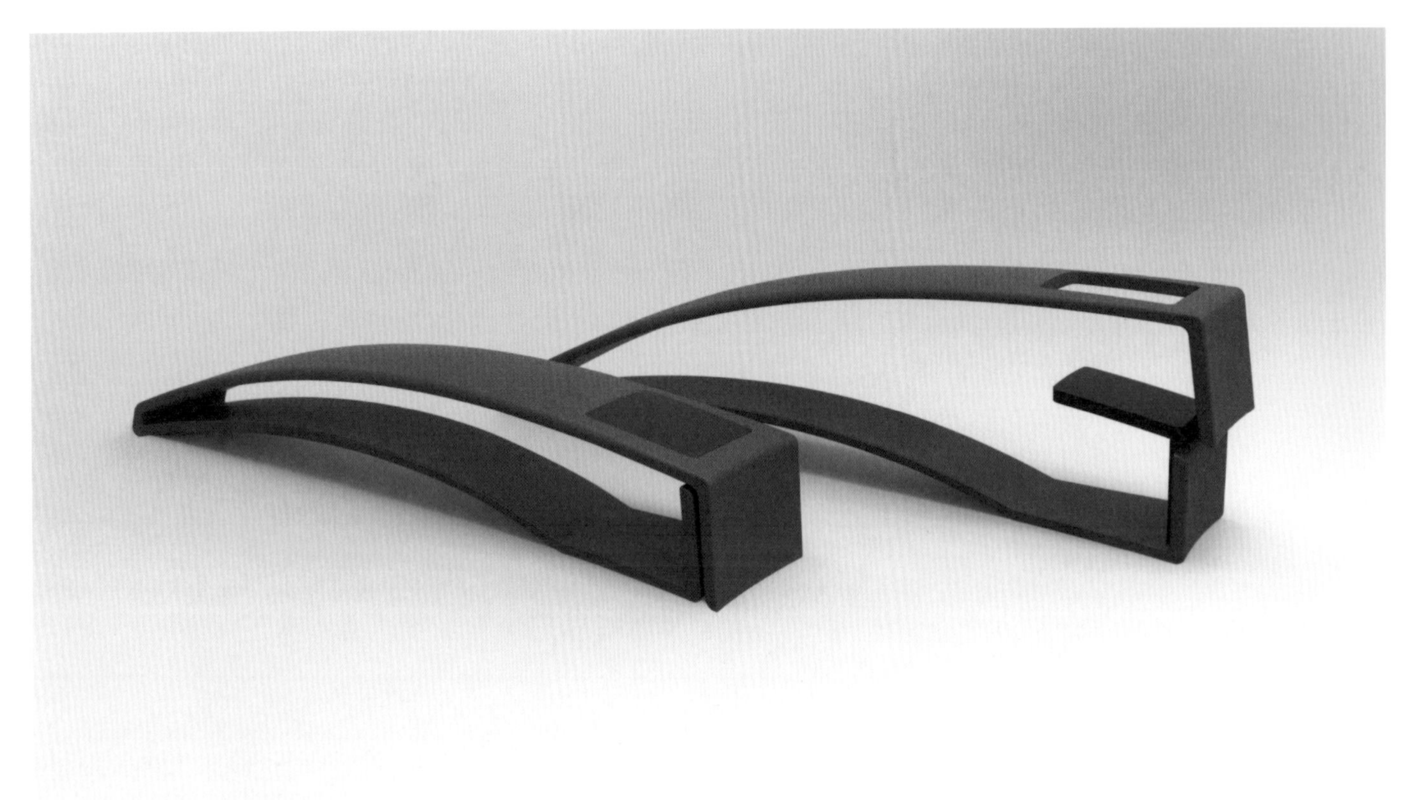

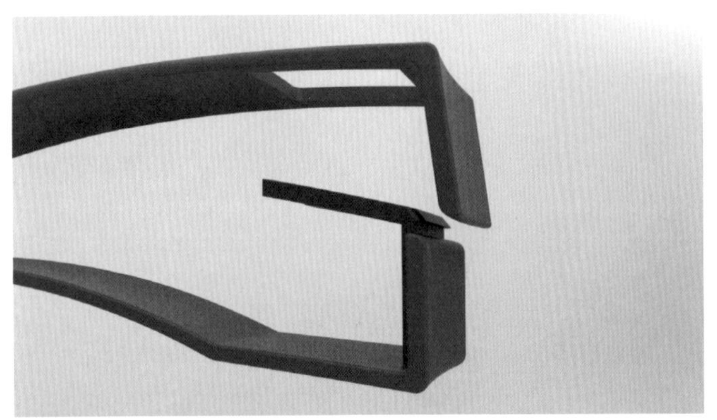

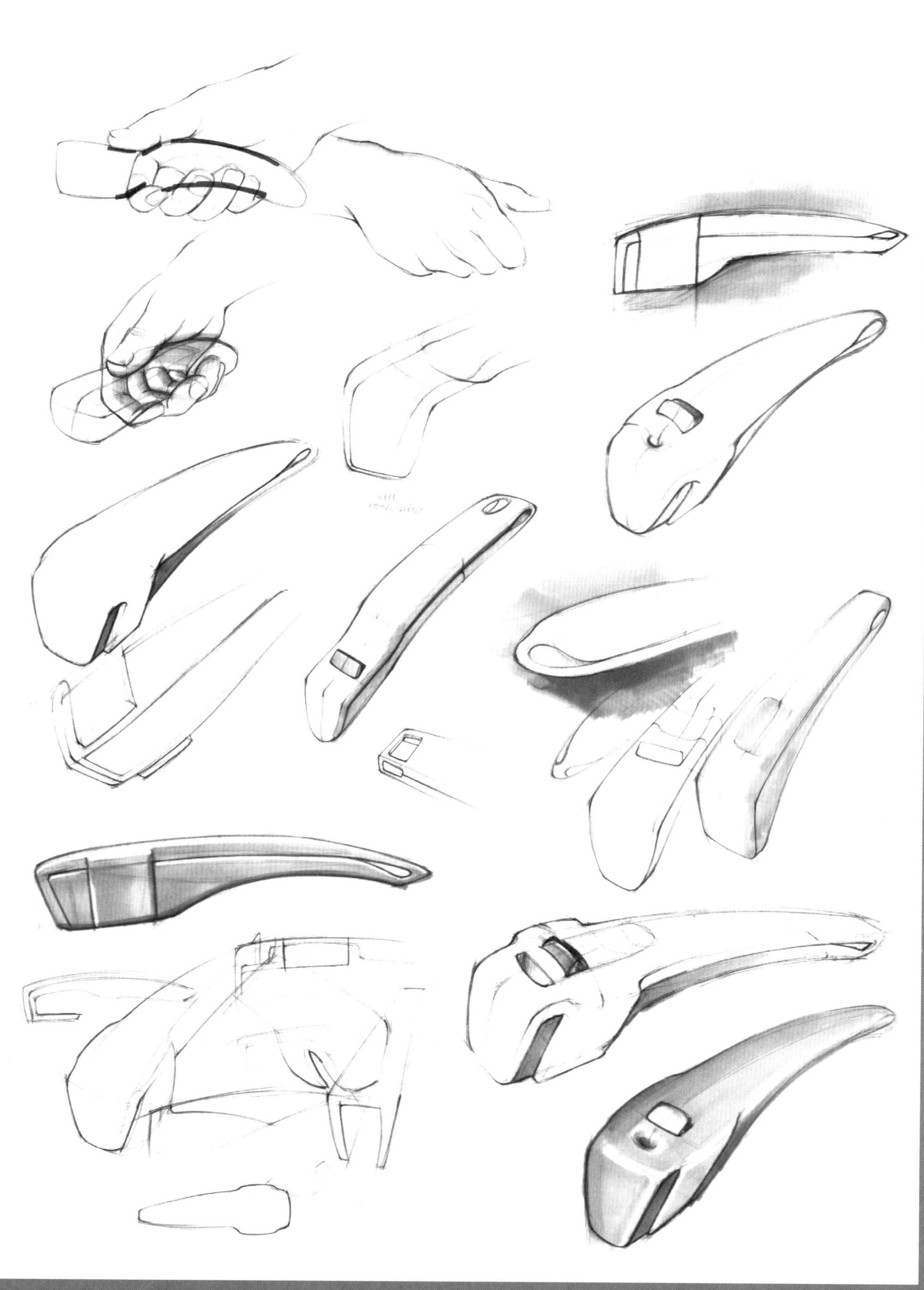

1

确定把手轮廓，画出透视辅助线，运用不同颜色的马克笔上色，上色部分同时也作为标示产品的重要部分。

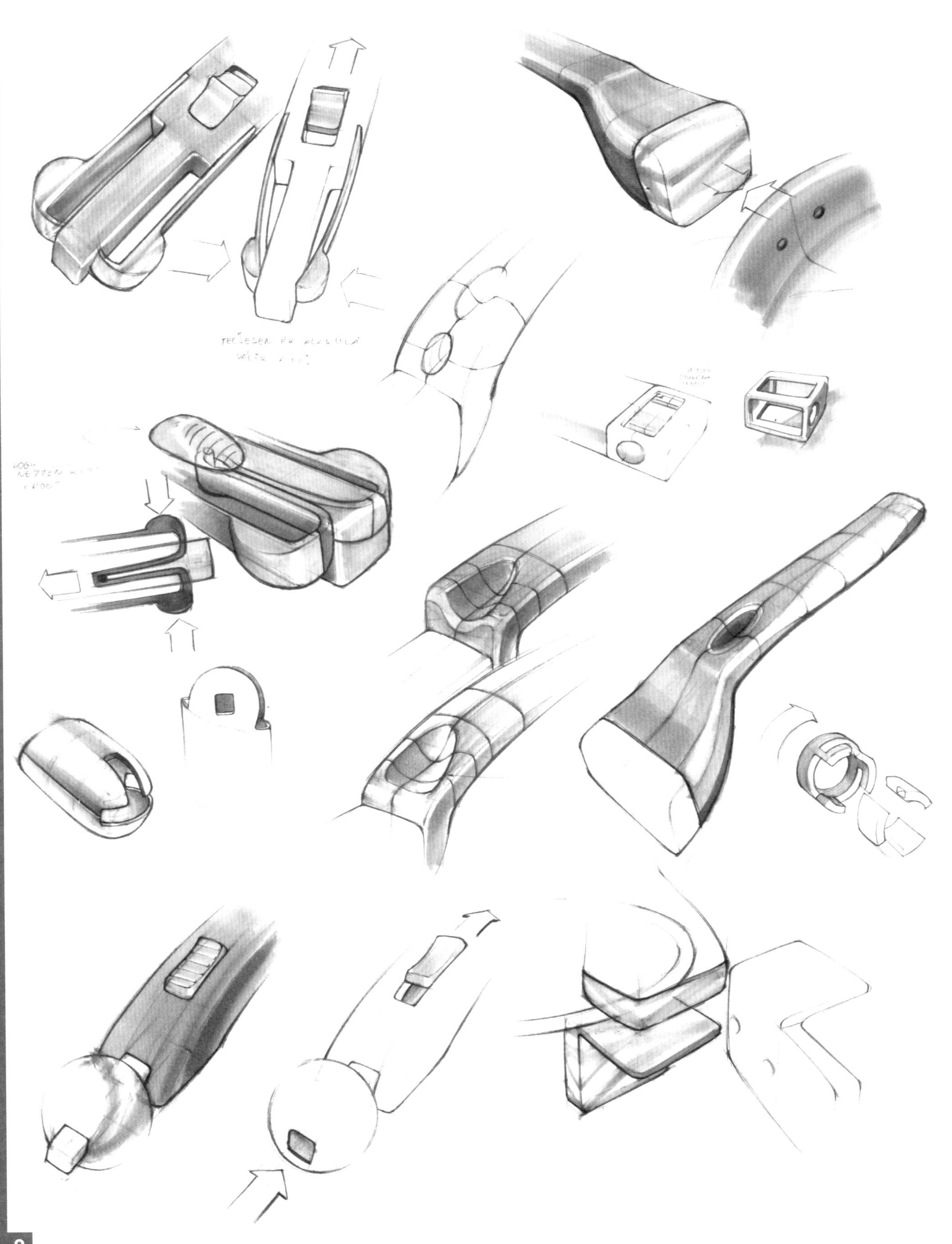

2

加深外部轮廓线条，用浅灰色和褐色马克笔上色，表现其材质，营造空间感。

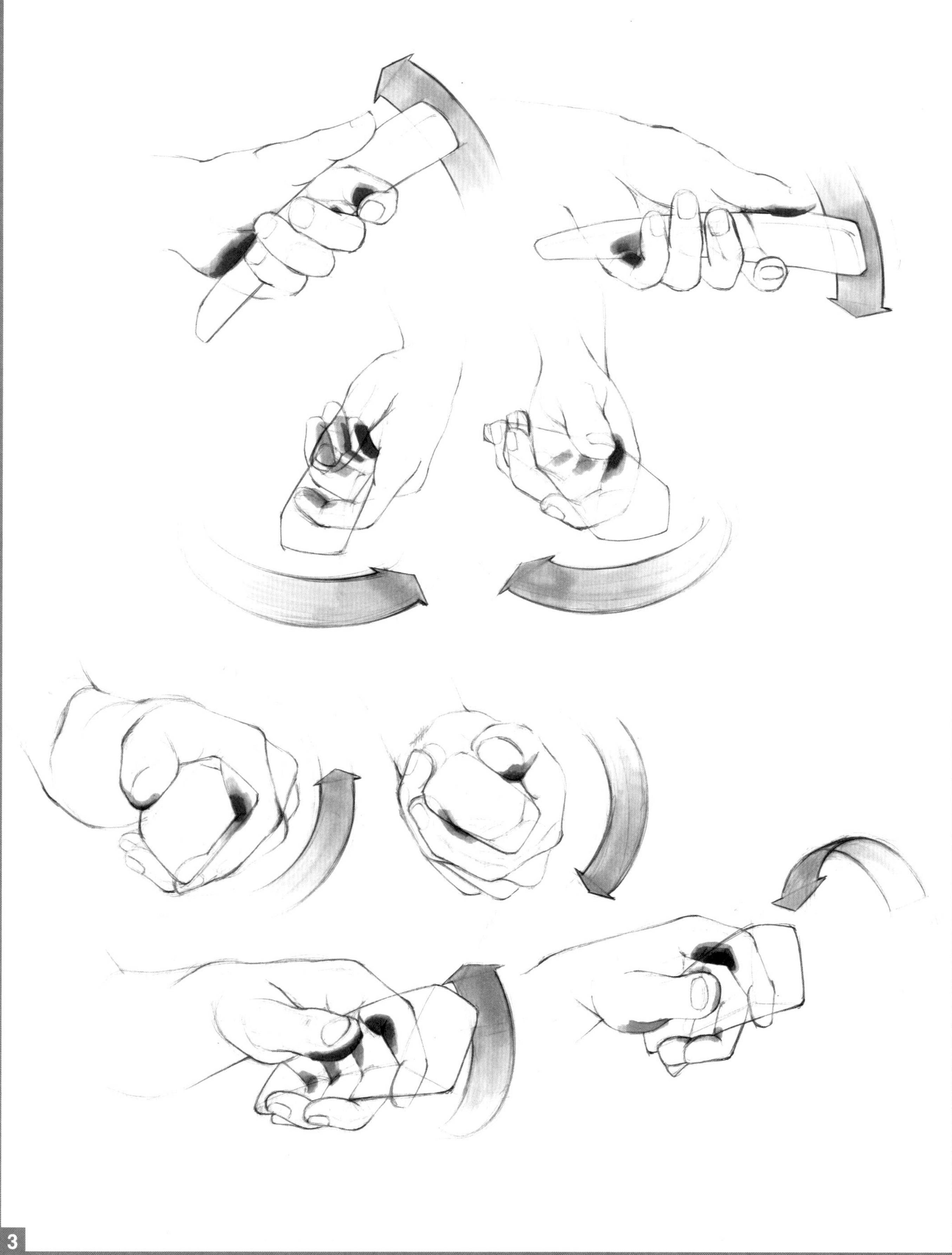

3

画出手部动作以及简单细节，用于说明产品的使用方式，并用深蓝色标示手部的用力点，用较粗的指示箭头标示手部活动的方向。

Smart Toothbrush Concept

设计师：Stephane Pietroiusti

绘图工具：圆珠笔、Wacom 手绘板、Adobe Photoshop、Solidworks、Keyshot

这不是一款常见的牙刷类型，这款牙刷上智能按钮巧妙解决多余充电线的麻烦，有助于保持浴室干净和空间的最大化使用。其插座式的充电器设计，更好支撑牙刷保持直立，展现简洁精致的外观。

BRAUN

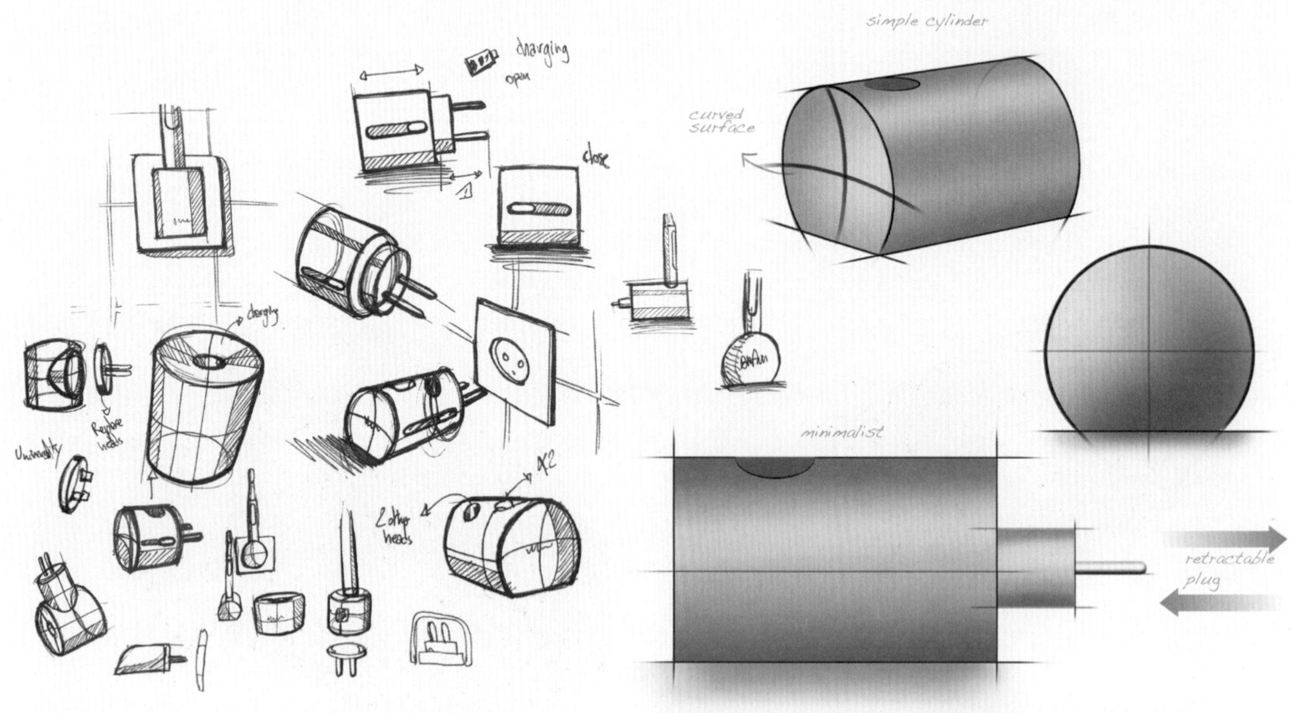

charging
open
close
simple cylinder
curved surface
minimalist
retractable plug

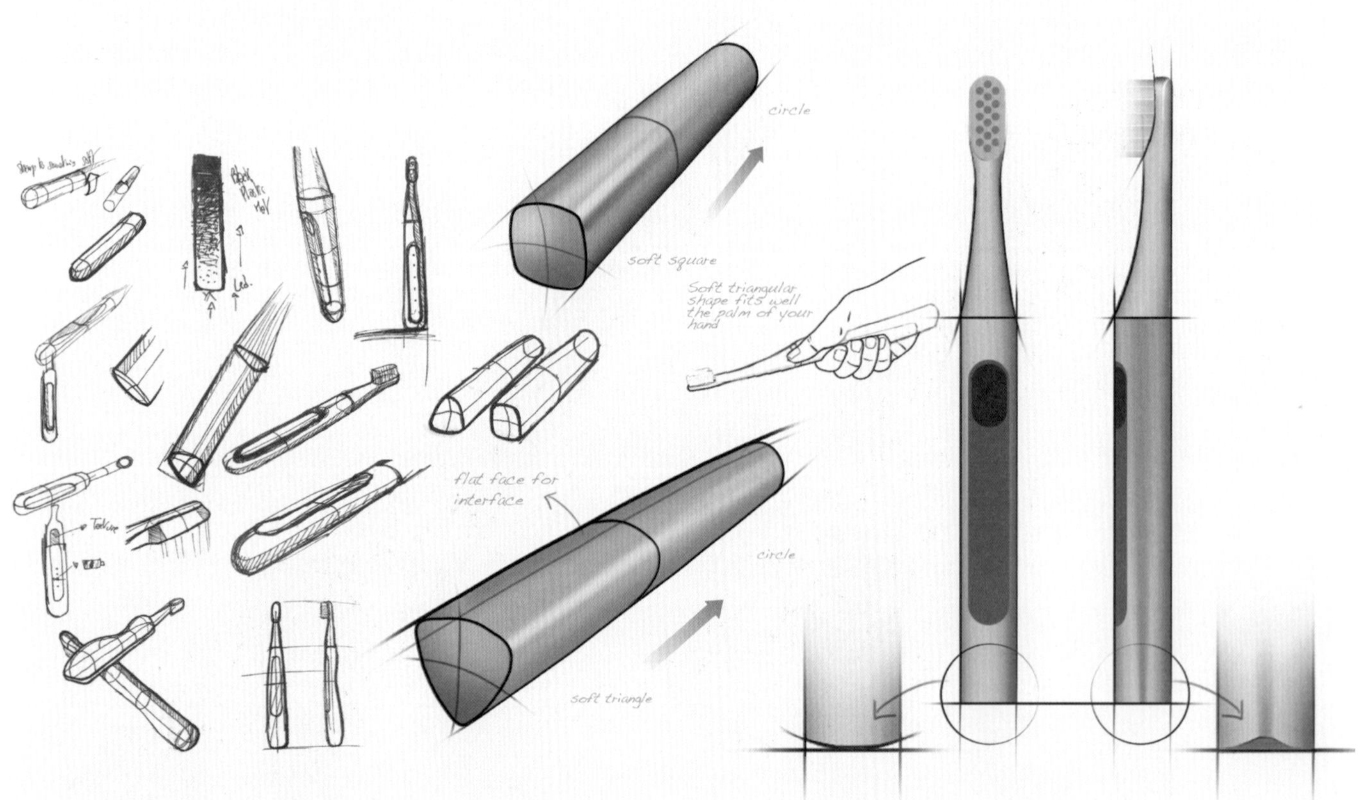

circle
soft square
Soft triangular shape fits well the palm of your hand
flat face for interface
circle
soft triangle

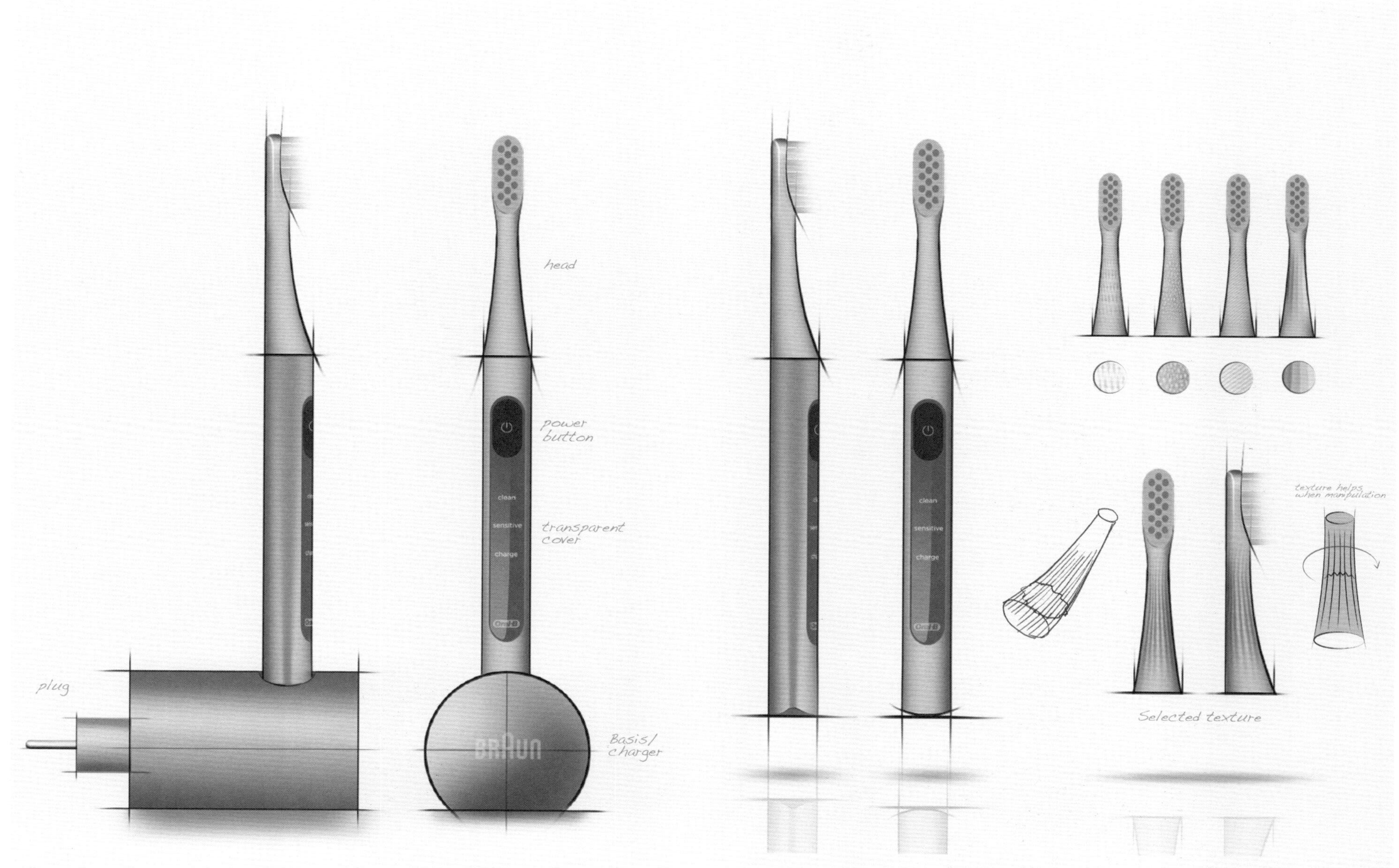
head
power button
clean
sensitive
charge
transparent cover
plug
BRAUN
Basis/ charger
texture helps when manipulation
Selected texture

Smart Consulting Service

设计师：Arthur Kenzo

绘图工具：针管笔、纸、Adobe Photoshop、Rhino、Keyshot

智能咨询服务仪器的目的是调和病人和医生之间的关系。该智能咨询服务位于医院的入口处，帮助人们在看病前登记和预先咨询。真人大小的虚拟助理通过预先咨询的个人信息提出健康建议和咨询医生的步骤。触屏和微型摄像头可检测病人的疾病和诊断其生命体征，一旦诊断步骤完成，服务系统将引导病人与合适的或病人最喜爱的医生进行预约，而系统将病人的基本健康信息和初步诊断结果传达给预约的医生，从而提高看病的效率和愉悦度。

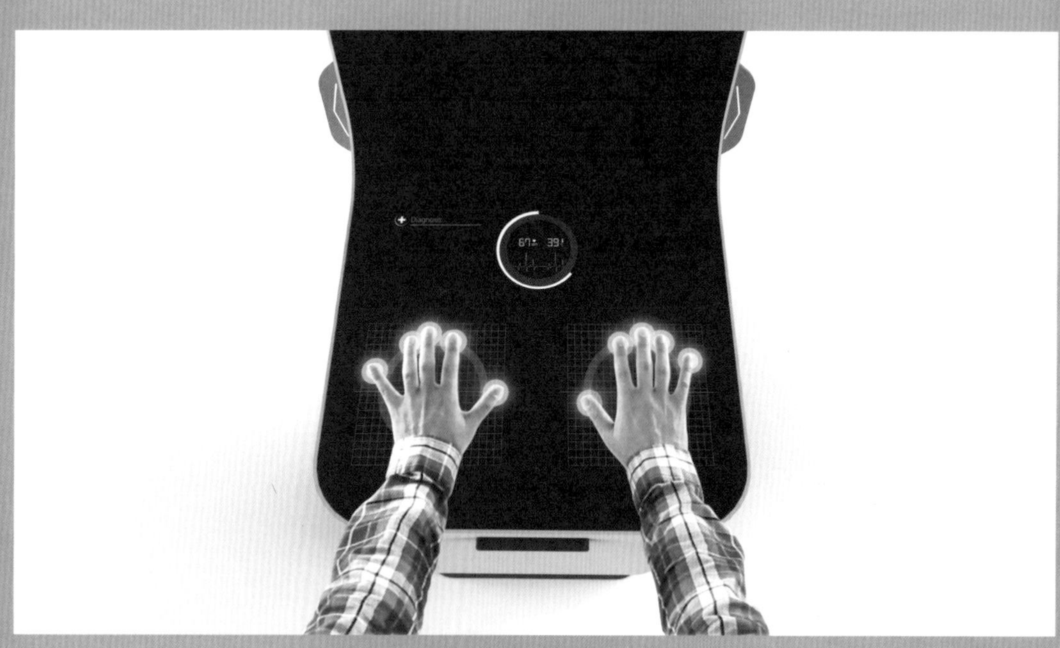

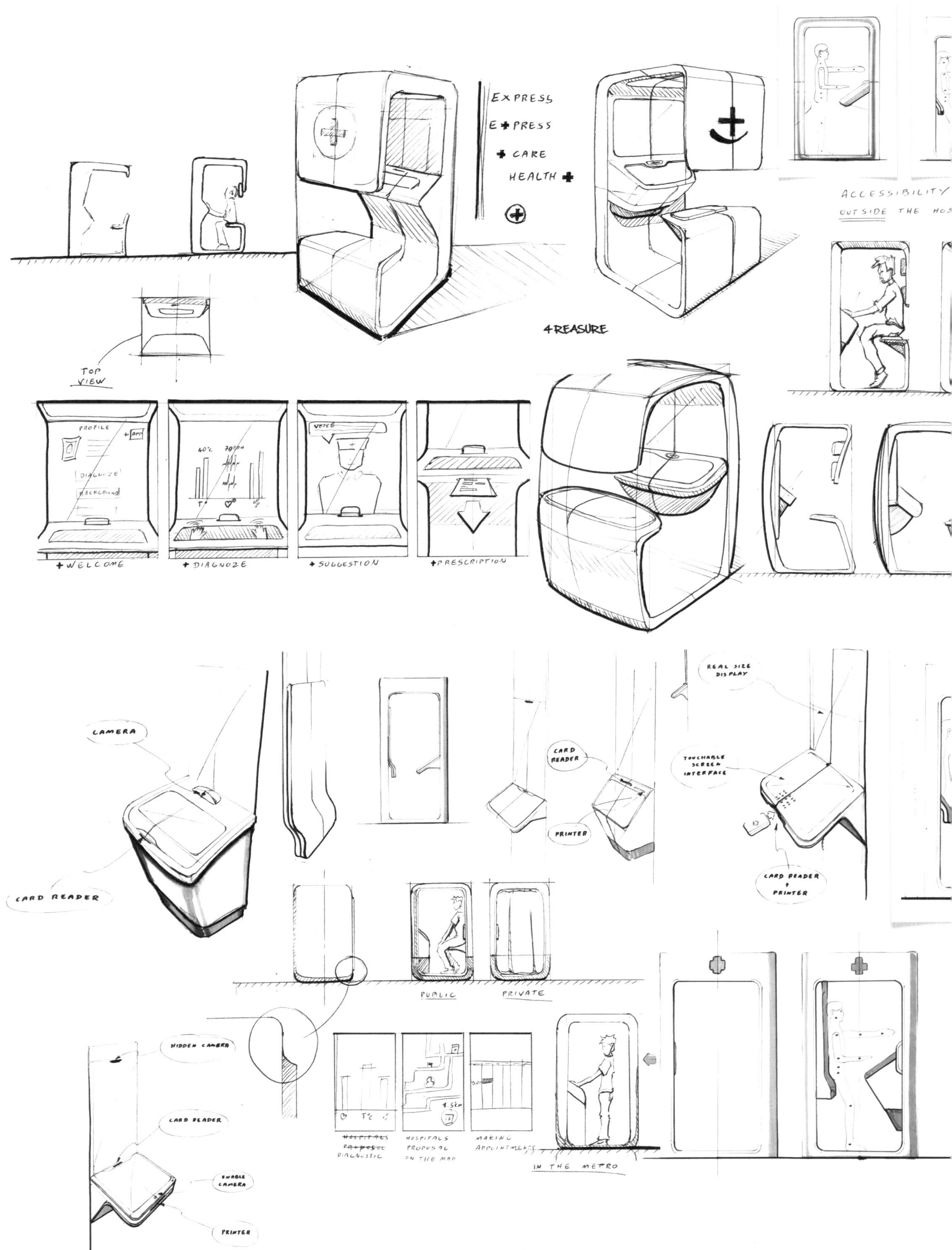

EXPRESS
E+PRESS
+ CARE
HEALTH +
4REASURE
TOP VIEW
ACCESSIBILITY
OUTSIDE THE HOS
+WELCOME
+DIAGNOZE
+SUGGESTION
+PRESCRIPTION
CAMERA
CARD READER
REAL SIZE DISPLAY
TOUCHABLE SCREEN INTERFACE
CARD READER + PRINTER
PRINTER
PUBLIC
PRIVATE
HIDDEN CAMERA
ENABLE CAMERA
HOSPITALS PROPOSAL ON THE MAP
MAKING APPOINTMENTS
IN THE METRO

Privacy
Protective feeling

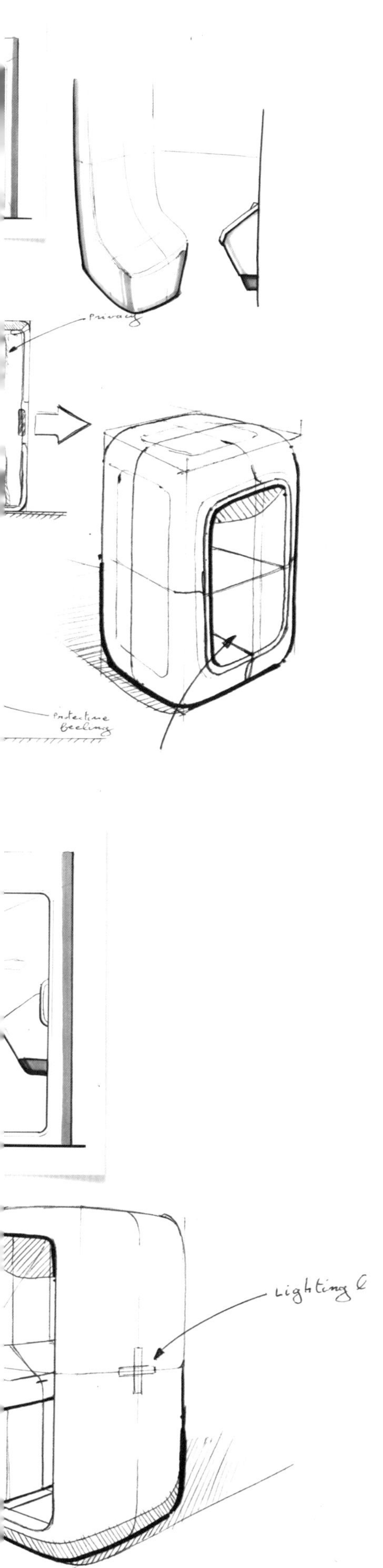

Lighting

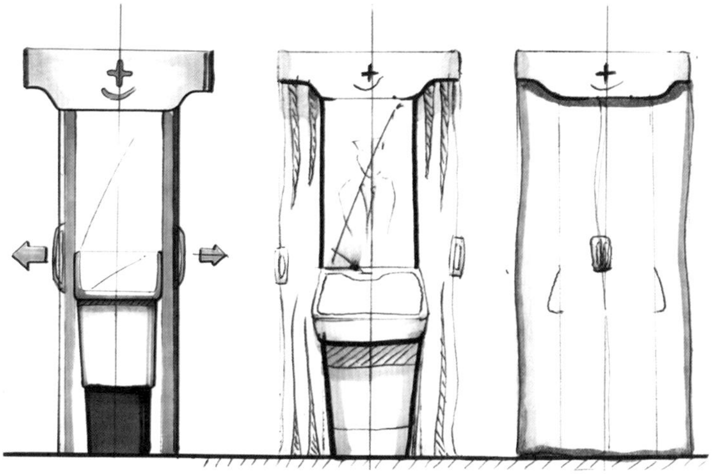

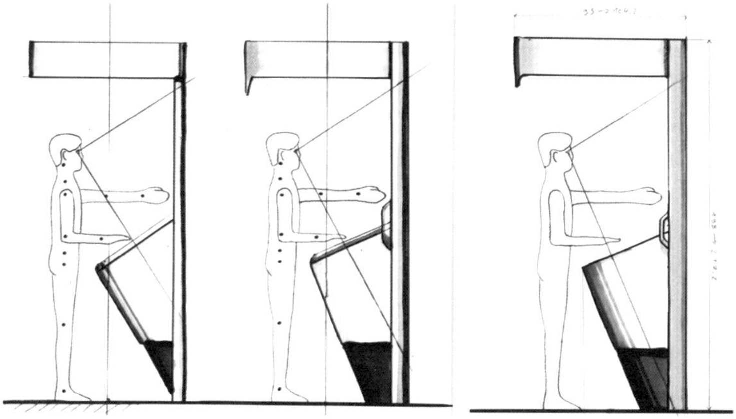

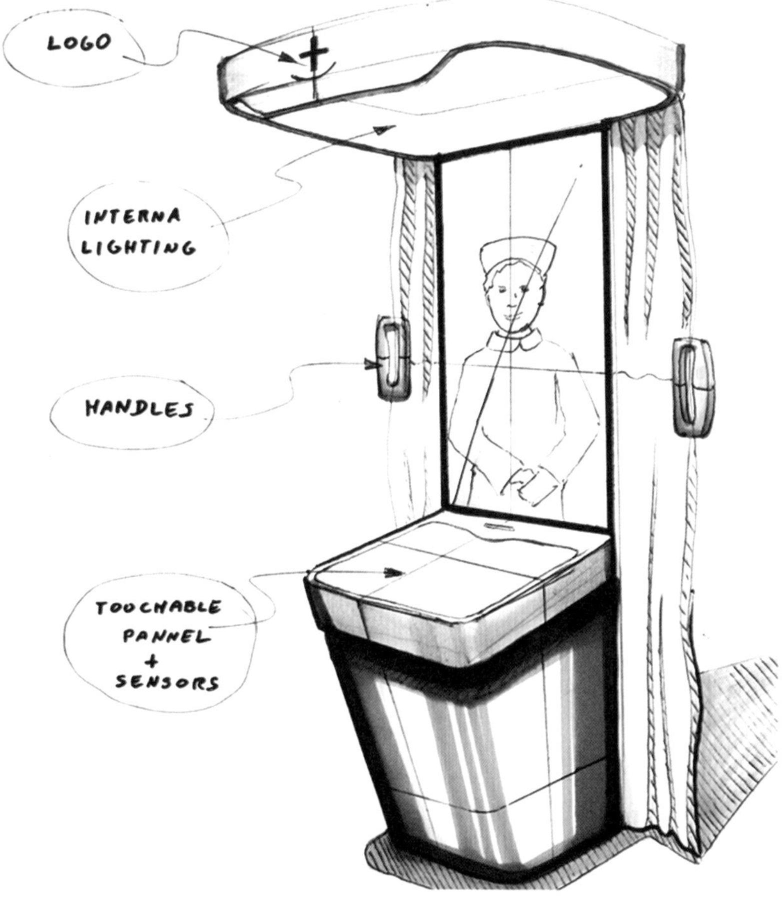

LOGO
INTERNA LIGHTING
HANDLES
TOUCHABLE PANNEL + SENSORS

Pione Lite

工作室：JiyounKim Studio　设计师：Jiyoun Kim

绘图工具：圆珠笔、Wacom 手绘板、Adobe 套件

这款剃毛器聚焦于其使用方式和储存方便的功能，为此设计师设计了一个流线型的造型，搭配盖子并调整其松紧度，剃毛器的新设计让使用者在各个角度手握都感到舒服，盖子还添加了一层玻璃过滤材料防止弄脏并隔绝危险。

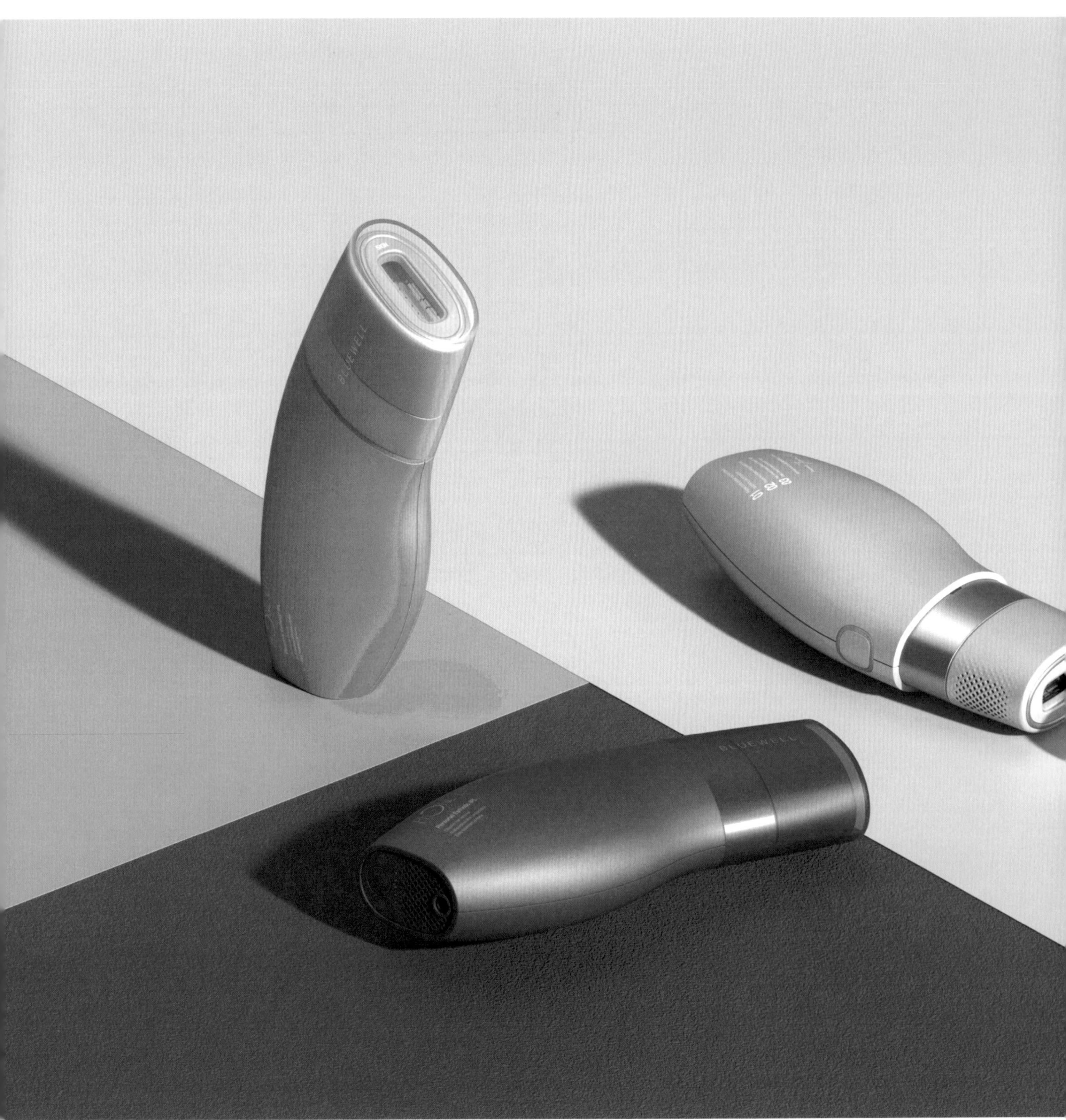

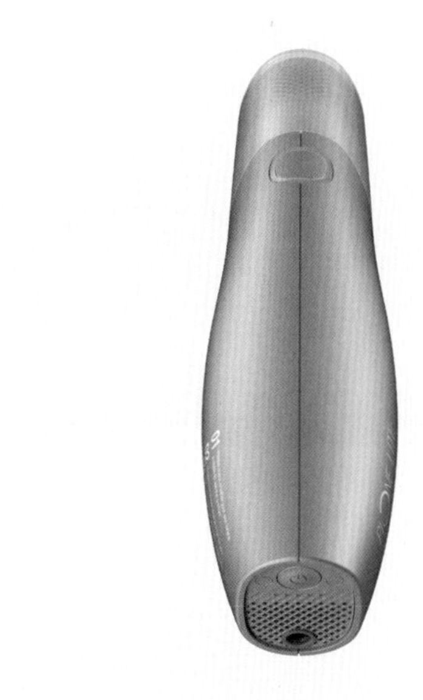

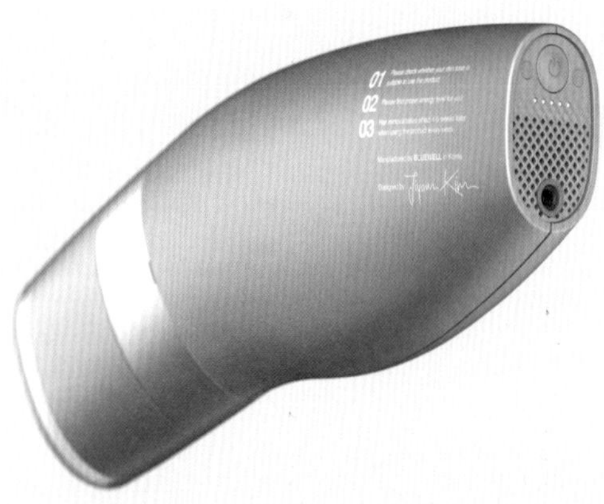

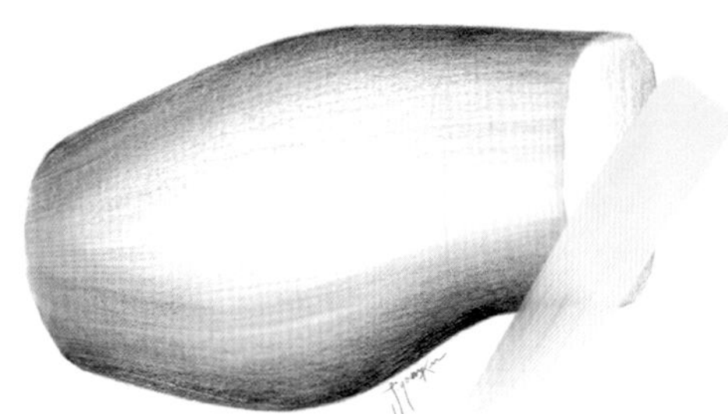

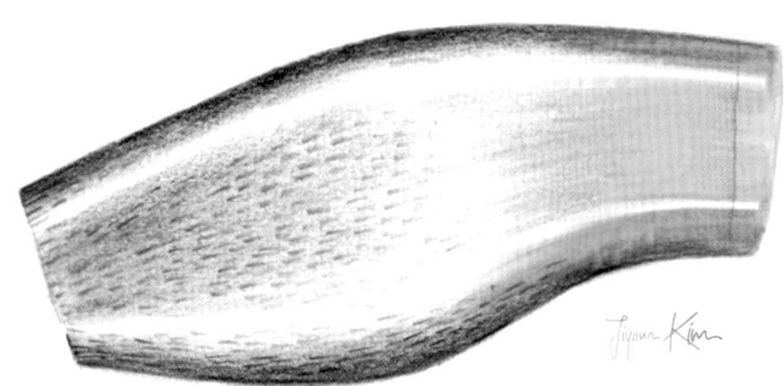

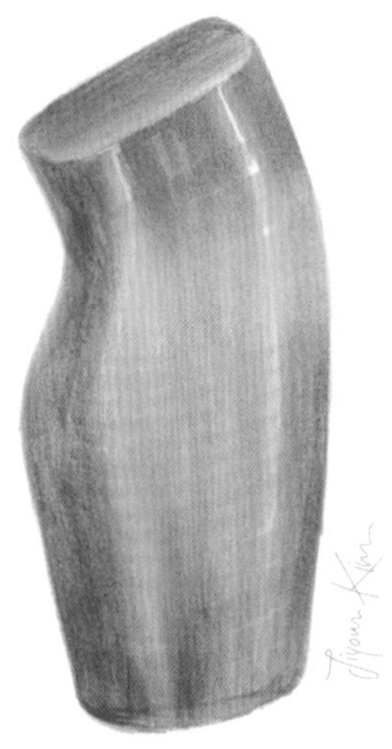

SHOT BUTTON
POWER BUTTON
BLUEWELL
BLUEWELL
BLUEWELL
BLUEWELL

Home Security Camera

设计师：Stephane Pietroiusti

绘图工具：圆珠笔、Wacom 手绘板、Adobe Photoshop、Solidworks、Keyshot

这是一款可自动与 app 连接的室内安全摄像头。设计师从构思、概念中提炼产品造型，再进行3D建模和效果图渲染。该草图一开始画出基础而亲切的造型，直到有一个不一样的功能概念出现，即可旋转摄像头，它在智能手机中可放大观察室内情景，帮助用户避免视觉盲点。设计师确定想法后，继续完善其他功能和配件设计，如扬声器、按键和 LED 灯等。

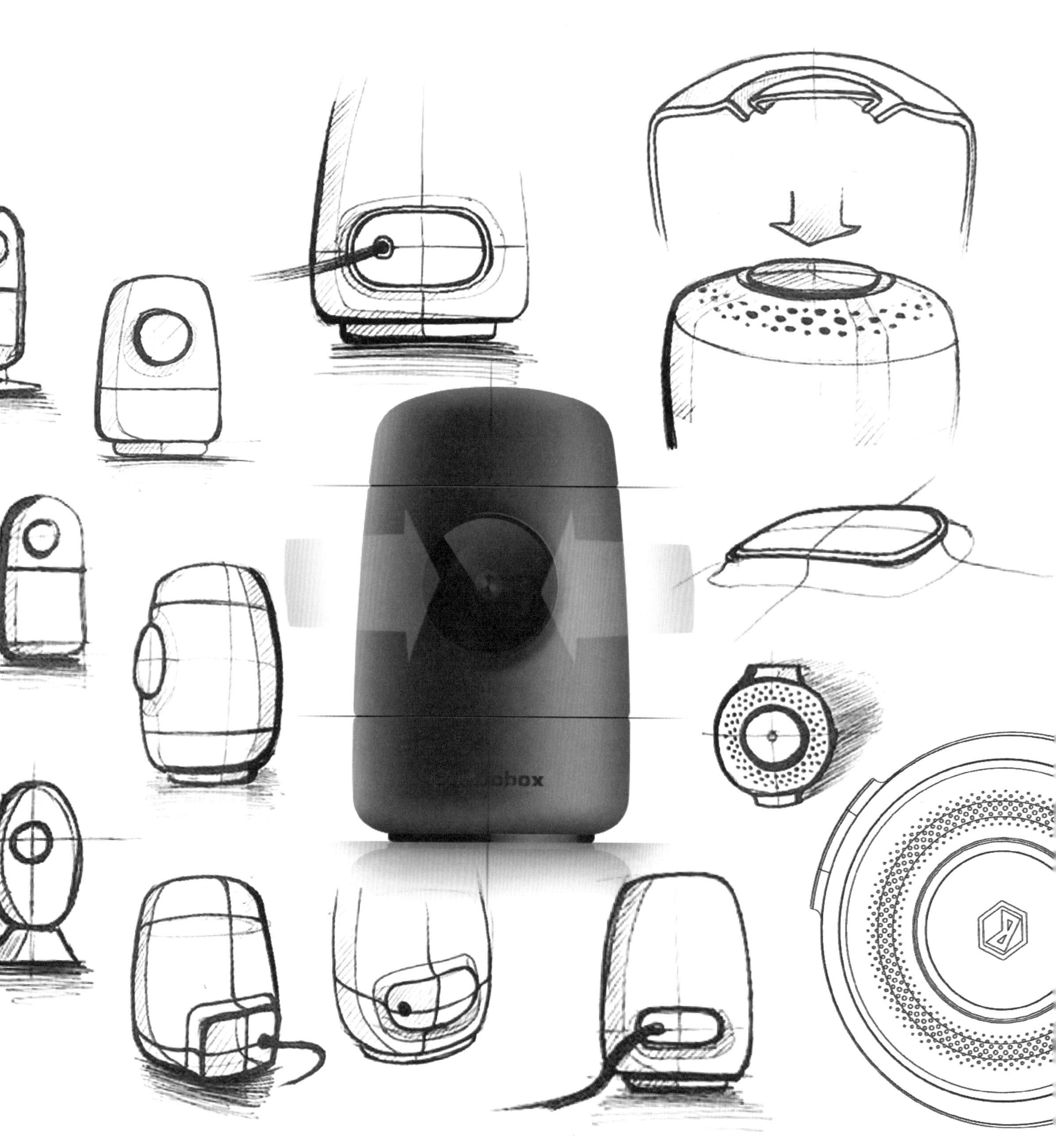

Airscape

设计师：Thibault Moussanet

绘图工具：针管笔

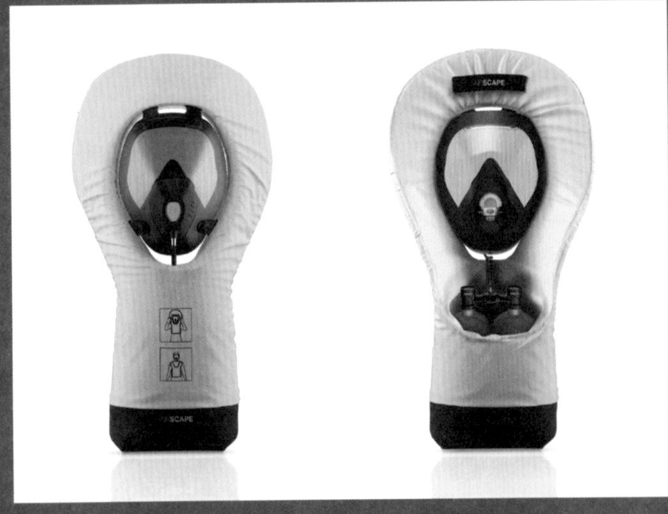

Airscape 是一款适用于危险地带的急救产品。当工人的个人设备检测到有毒气体，产品将提供10到20分钟的清洁呼吸，以便安全逃离危险区。Airscape 也可避免将宝贵时间浪费在压按式的急救呼吸器上，同时为了能及时戴上此产品，隔绝危险，它最大限度地考虑了手势的连贯。

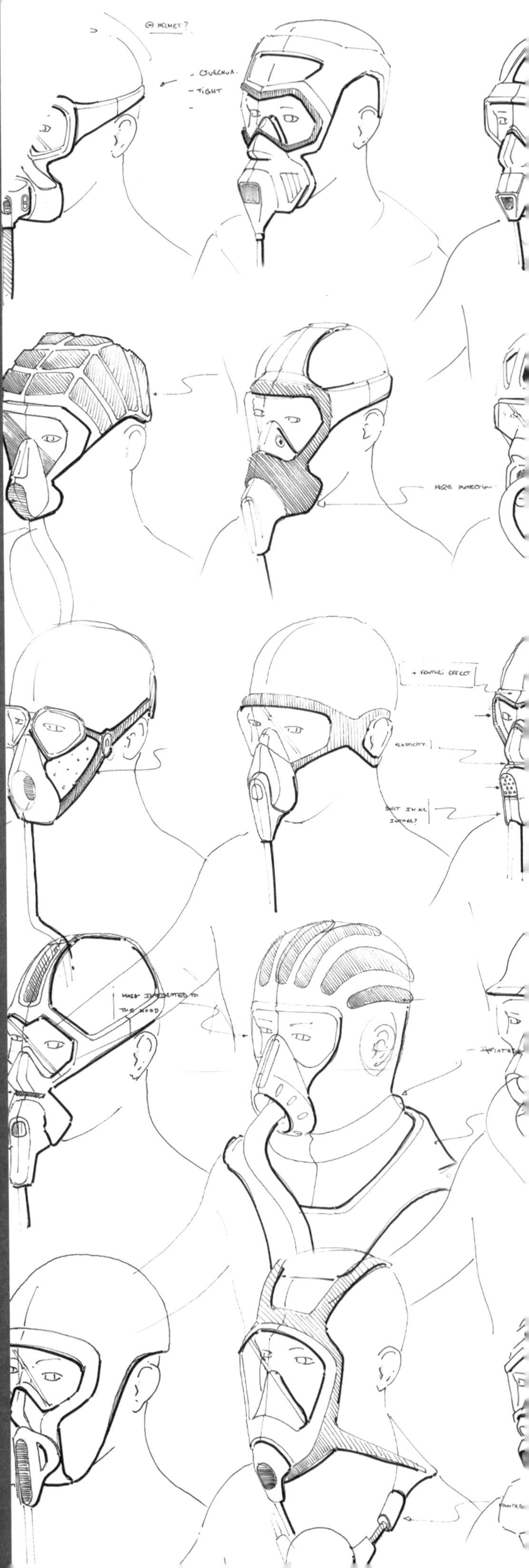

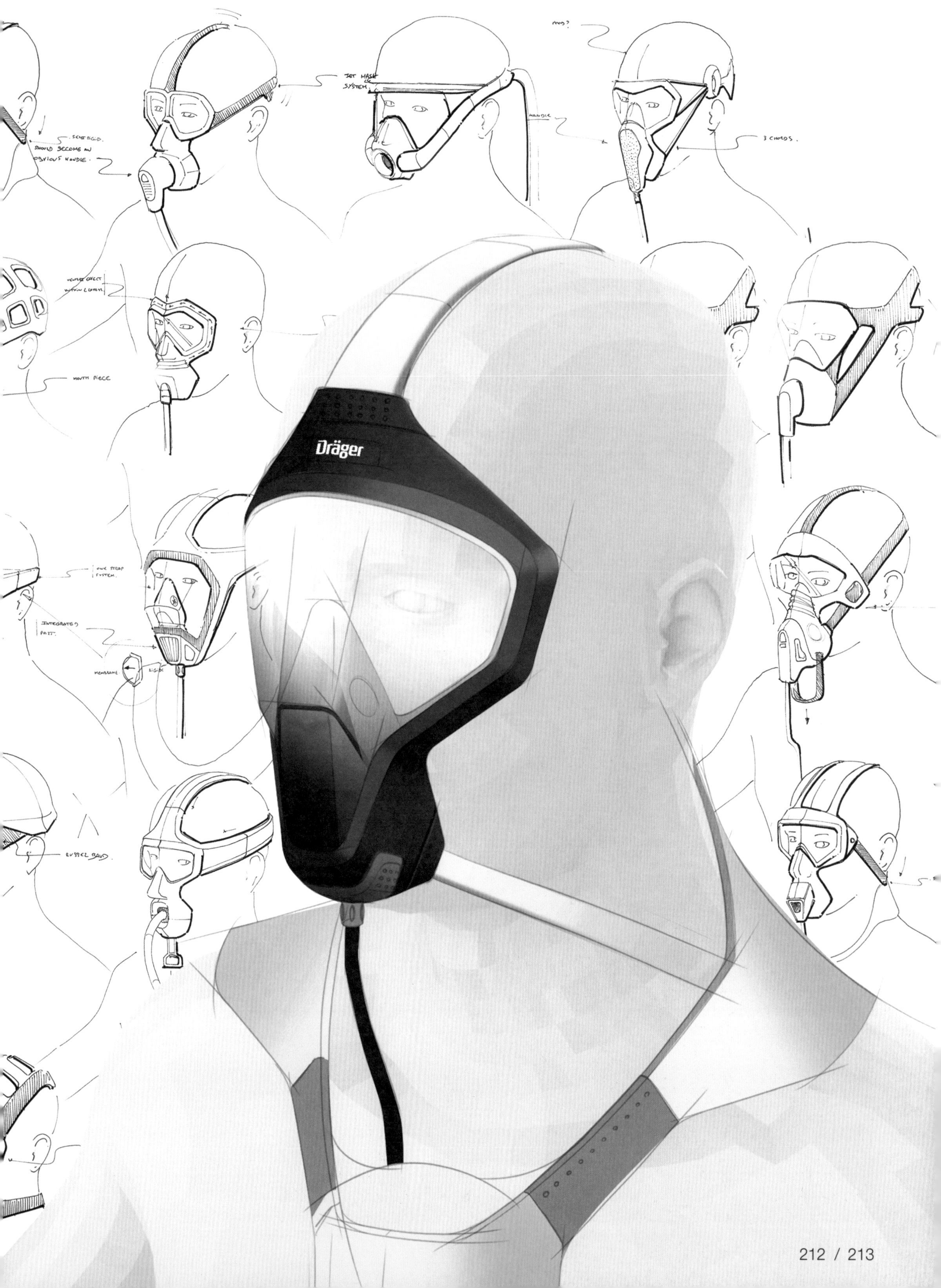
Dräger
SET MASK SYSTEM.
HANDLE
3 CHORDS.
SHOULD BECOME AN OBVIOUS HANDLE.
MOUTH PIECE
ONE STRAP SYSTEM.
INTEGRATED PART.
MEMBRANE
RIGID
RUBBER BAND

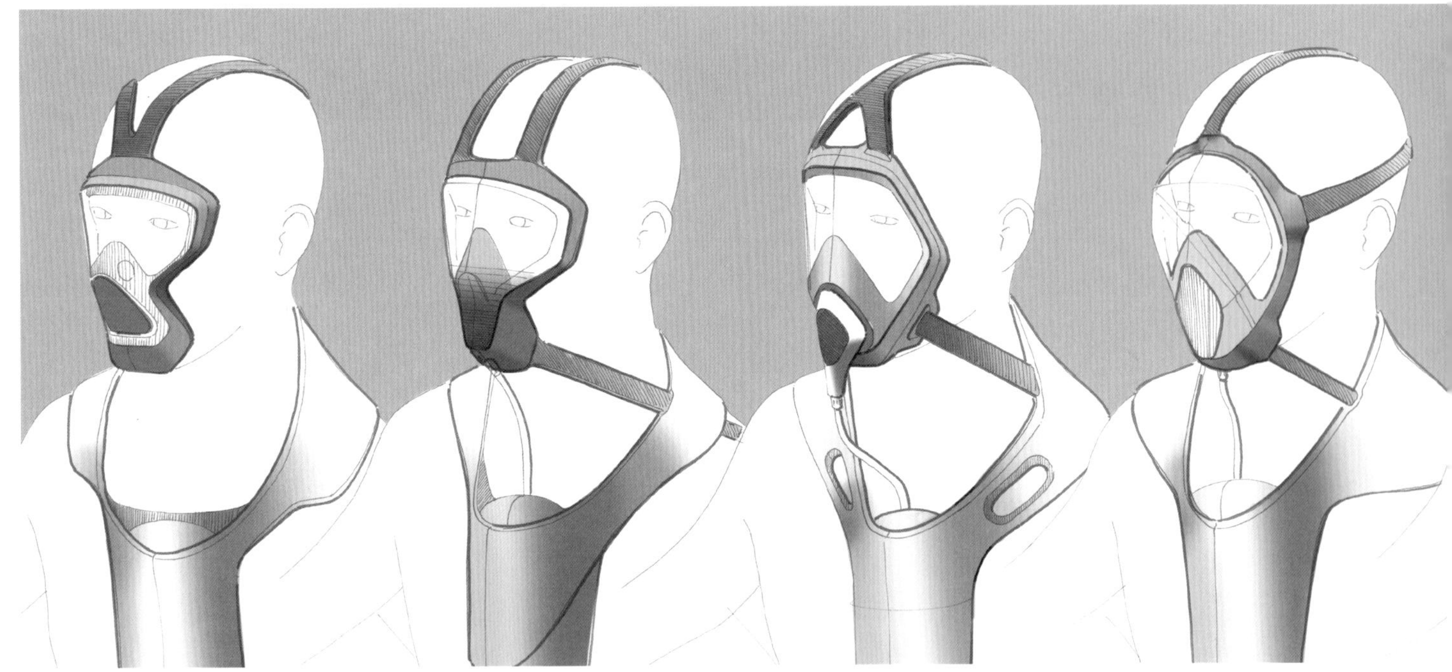

7-12″

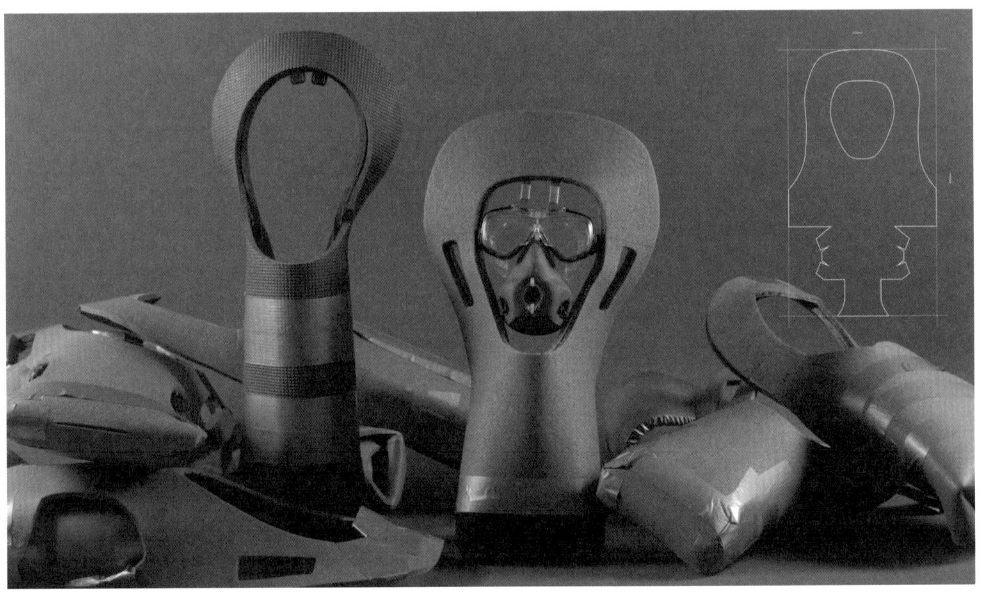

2″

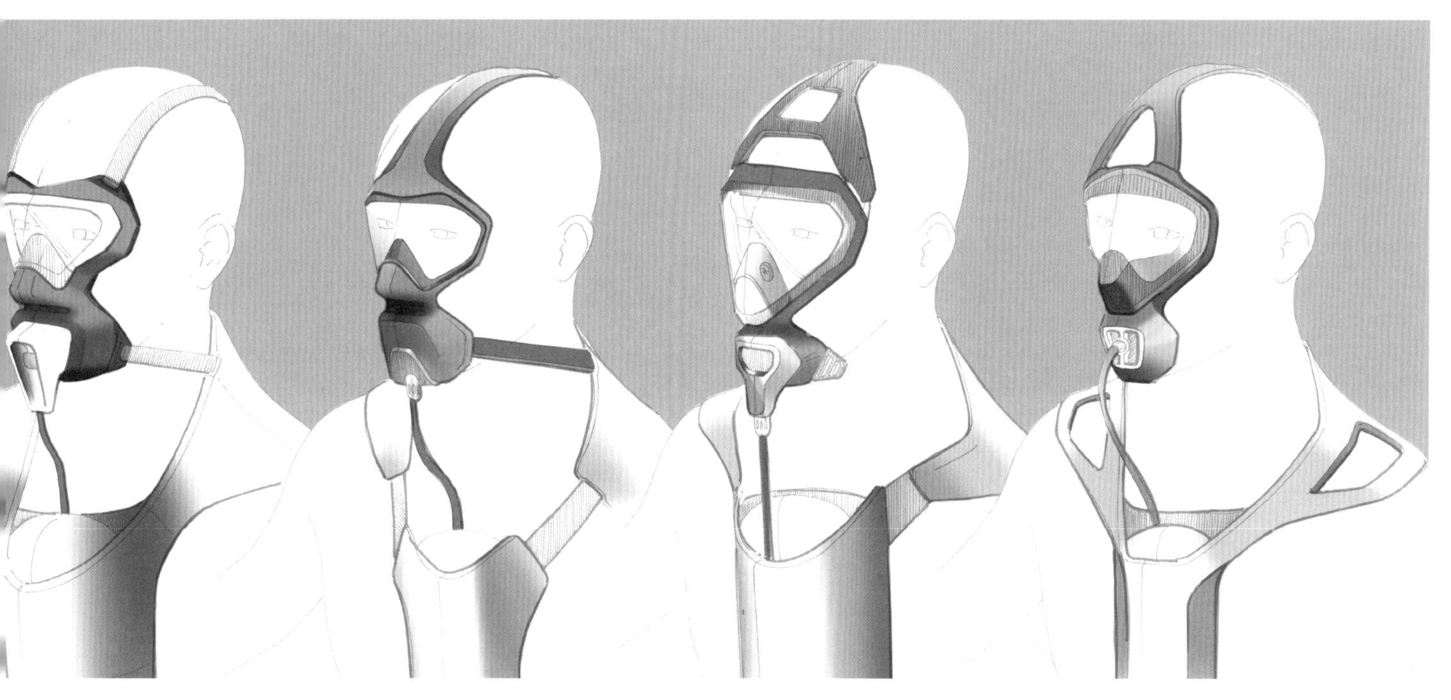

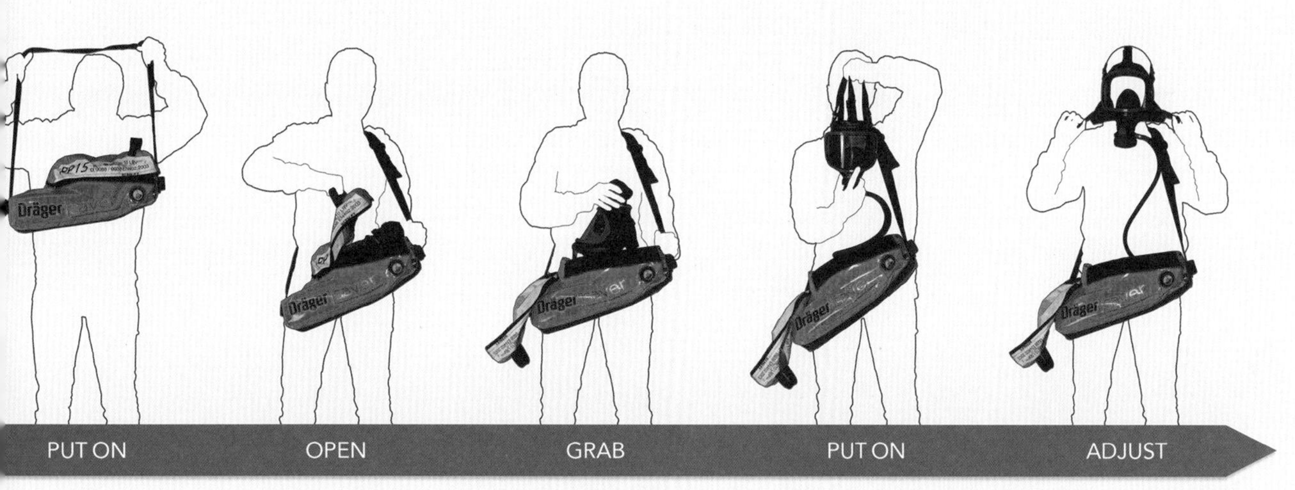
Dräger
PUT ON
OPEN
GRAB
PUT ON
ADJUST

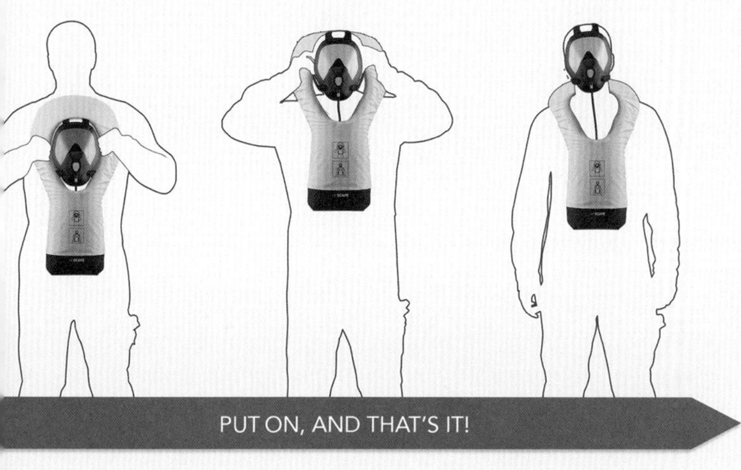
PUT ON, AND THAT'S IT!

Preg Aid

设计师：Walter Tien

绘图工具：针管笔、Adobe Photoshop

Preg Aid 是一款更清洁、环保的验孕棒，符合人体工程学的优雅设计，流线型的设计给用户提供了一种舒适的体验。设计师试图通过探索手绘的不同形式以及人体工程学因素，运用彩铅描绘最初闪现的想法，在纸张上记录获得的想法是产品设计之初的主要目标。

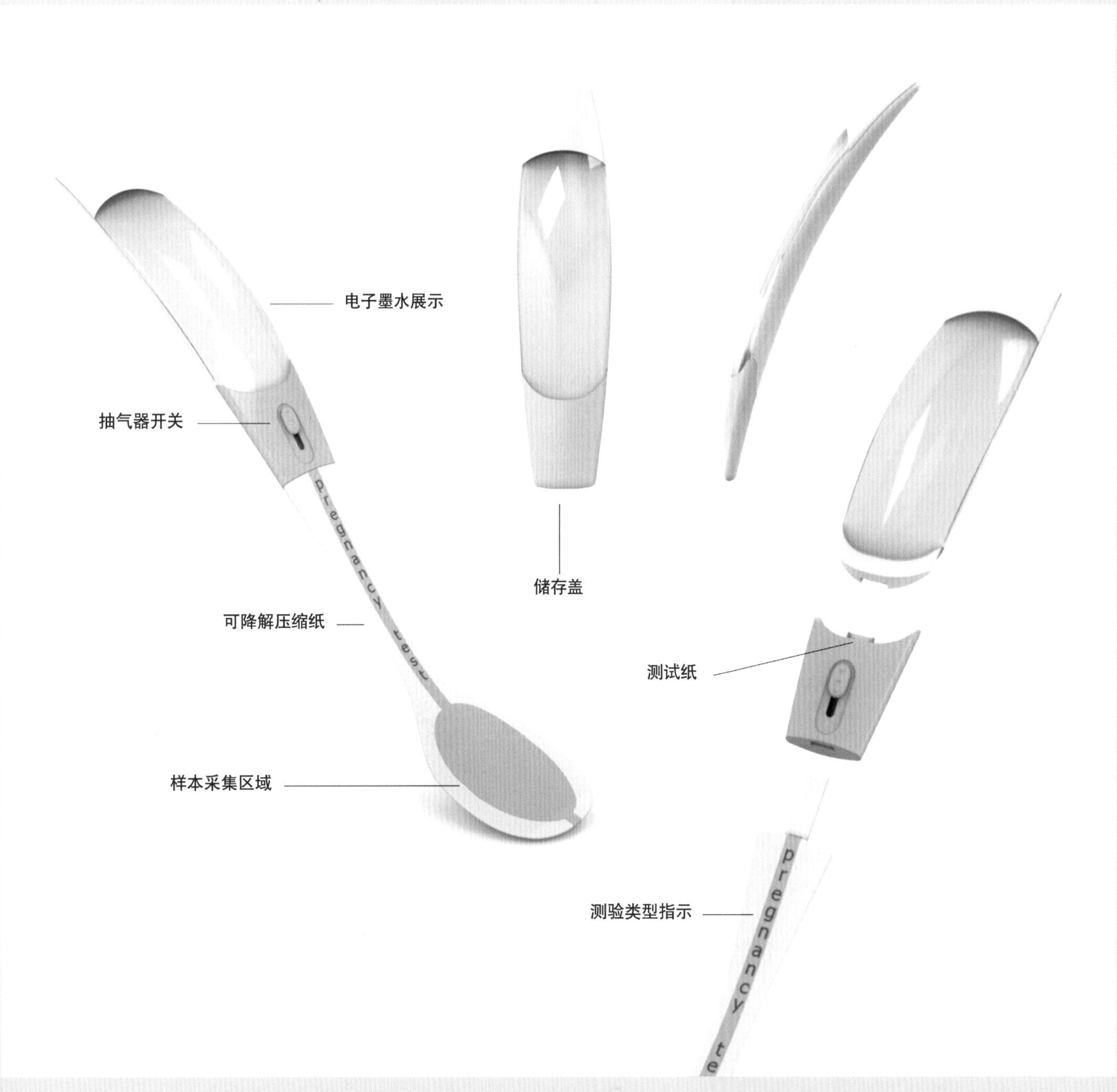

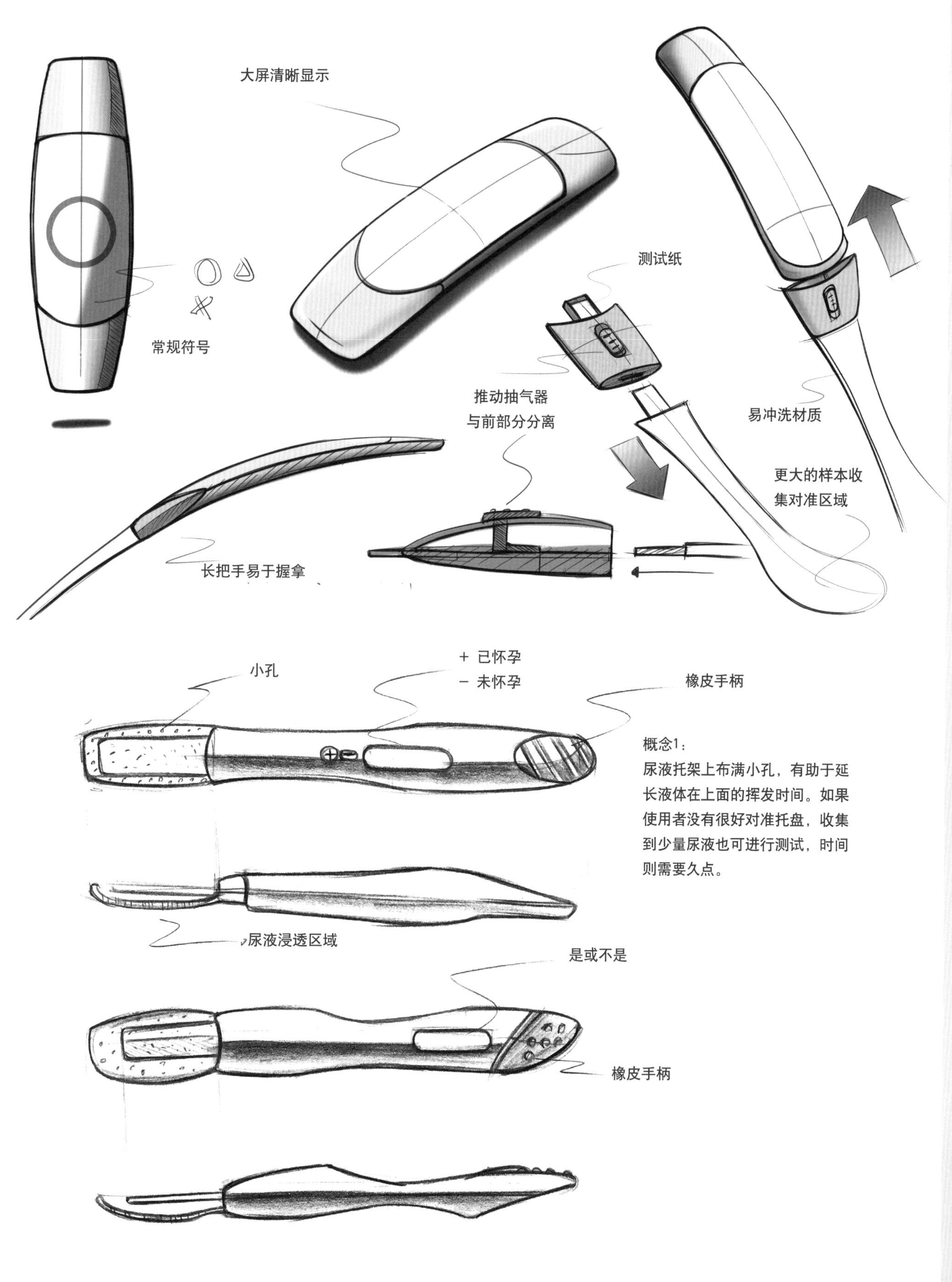

概念1：
尿液托架上布满小孔，有助于延长液体在上面的挥发时间。如果使用者没有很好对准托盘，收集到少量尿液也可进行测试，时间则需要久点。

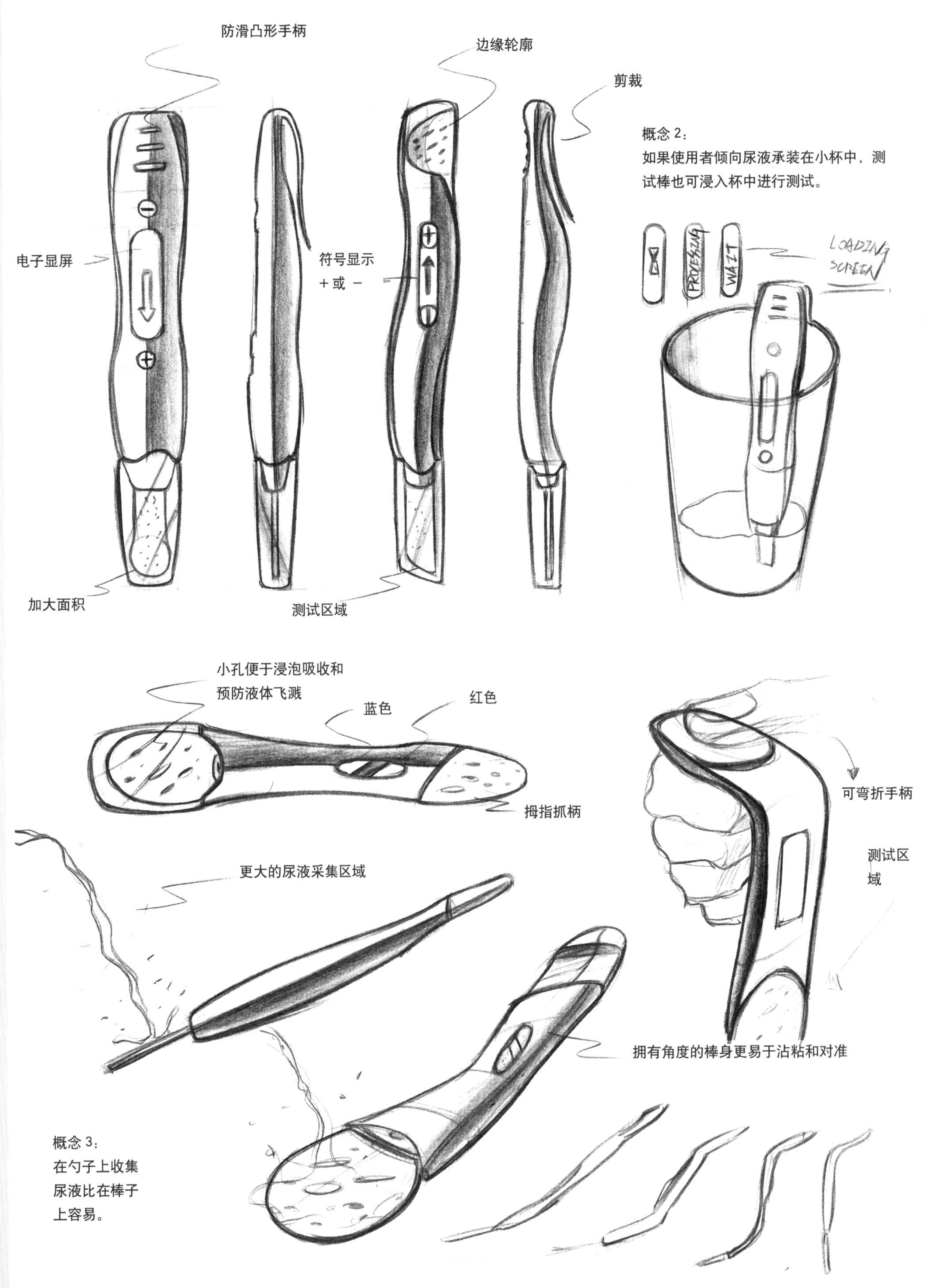
防滑凸形手柄
边缘轮廓
剪裁
概念 2：
如果使用者倾向尿液承装在小杯中，测试棒也可浸入杯中进行测试。
电子显屏
符号显示
＋或－
加大面积
测试区域
小孔便于浸泡吸收和
预防液体飞溅
蓝色
红色
拇指抓柄
可弯折手柄
测试区
域
更大的尿液采集区域
拥有角度的棒身更易于沾粘和对准
概念 3：
在勺子上收集
尿液比在棒子
上容易。

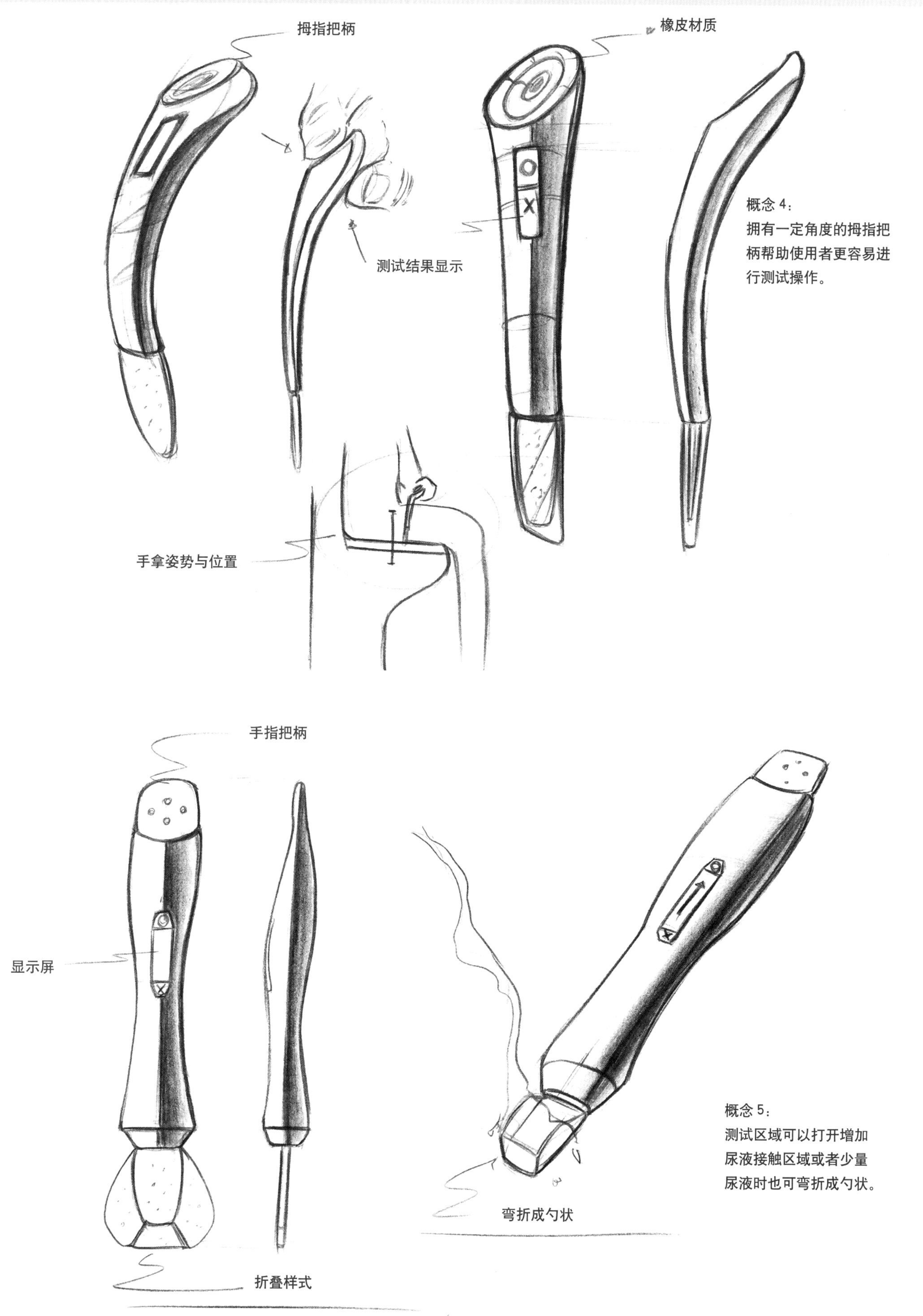
拇指把柄
橡皮材质
测试结果显示
概念 4：
拥有一定角度的拇指把
柄帮助使用者更容易进
行测试操作。
手拿姿势与位置
手指把柄
显示屏
概念 5：
测试区域可以打开增加
尿液接触区域或者少量
尿液时也可弯折成勺状。
弯折成勺状
折叠样式

Trac Blood Pressure Monitor

设计师：Micah Lang

绘图工具：针管笔、马克笔

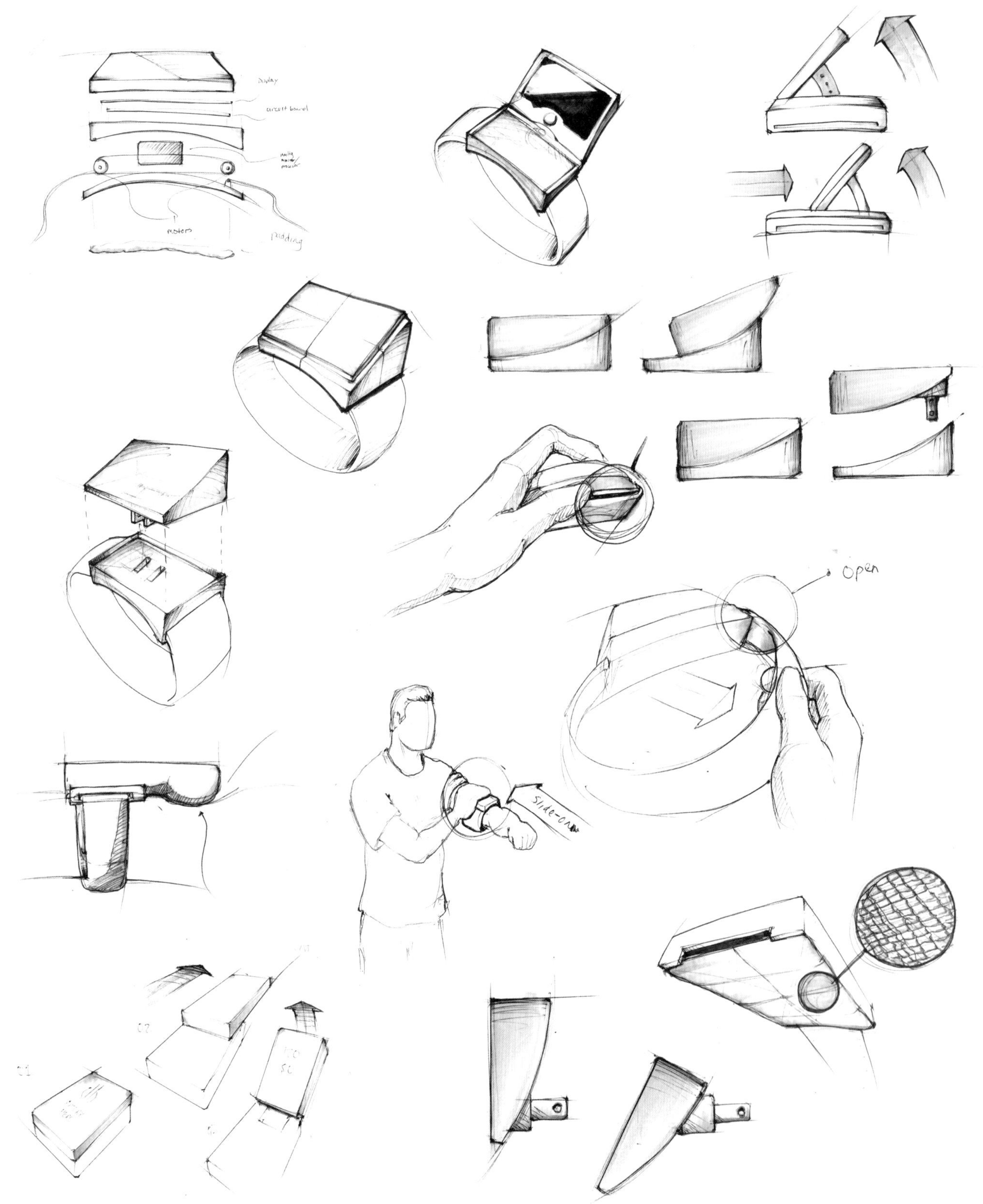

这是一个为期六周的设计项目，需要重新设计更有效的袖口血压计量器。该项目花费两周研究，两周进行概念构思，以及两周的设计定稿。该设计理念源于一种新的体验血压监测方法，运用一只手进行触觉的互动即可方便精准的记录血压的信息。

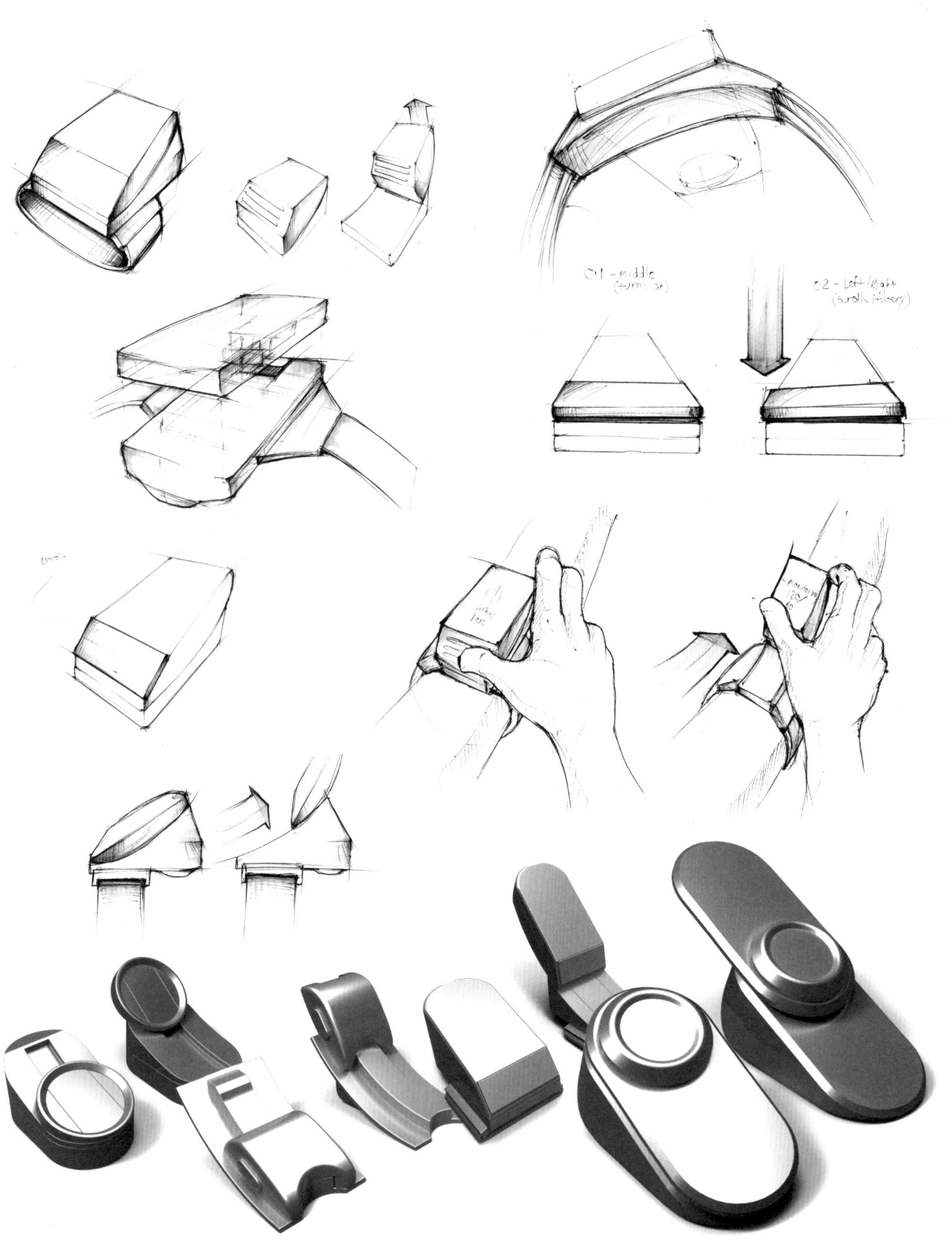

Kind Dermatome

工作室：Design and Technology Lab
设计师：Patrick Heutschi

绘图工具：铅笔、Adobe Photoshop

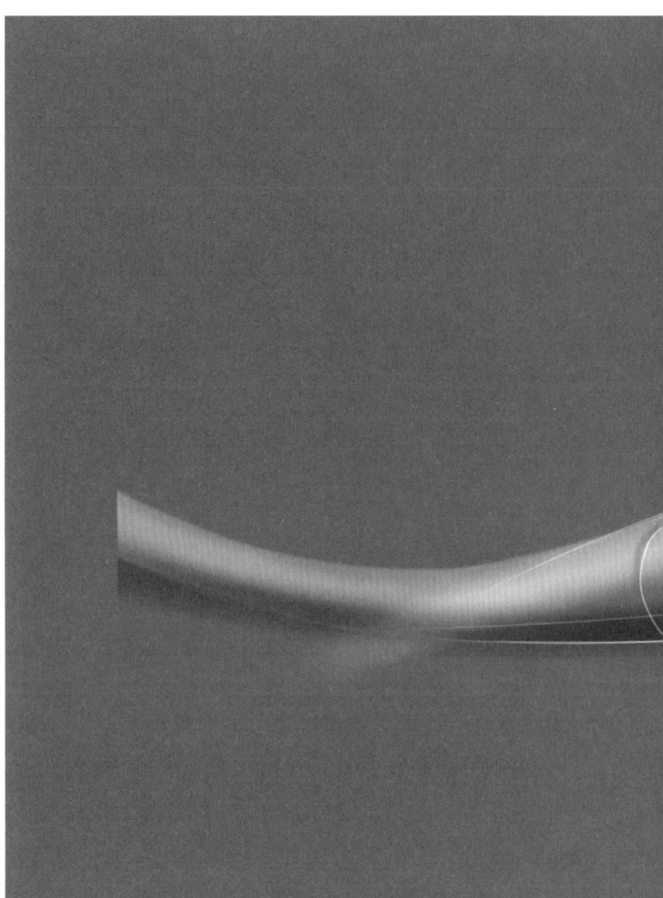

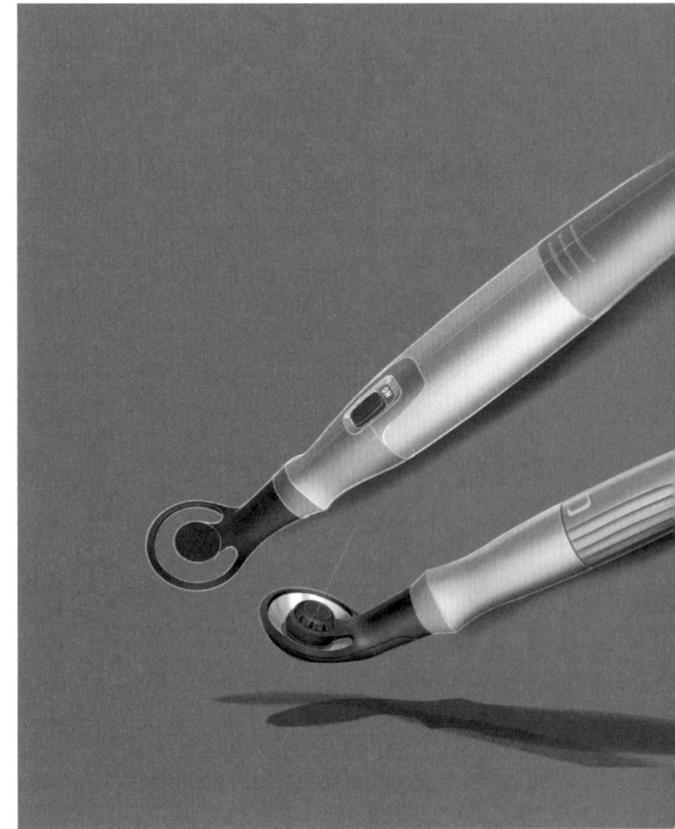

目前儿童的皮肤移植医疗设备过于笨重，使用起来不那么方便，因此设计团队决定解决这个问题，并与 Zurich 儿童医院一起开发了新的设备。最终关键设备为一个可调节的旋转圆形刀片，使外科医生能够精确地跟踪弯曲的伤口边缘，而不会到损害健康的组织，而手柄的人体工程学设计有助于掌握使用的精确度以及设备的日常维护。

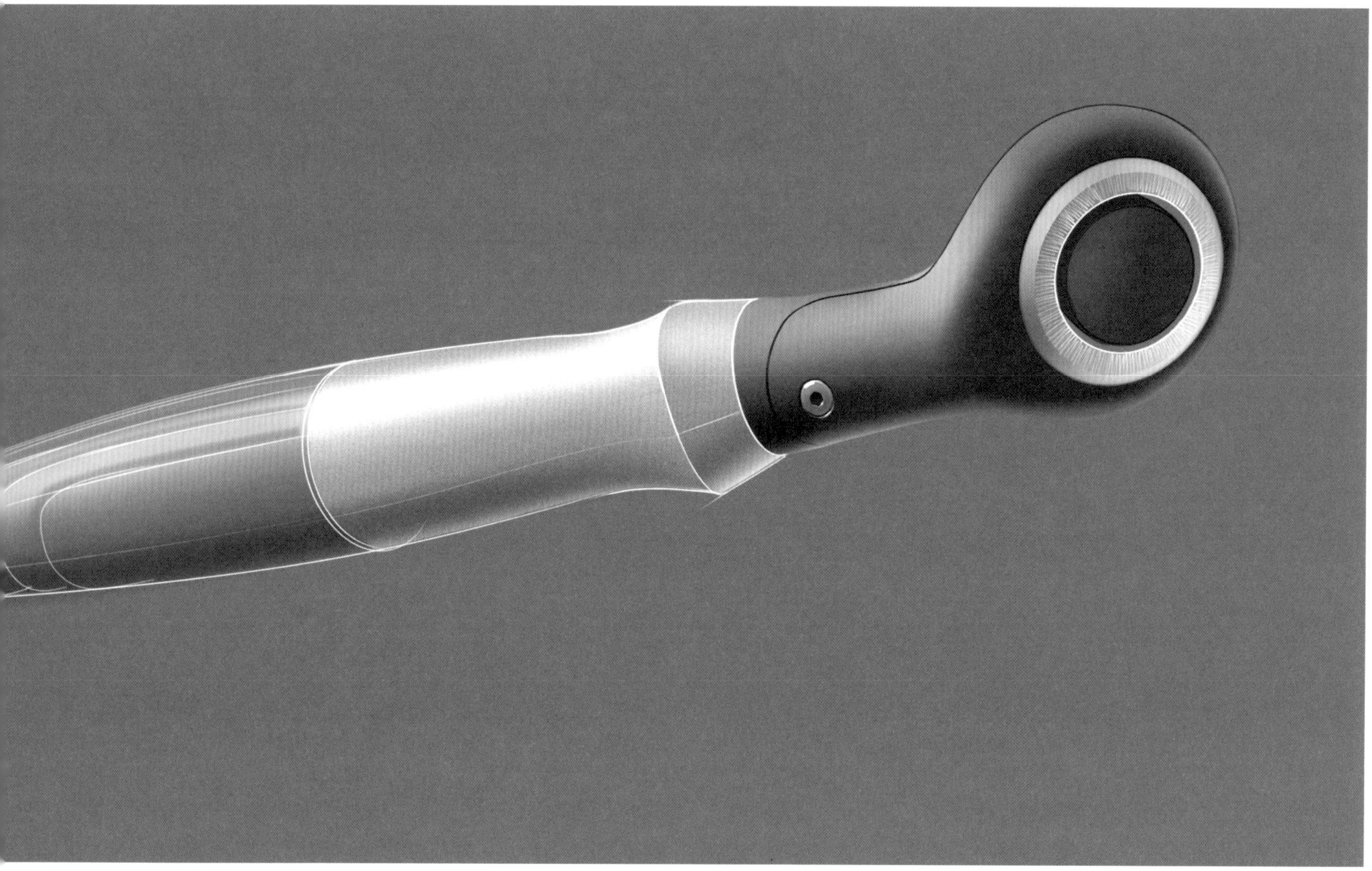

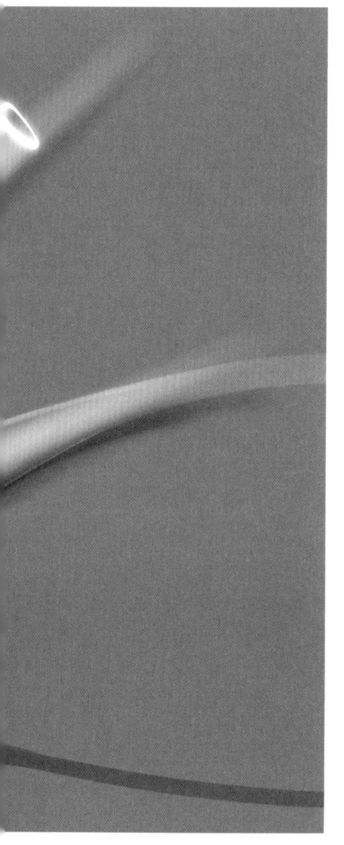

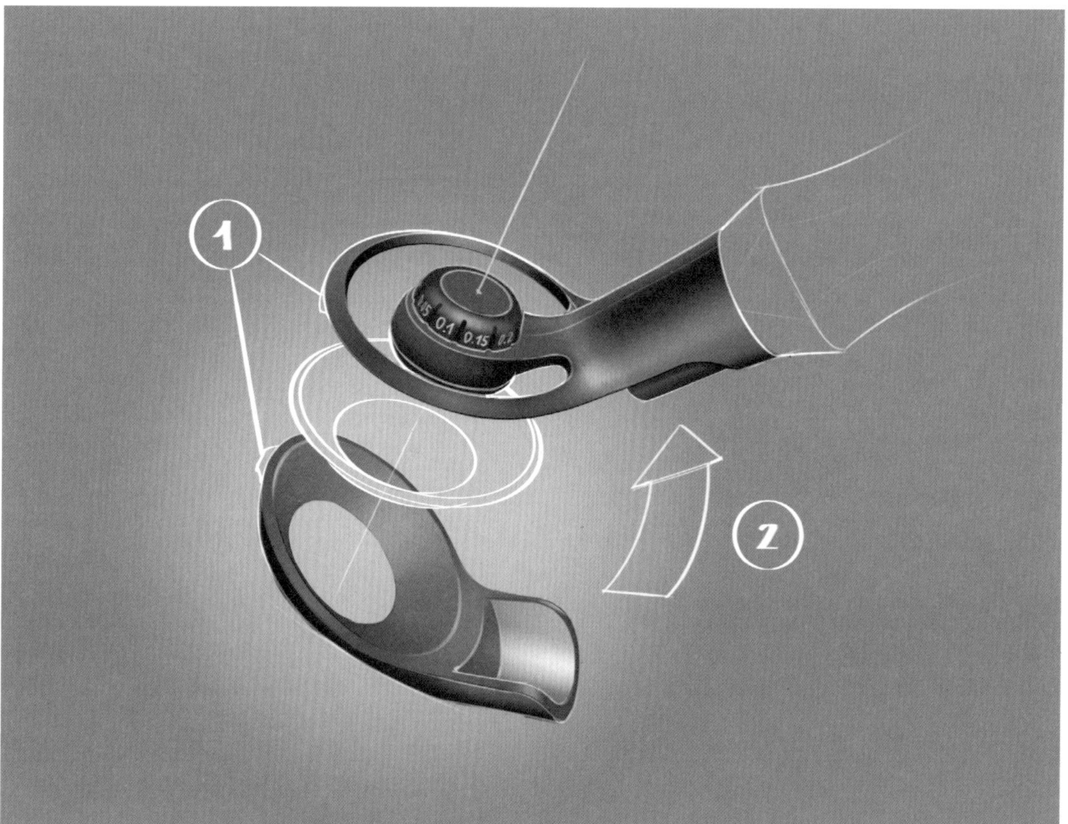
1
2

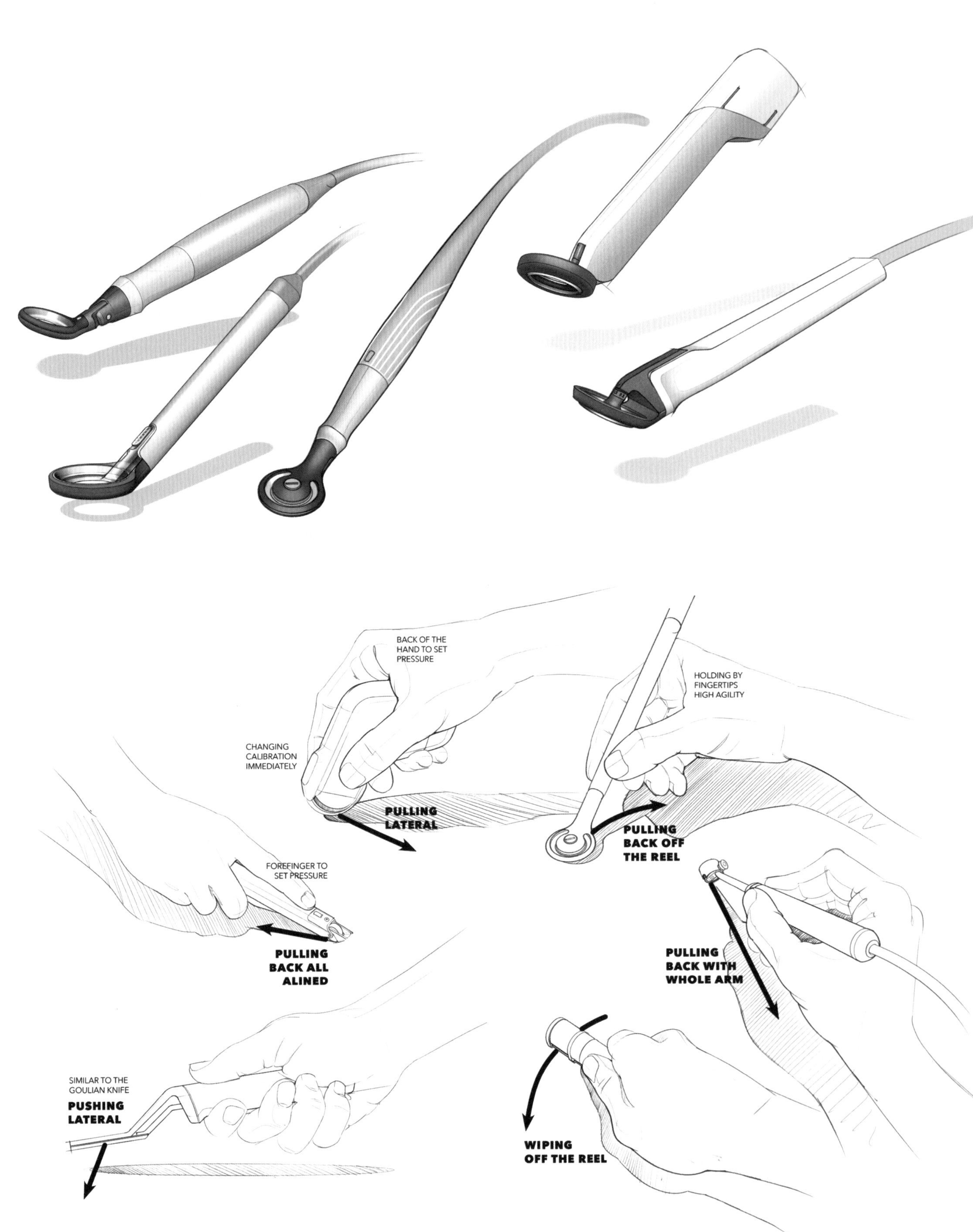
BACK OF THE HAND TO SET PRESSURE
HOLDING BY FINGERTIPS HIGH AGILITY
CHANGING CALIBRATION IMMEDIATELY
PULLING LATERAL
PULLING BACK OFF THE REEL
FOREFINGER TO SET PRESSURE
PULLING BACK ALL ALINED
PULLING BACK WITH WHOLE ARM
SIMILAR TO THE GOULIAN KNIFE
PUSHING LATERAL
WIPING OFF THE REEL

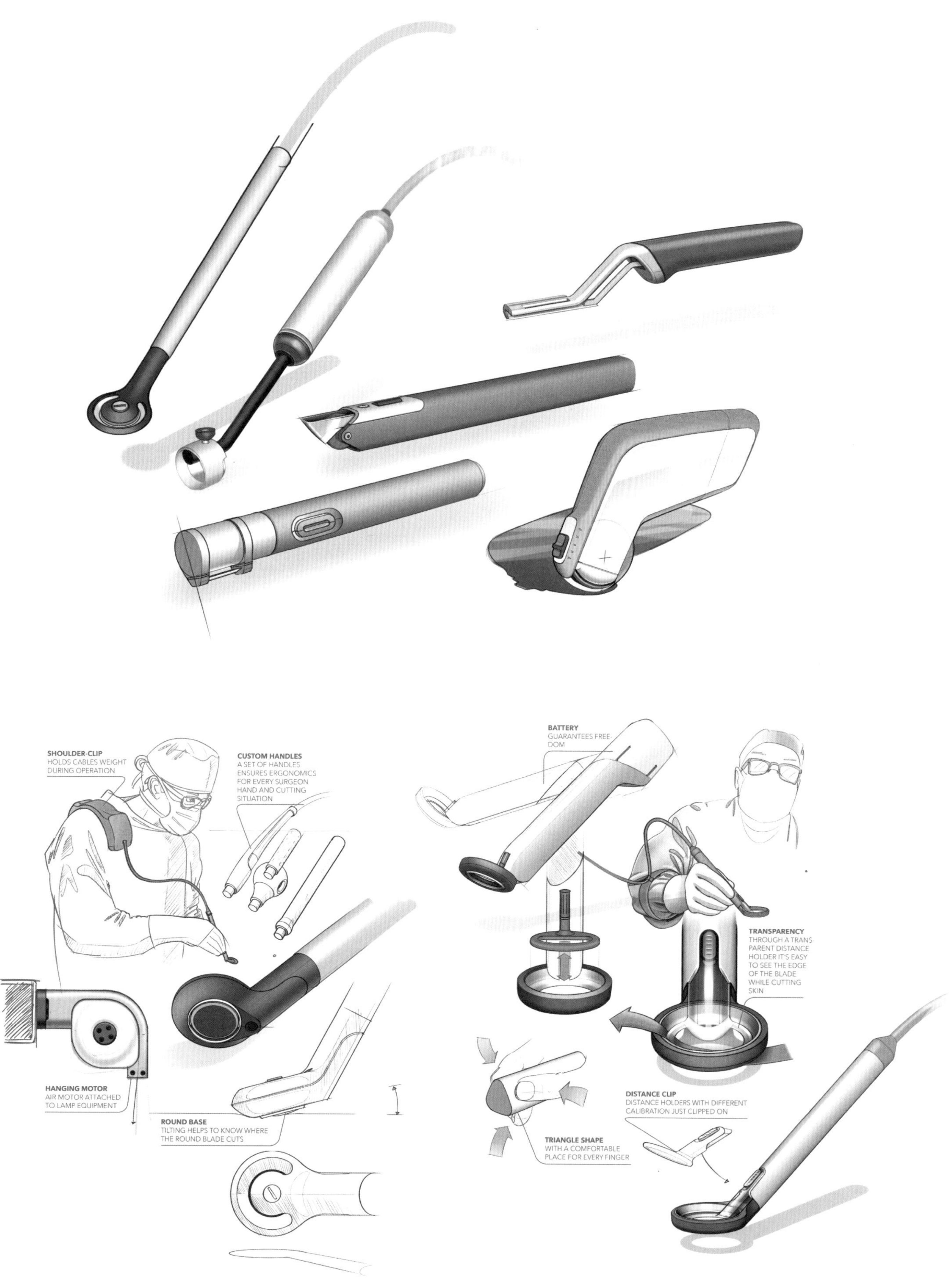
SHOULDER-CLIP
HOLDS CABLES WEIGHT DURING OPERATION
CUSTOM HANDLES
A SET OF HANDLES ENSURES ERGONOMICS FOR EVERY SURGEON HAND AND CUTTING SITUATION
HANGING MOTOR
AIR MOTOR ATTACHED TO LAMP EQUIPMENT
ROUND BASE
TILTING HELPS TO KNOW WHERE THE ROUND BLADE CUTS
BATTERY
GUARANTEES FREE-DOM
TRANSPARENCY
THROUGH A TRANSPARENT DISTANCE HOLDER IT'S EASY TO SEE THE EDGE OF THE BLADE WHILE CUTTING SKIN
DISTANCE CLIP
DISTANCE HOLDERS WITH DIFFERENT CALIBRATION JUST CLIPPED ON
TRIANGLE SHAPE
WITH A COMFORTABLE PLACE FOR EVERY FINGER

Go Pro

设计师：Pierre Schwenke

绘图工具：铅笔、马克笔

这是一款摄像设备专用背包，背包内部设计为多个可调整的隔层，中间的大格子设计可专门放置较大摄像设备，而周边的格子可放置其他配件等。背包外部为防水防尘的面料和多功能的扣具，非常方便在野外使用。

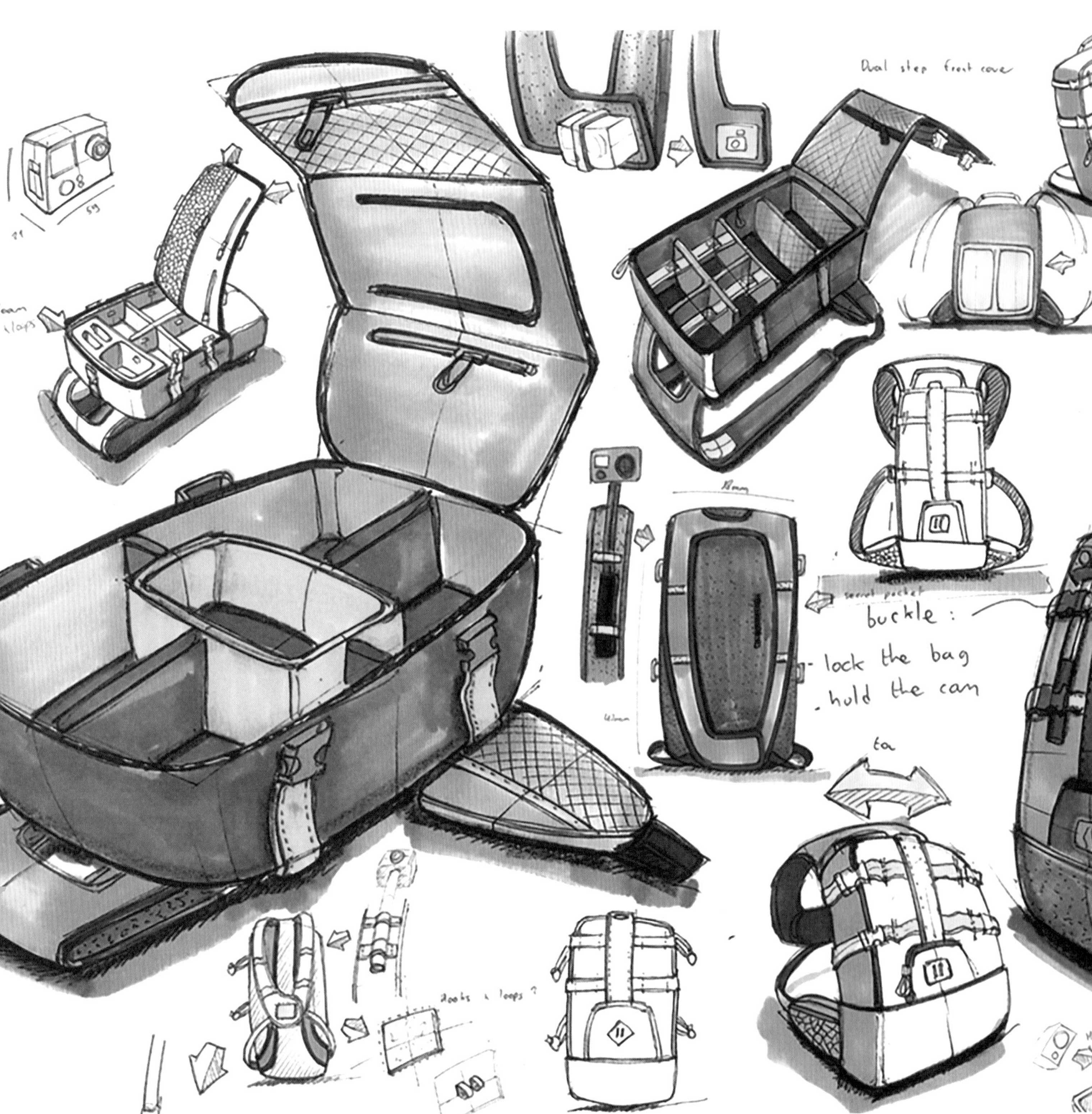

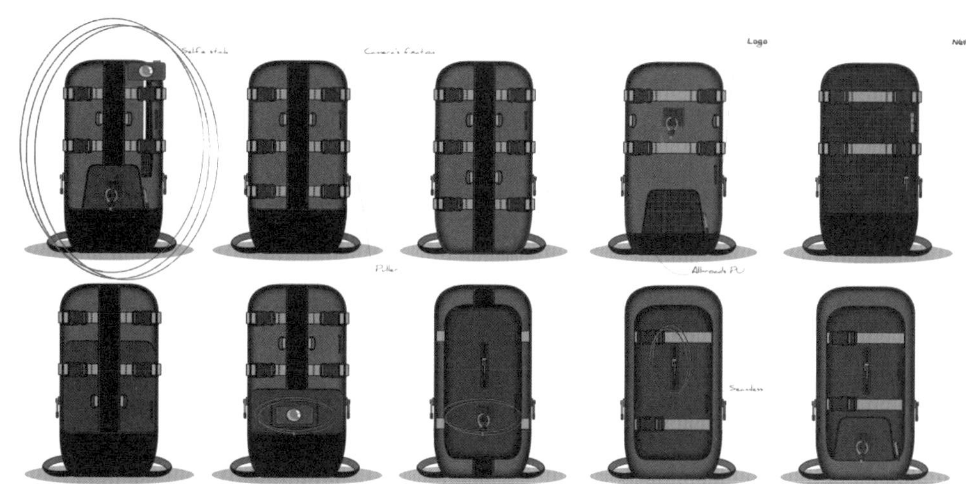
Logo
Net

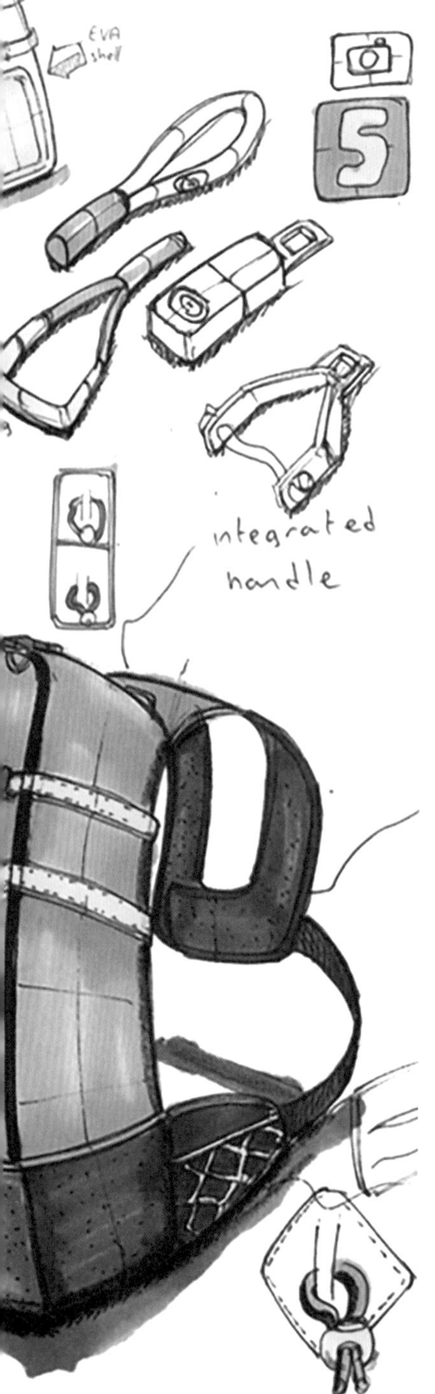
EVA shell
integrated handle

E Tron Bike

工作室：Paradox Design Base
设计师：Lachezar Ognianov Ivanov

绘图工具：针管笔、马克笔、Wacom 手绘板

该项目为新一代电动自行车的开发制作，自行车外框架的几何形状灵感来自陆地上跑的最快的动物之一——猎豹，简约的外形设计突出自行车的个性以及对猎豹的精准借鉴，由碳纤维材料制成，自行车构造上还包含一个集成的电动机和一个新一代电池。

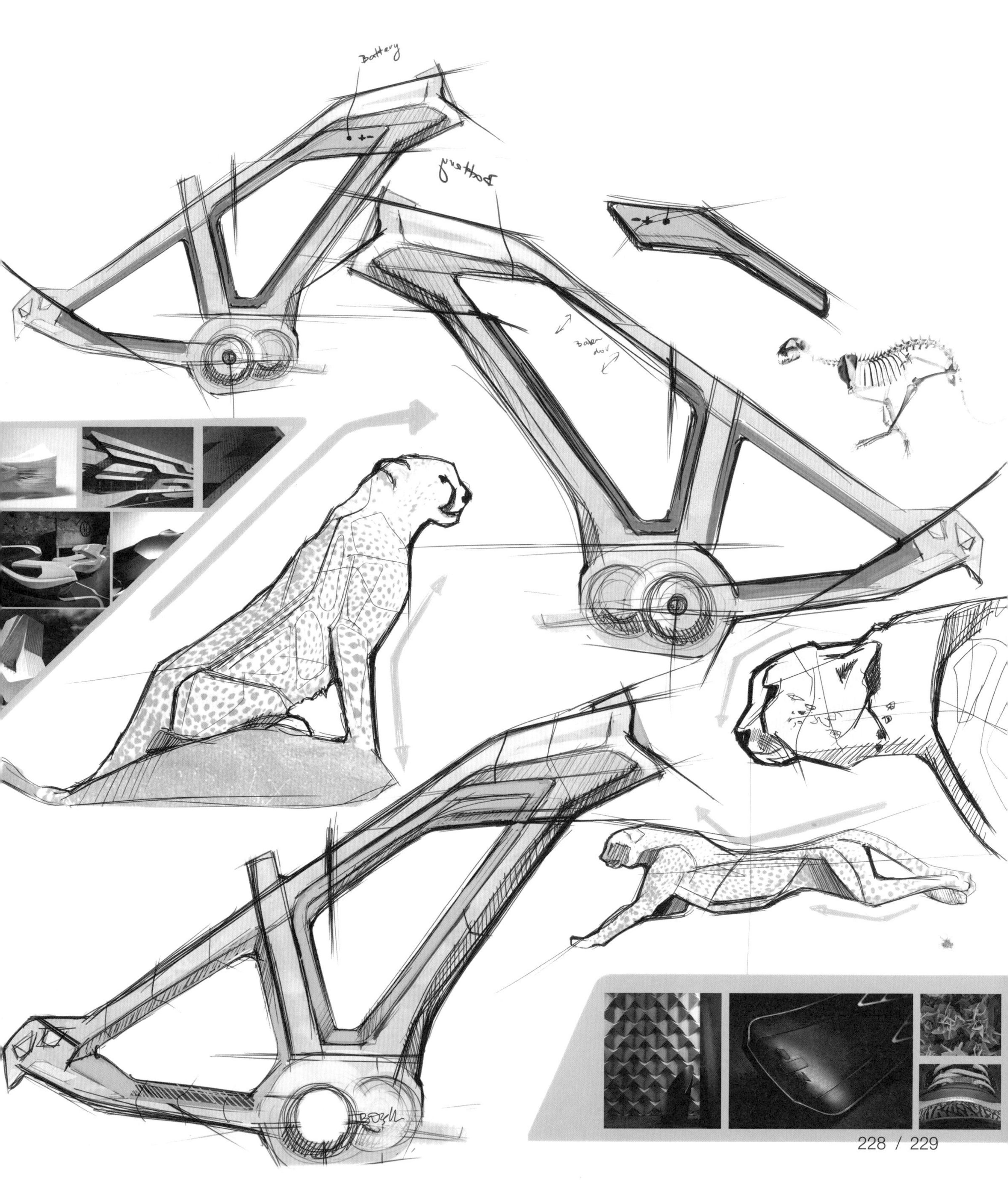

Di-fuse Smart Watch

设计师：Thomas Le

绘图工具：Adobe Photoshop、Wacom 手绘板

这是一款运用简单的方式连接当地环境的智能手表。通过以往基于互动的屏幕，Di - fuse 重新设想这款智能手表，专注于移动语音、触感和操作互动设计，同时它还是一个迷你版定位跟踪器。

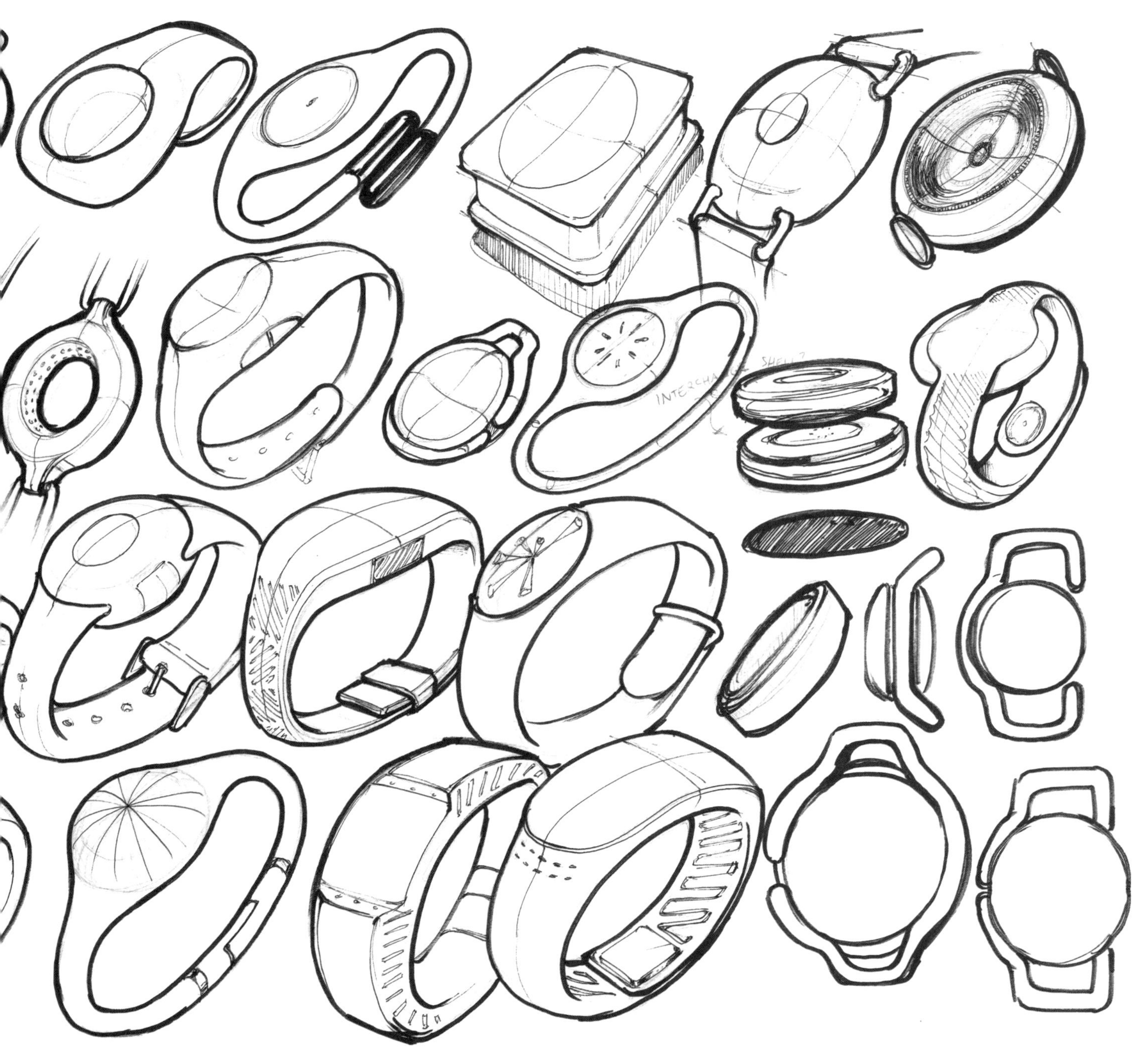

Photon Robot

工作室：VORM
设计师：Mike Pyteraf、Bart Zimny、Iza Mrozowska、Aga Jucha

绘图工具：圆珠笔、Wacom 手绘板、Adobe 套件

Photon 作为一款儿童编码教学的互动式机器人，意在为年轻的用户与他们的父母提供一个理想的外观和教育维度。由连接电脑或智能手机管理应用程序，通过玩乐互动的方式来教育和陪伴儿童，随着不同环境和儿童各个年龄阶段的需求，机器人可提供更多其他开放的功能，可靠有趣地陪伴他们自由成长。

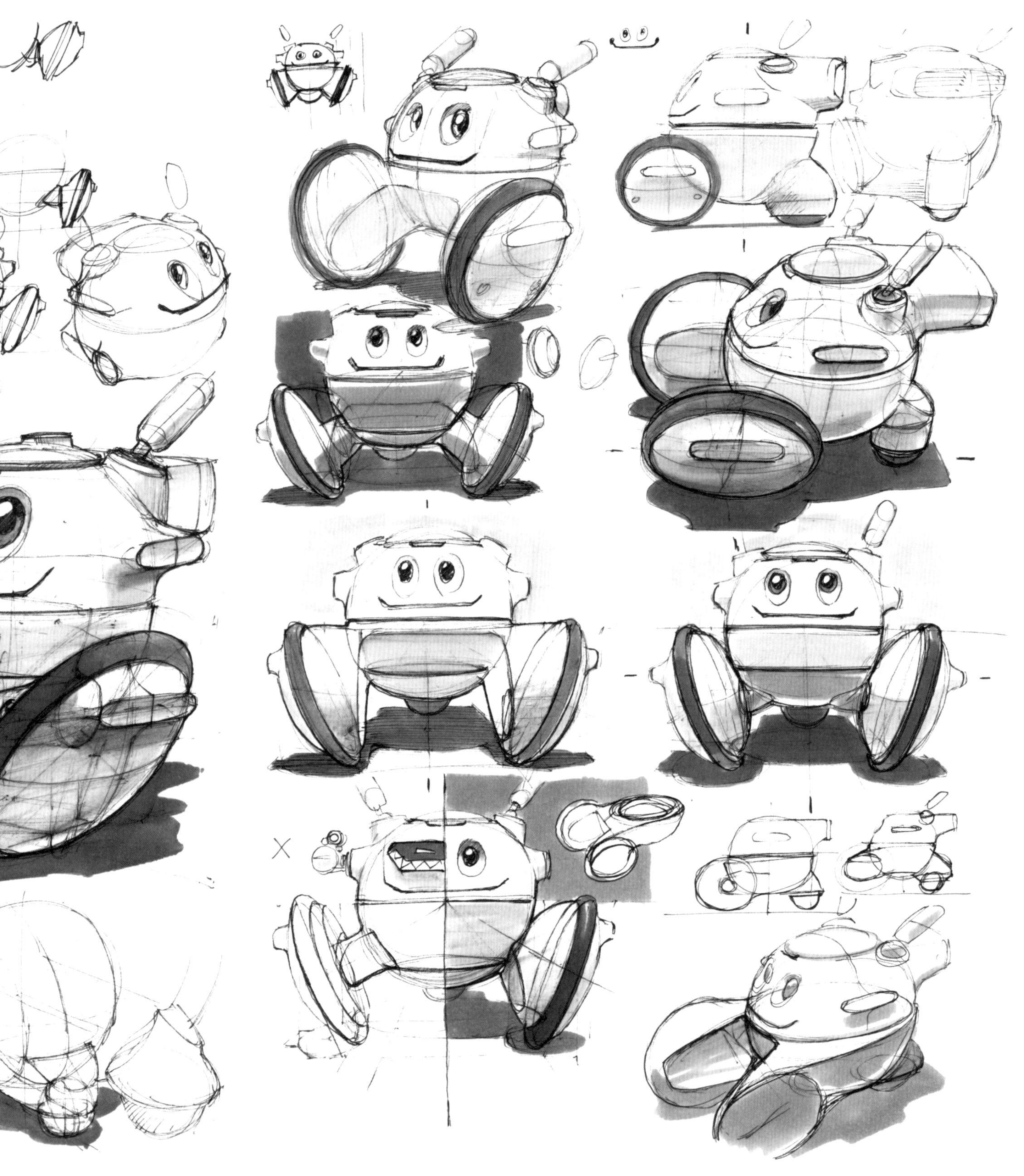

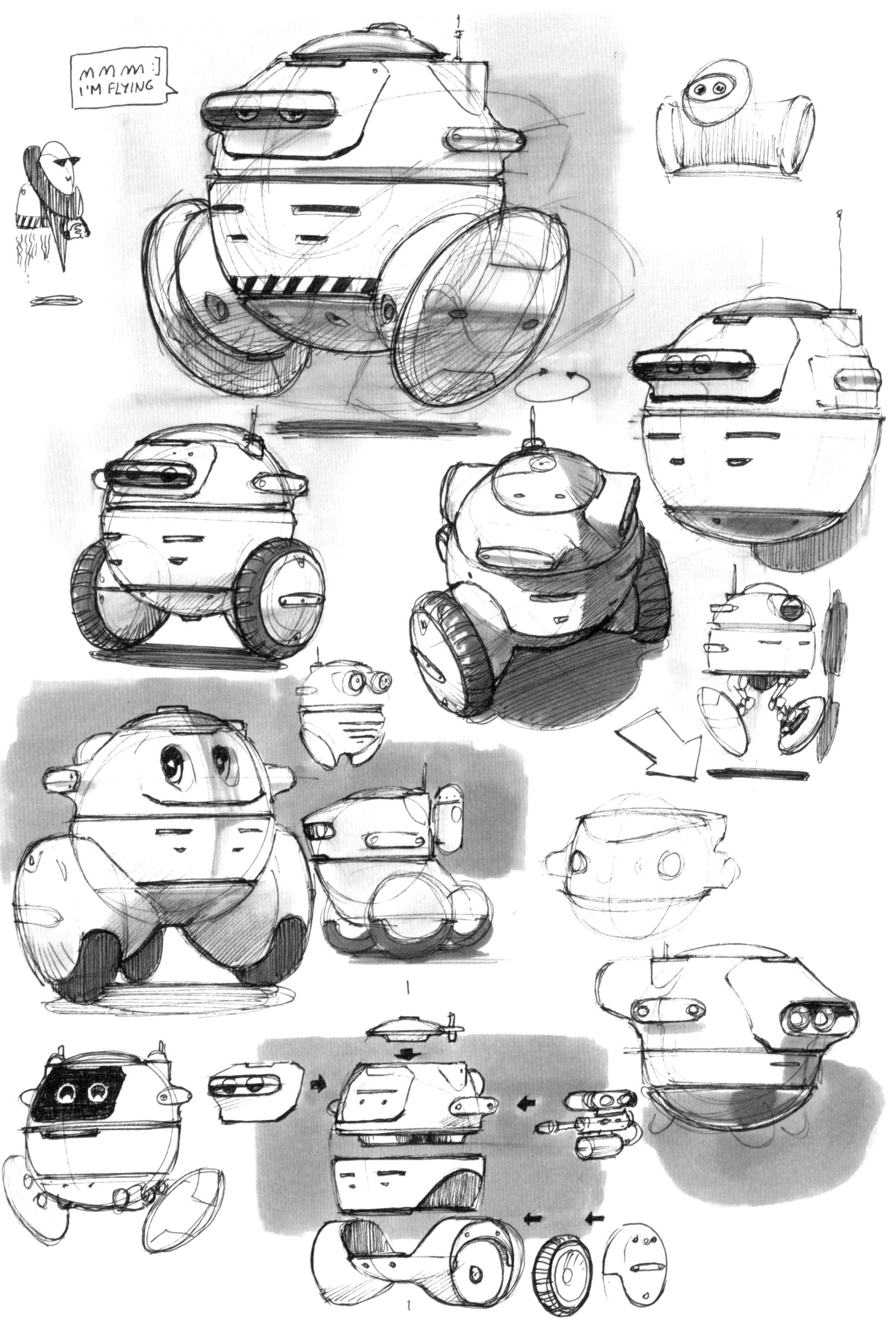
MMMM :]
I'M FLYING

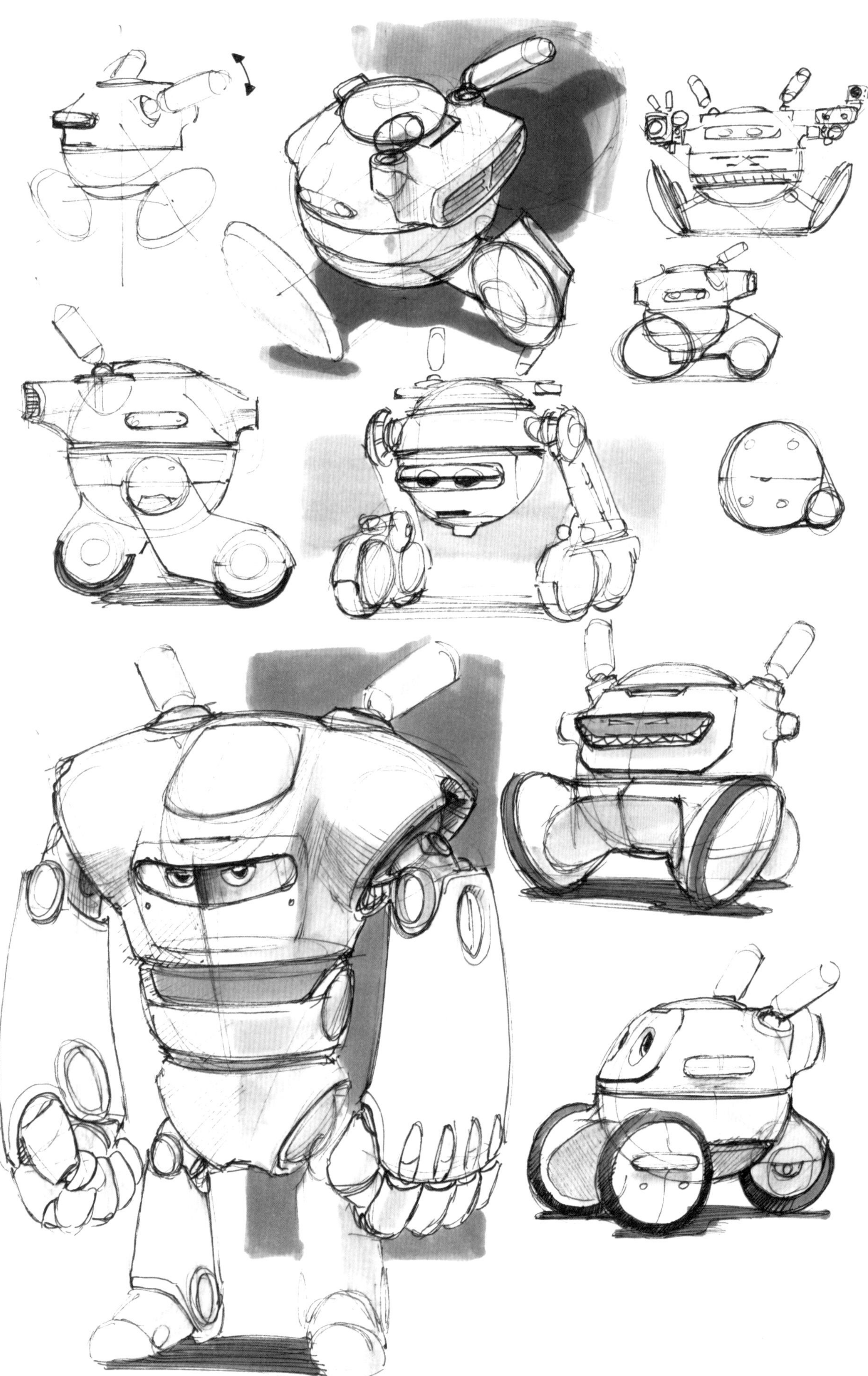

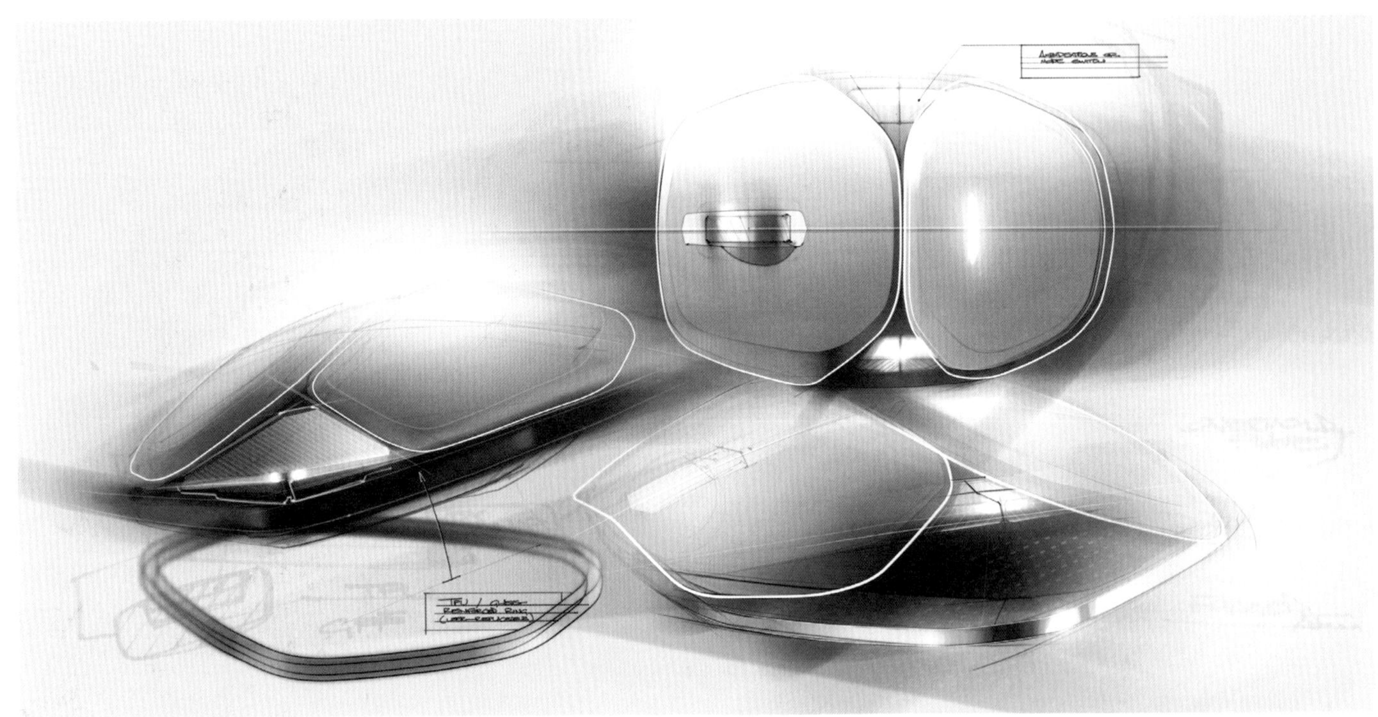

Gaming Mouse Concept

设计师：Robert Lillquist

绘图工具：钢笔、Adobe Photoshop

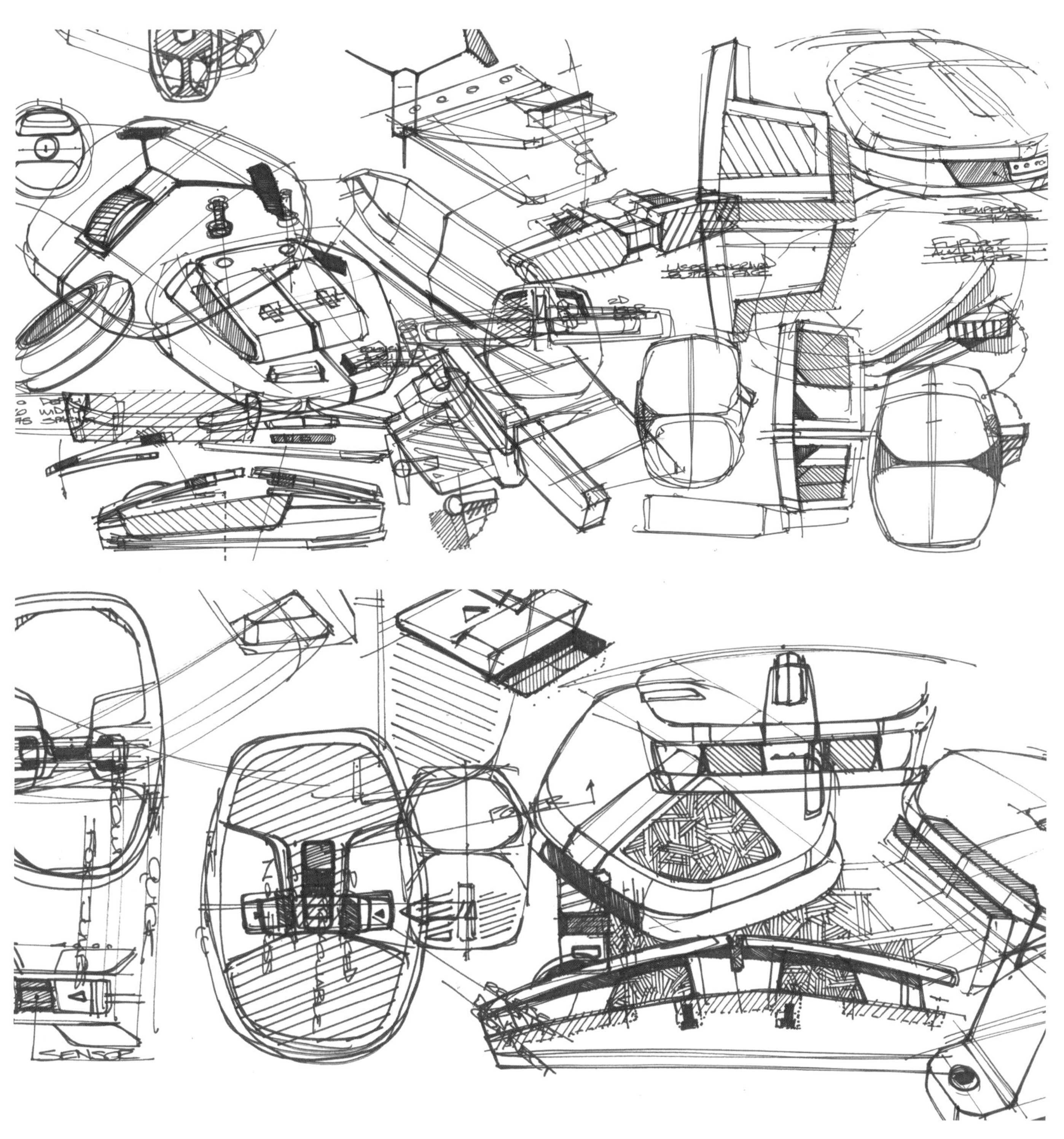

这是一款概念游戏鼠标设计，在罗技（Logitech） MX 鼠标和普通游戏鼠标之间进行审美的划分。设计师通过使用 MX 鼠标型号 1 和 2 一段时间后，认为它们利落的细节、尺寸与舒适感之间的平衡可以为这款新的游戏鼠标奠定良好的基础，未来计划通过 3D 打印其原型。

索 引

致 谢

善本在此诚挚感谢所有参与本书制作与出版的公司与个人，该书得以顺利出版并与各位读者见面，全赖于这些贡献者的配合与协作。感谢所有为该项目提出宝贵意见并倾力协助的专业人士及制作商等贡献者。还有许多曾对本书制作鼎力相助的朋友，遗憾未能逐一标明与鸣谢，善本衷心感谢诸位长久以来的支持与厚爱。

合作意向

如有意参与善本未来的书籍出版项目，请将网站或作品发送至 editor01@sendpoints.cn。善本期待您的参与。